高等职业教育新形态创新系列教材
高等职业教育新一代信息技术与人工智能系列教材

计算机
视觉技术与应用开发

JISUANJI SHIJUE JISHU YU YINGYONG KAIFA

主　编　郑春红　王　伟
副主编　赵春霞　韩旋吉　闫劲昀
参　编　苗彩霞　董海山　孙镇江

U0719652

西安交通大学出版社
XI'AN JIAOTONG UNIVERSITY PRESS

图书在版编目（CIP）数据

计算机视觉技术与应用开发 / 郑春红，王伟主编.
西安：西安交通大学出版社，2024.12.—（高等职业
教育新一代信息技术与人工智能系列教材）.— ISBN
978-7-5693-2512-6

Ⅰ.TP302.7
中国国家版本馆CIP数据核字第2024VW1729号

书 名	计算机视觉技术与应用开发
主 编	郑春红　王 伟
副 主 编	赵春霞　韩旋吉　闫劲昀（北京学佳澳软件科技发展有限公司）
参 编	苗彩霞　董海山　孙镇江
策划编辑	杨 璠　王玉叶
责任编辑	张明玥　王玉叶
责任校对	刘艺飞
封面设计	任加盟

出版发行	西安交通大学出版社
	（西安市兴庆南路1号　邮政编码710048）
网 址	http://www.xjtupress.com
电 话	（029）82668357　82667874（市场营销中心）
	（029）82668315（总编办）
传 真	（029）82668280
印 刷	西安五星印刷有限公司

开 本	787 mm×1092 mm　1/16	印张 18.25	字数 367千字
版次印次	2024年12月第1版　2024年12月第1次印刷		
书 号	ISBN 978-7-5693-2512-6		
定 价	69.90元		

如发现印装质量问题，请与本社市场营销中心联系调换。
订购热线：（029）82665248　（029）82667874
投稿热线：（029）82668502
读者信箱：phoe@qq.com

前言
PREFACE

人类从外界获取的信息中70%～80%来源于视觉，因此，研究如何使计算机具备人类视觉的功能，具有巨大的应用价值。近年来，随着信息技术的飞速发展，计算机视觉作为人工智能领域的一个重要分支，正以前所未有的速度改变着我们的生活和工作方式。从智能手机上的人脸识别、自动驾驶汽车的环境感知，到医疗影像的自动诊断，计算机视觉技术已经渗透到我们生活的方方面面。计算机视觉技术市场前景明朗，需求日趋广泛，计算机视觉领域工程师人才供不应求。

◇ **本书适读人群**

（1）计算机视觉领域的初学者和爱好者。

（2）大学本科、高职、中职院校人工智能等相关专业的学生。

（3）从事计算机视觉研究、开发和应用的技术人员。

◇ **本书内容**

本书由浅入深，结构上划分为三个模块，如图1所示，包括图形图像处理模块、视觉技术应用模块、视觉项目开发模块。教材编写的基本理念是从计算机视觉相关岗位要求出发，结合百度计算机视觉职业技能等级证书（中级）的技能要求，融入商汤集团股份有限公司实际项目、"中国软件杯大赛"赛题等真实案例，致力于培养"富有感知力-会处理""养成规范力-懂应用""培育创新力-能实践"的高素质技术技能人才。

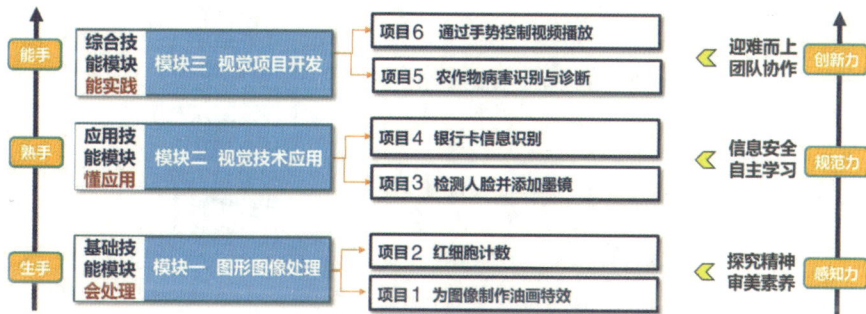

图1 本书结构与内容

图形图像处理模块包含"为图像制作油画特效""红细胞计数"两个项目，内容包括数字图像基础、计算机视觉处理库OpenCV中对图像的基本操作、直方图均衡、阈值处理、形态学操作、轮廓检测与绘制、轮廓拟合、图像分割、图形绘制、几何变换、图像运算、边缘检测、模板匹配、视频流处理、人脸检测等。

视觉技术应用模块包含"检测人脸添加墨镜""银行卡信息识别"两个项目，内容包括计算机视觉处理库Dlib中用于面部识别、面部特征点检测的图像处理方法，以及OpenCV中各类图像处理方法的综合应用。

视觉技术开发模块包含"农作物病害识别与诊断""通过手势控制视频播放"两个项目，内容包括计算机视觉中目标检测与分类项目中数据的采集和增广的方法，常用图像标注软件LabelImg的使用，CNN（convolutional neural networks，卷积神经网络）组成结构，CNN在图像分类和目标检测等方面的应用场景，基于PyTorch框架的开源目标检测算法YOLOv5预训练模型评估、推理、部署与应用的方法以及基于PaddlePaddle框架的CNN模型搭建、训练、评估、推理、部署与应用的方法。

◇本书特色

1）理实一体

本书中提供了计算机视觉相关行业、大赛真实应用项目和案例，通过项目驱动（图2），使学习者从中获得知识和技能的提升以及素质的养成。

一级标题	二级标题	三级标题
项目1 为图像制作油画特效	项目情境	—
	学习目标	—
	学习导图	—
	任务1.1　开发环境搭建	任务描述 相关知识点 任务实施 任务测验
	任务1.2　图片的读取、显示与保存	任务描述 相关知识点 任务实施 任务测验
	任务1.3　增加图像饱和度	任务描述 相关知识点 任务实施 任务测验
	任务1.4　制作油画特效	任务描述 相关知识点 任务实施 任务测验
	项目总结	—
	项目评价	—

图2　项目结构示例

2）跨学科融合

本书中的六个项目案例融合了美学艺术加工、医学图像处理、隐私保护、娱乐创意实现、金融行业应用、智慧农业应用、智慧家居应用等，拓宽学习者的知识视野。

3）紧跟学科发展前沿

本书中的内容覆盖常用的计算机视觉开源库OpenCV、Dlib，主流的深度学习框架Pytorch，以及百度的PaddlePaddle框架，如图3所示。

图3　计算机视觉开源库及深度学习框架

◇配套资源

本书配套资源丰富，包括教辅资源、学习资源、评测资源。

1）教辅资源

教辅资源包括教案、相关工具和软件、案例和项目源码。

2）学习资源

本书中相关知识点在智慧树在线学习平台（https://coursehome.zhihuishu.com/courseHome/1000072573/210909/21#teachTeam）中有视频资源、电子课件，以及丰富的案例和项目资源。

3）评测资源

评测资源包括智慧树在线学习平台中的题库，还有本书每个任务对应的任务测试。

为了方便解决读者在学习本书过程中遇到的疑难问题及获得更多图书配套资源，我们提供了质量反馈信箱，如图书有质量问题，可以及时联系我们，我们将竭诚为您服务。

➤ **问题、质量反馈信箱：zhchh@qtc.edu.cn**

◇致读者

本书由青岛职业技术学院联合北京学佳澳软件科技发展有限公司共同组建的计算机视觉技术与应用开发团队策划并组织编写，主要编写人员有郑春红、王伟、赵春霞、韩旋吉、闫劲昀，苗彩霞、董海山、孙镇江也参与了本书编写。近年来，团队成员在计算机视觉领域相关教学、科研、大赛等方面取得了一定的研究成果。在编写本书的过程中，本着科学、严谨的态度，力求精益求精，但疏漏之处在所难免，敬请广大读者批评指正。

感谢您阅读本书，希望本书能成为您计算机视觉技术与应用开发学习路上的领航者。

编　者
2024年7月

目录
CONTENTS

项目6 通过手势控制视频播放

为图像制作油画特效

　　照相机作为捕捉和记录影像的工具，从早期的胶片照相机、中后期的数码相机到现在智能手机相机，一直在不断地发展和进步。如今的智能手机中的相机功能非常强大，在通过传感器获取外界图像的基础上，既可以在拍摄时调整焦距，进行人像或全景模式选择，又可以进一步对图像进行处理和编辑，例如为图像添加滤镜、生成各种炫酷的特效，等等。这不仅仅需要高性能的手机镜头以及配套硬件，相应的软件算法也需要移植到智能手机上，从而完成一系列的图像处理任务。

　　在这一项目中，我们探索如何为图像制作油画特效，特效应用前后对比如图 1-1 所示。

图 1-1　为图像制作油画效果前后对比图

学习目标

【知识目标】

◆ 掌握Anaconda的下载与安装、OpenCV及常用库配置、PyCharm的下载与安装。

◆ 掌握OpenCV中读取、显示、保存图像的方法。

◆ 理解二值图像、灰度图像、彩色图像的定义以及在计算机中的存储方式。

◆ 掌握获取图像的维数、形状、大小、类型等属性的方法。

◆ 掌握图像通道的拆分及合并的方法。

◆ 掌握常见的图像色彩空间的定义及相互转换的方法。

【能力目标】

◆ 能快速搭建计算机视觉开发环境。

◆ 能熟练运用OpenCV对图像做基本的操作。

【素质目标】

◆ 培养协同合作的团队精神。

◆ 培养自主学习、自主探索的精神。

学习导图

项目 1 为图像制作油画特效

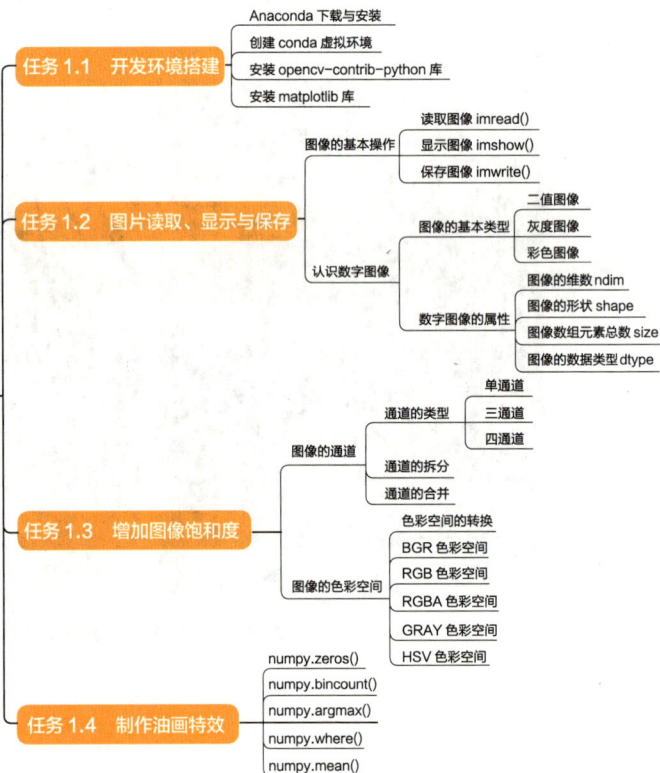

- 任务 1.1 开发环境搭建
  - Anaconda 下载与安装
  - 创建 conda 虚拟环境
  - 安装 opencv-contrib-python 库
  - 安装 matplotlib 库

- 任务 1.2 图片读取、显示与保存
  - 图像的基本操作
    - 读取图像 imread()
    - 显示图像 imshow()
    - 保存图像 imwrite()
  - 认识数字图像
    - 图像的基本类型
      - 二值图像
      - 灰度图像
      - 彩色图像
    - 数字图像的属性
      - 图像的维数 ndim
      - 图像的形状 shape
      - 图像数组元素总数 size
      - 图像的数据类型 dtype

- 任务 1.3 增加图像饱和度
  - 图像的通道
    - 通道的类型
      - 单通道
      - 三通道
      - 四通道
    - 通道的拆分
    - 通道的合并
  - 图像的色彩空间
    - 色彩空间的转换
    - BGR 色彩空间
    - RGB 色彩空间
    - RGBA 色彩空间
    - GRAY 色彩空间
    - HSV 色彩空间

- 任务 1.4 制作油画特效
  - numpy.zeros()
  - numpy.bincount()
  - numpy.argmax()
  - numpy.where()
  - numpy.mean()

任务1.1　开发环境搭建

任务描述

人工智能在计算机领域内得到了愈加广泛的重视，而计算机视觉（computer vision，CV）无疑是人工智能一个非常重要的分支，计算机视觉的发展也成为很多科研人员和业界开发人员聚焦的热点。

计算机视觉是一门研究如何使机器"看"的科学，更进一步地说，是使用计算机及相关设备对生物视觉的一种模拟，它的研究目标是使计算机具有通过二维图像认知三维环境信息的能力。

OpenCV（Open Computer Vision Library）是一个用于图像处理、分析，以及机器视觉方面开发的开源函数库。无论你是做科学研究，还是商业应用，OpenCV都可以作为你理想的工具库，因为它是完全免费的。同时，由于计算机视觉与机器学习密不可分，该库也包含了比较常用的一些机器学习算法，从而使得图像处理和图像分析变得更加易于上手，让开发人员把更多的精力花在算法的设计上。

接下来以Windows10操作系统为例，介绍conda虚拟环境下OpenCV开源函数库的下载与安装。

相关知识点

1.1.1　Anaconda

Anaconda是一个开源的Python发行版本，其包含了conda、Python等180多个科学包及其依赖项。支持Linux、Mac、Windows操作系统，提供包管理与环境管理的功能，可以方便地解决多版本Python并存、切换以及各种第三方包安装的问题。

Anaconda利用conda来进行包和环境的管理。conda是一个开源的包和环境管理器，可以实现在同一个机器上安装不同版本的软件包及其依赖项，并能够在不同的环境之间切换。可以把conda理解为一个工具，或者一个可执行命令，其核心功能是包管理和环境管理。其包管理功能与pip类似，环境管理功能则允许用户方便地安装不同版本的Python并快速切换。

conda将几乎所有的工具、第三方包都当作package进行管理，甚至包括Python 和conda自身。Anaconda是一个打包的集合，里面预装好了conda、某个版本的Python、各种package等。

Windows操作系统下，conda的常用命令有：

◆ conda list #查看安装了哪些包

◆ conda env list #查看当前存在哪些虚拟环境

◆ conda create -n your_env_name python=×.×　#创建Python版本为×.×，名字为your_env_name的虚拟环境。your_env_name文件可以在Anaconda安装目录envs文件夹下找到

◆ conda activate your_env_name　# 激活或者切换虚拟环境

◆ conda deactivate env_name # 关闭虚拟环境

◆ conda remove -n your_env_name --all # 删除虚拟环境

◆ conda install -n your_env_name [package] # 在虚拟环境中安装额外的包

◆ conda remove --name $your_env_name $package_name # 删除环境中的某个包

1.1.2　OpenCV-Python

OpenCV-Python是OpenCV的Python API，集成了Python语言和C++语言的最优特征，致力于支持Python解决计算机视觉问题。opencv-contrib-python包中不仅包含了OpenCV-Python的所有模块，还包含了扩展模块，扩展模块中主要是一些带专利的收费算法（如shift特征检测），以及一些在测试的新算法。

1.1.3　matplotlib

matplotlib是Python环境下使用最为普遍的绘图库，该库通过pyplot模块提供了一套和Matlab类似的绘图API（application program interface，应用程序接口），并将众多绘图对象所构成的复杂结构隐藏在这套API内部，十分适合交互式绘图。

任务实施

步骤1：Anaconda的下载与安装。

首先，登录Anaconda的官方网站进行下载，如图1-2所示。

下载后，双击打开下载好的安装文件，即可开始安装。安装过程如图1-3所示，以Windows10系统为例，将Anaconda安装到D:\Anaconda3路径下。

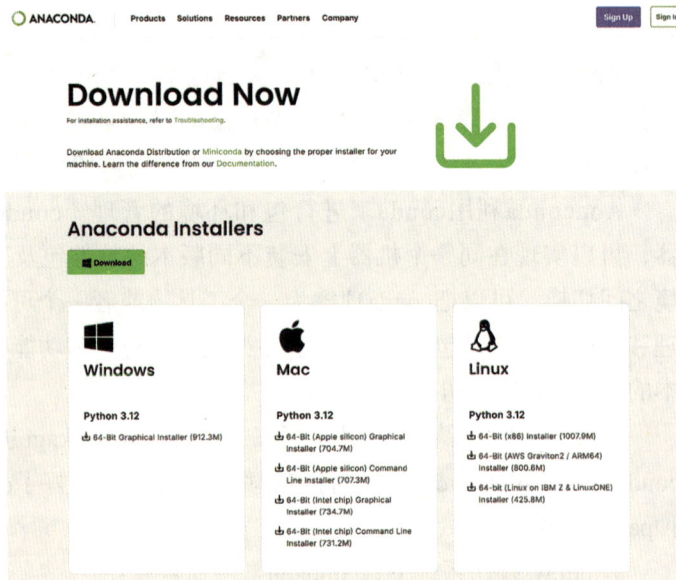

图1-2　Anaconda官方网站下载页面

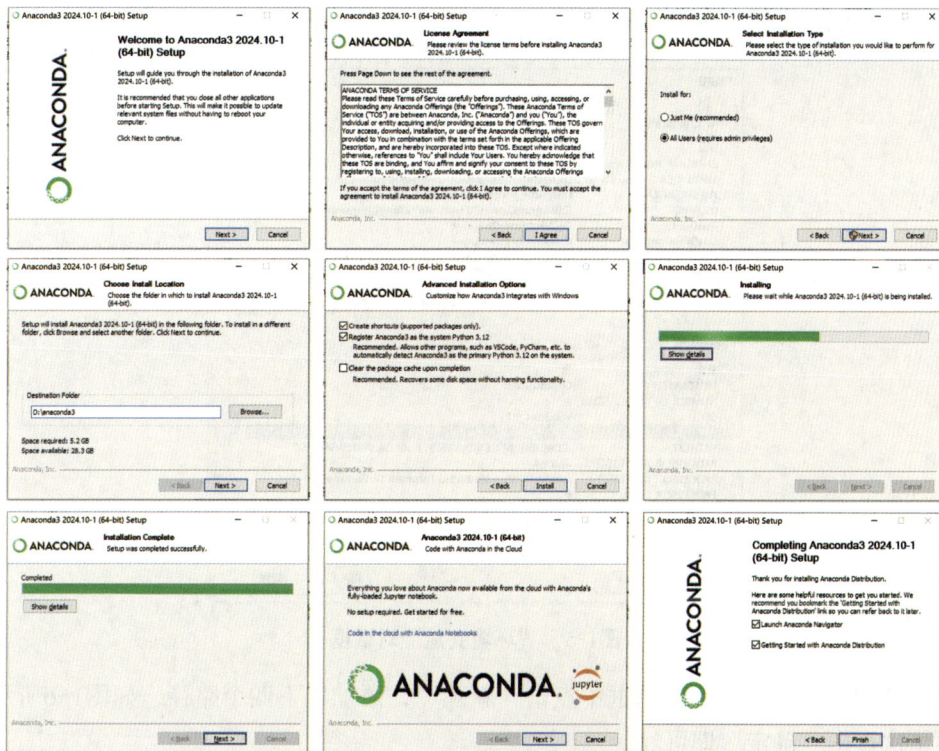

图1-3　Anaconda的安装过程

安装成功后，需要配置环境变量。如图1-4所示，找到"我的电脑"，右键选择"属性"，选择"高级系统设置"，点击"环境变量"。

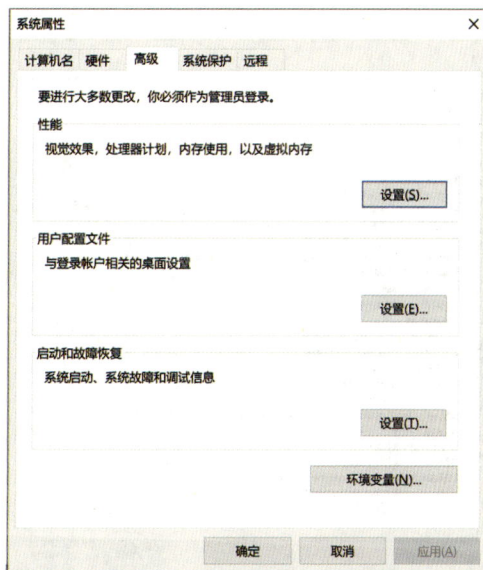

图1-4　"系统属性"对话框

在系统变量中选择Path变量，如图1-5所示，点击"编辑"。

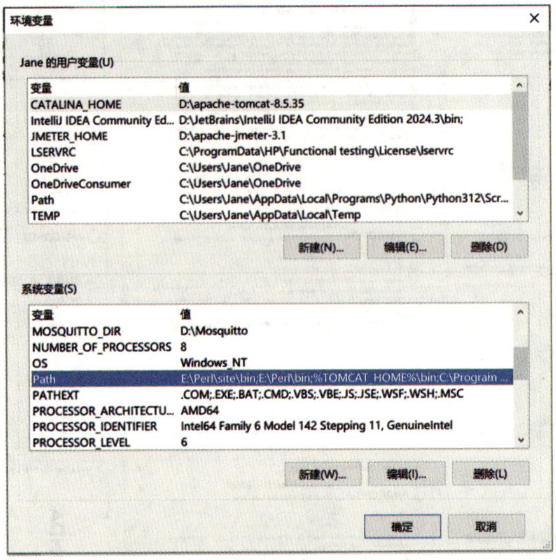

图1-5 "环境变量"对话框

在"编辑环境变量"对话框中点击"新建"，添加以下四个路径，如图1-6所示，最后依次点击"确定"即可。

D:\Anaconda3

D:\Anaconda3\Scripts

D:\Anaconda3\Library\bin

D:\Anaconda3\Library\mingw-w64\bin

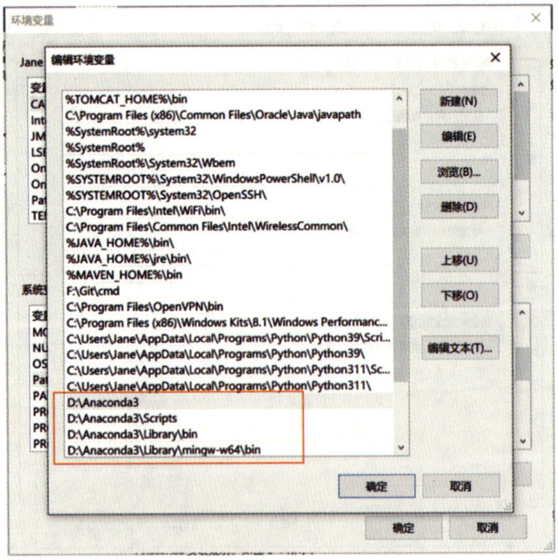

图1-6 新增环境变量

为了验证Anaconda是否安装成功，以快捷键Win+R打开"运行"窗口，输入"cmd"，打开终端，在终端窗口输入命令"conda info"，如看到Python版本、conda版本等信息，表示Anaconda安装成功。如图1-7所示。

图1-7　查看Anaconda环境配置信息

步骤2：创建 conda 虚拟环境。

在做计算机视觉项目开发时，计算机可能会同时进行多个项目，这些项目可能依赖于不同的Python环境，比如有的用到python3.6，有的用到python3.7，这时就需要创建不同版本的Python，放到虚拟环境中，给不同的任务分别提供其所需要的版本，这样也可以将各项目的环境隔离开，避免互相影响。

就算多个项目使用同一个版本的Python，也需要创建虚拟环境，因为不同项目依赖的包不同，例如基于Pytorch框架和基于TensorFlow框架的计算机视觉项目，对底层库的依赖是不同的，故创建虚拟环境是非常重要的，它可以隔离各项目所需环境，保证项目之间不发生冲突。

接下来为本项目的开发创建一个conda虚拟环境。

首先，在开始菜单中，打开Anaconda Prompt，如图1-8所示。

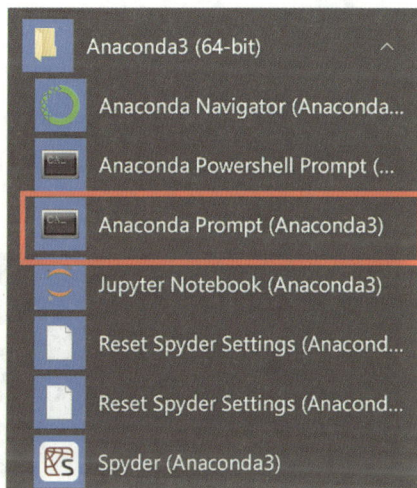

图1-8　Anaconda Prompt

在终端输入命令“conda create -n opencv_project python=3.9”，如图1-9所示。按回车键后，等待程序运行，中途输入“y”创建环境，该环境对应Python解释器版本为python3.9，虚拟环境的名称为opencv_project。

```
Anaconda Prompt (Anaconda3)

(base) C:\Users\Jane>conda create -n opencv_project python=3.9
```

图1-9　创建虚拟环境命令

输入“conda env list”，查看当前所有的虚拟环境，如图1-10所示，可以看到有刚刚创建好的opencv_project。

```
(base) C:\Users\Jane>conda env list
# conda environments:
#
opencv_project           C:\Users\Jane\.conda\envs\opencv_project
py37-tf22                C:\Users\Jane\.conda\envs\py37-tf22
pytorch                  C:\Users\Jane\.conda\envs\pytorch
tensorflow               C:\Users\Jane\.conda\envs\tensorflow
base                  *  D:\Anaconda3
```

图1-10　查看虚拟环境命令

应用创建好的虚拟环境前，需要通过激活命令进行激活。如图1-11所示，输入命令“conda activate opencv_project”激活虚拟环境。

```
(base) C:\Users\Jane>conda activate opencv_project

(opencv_project) C:\Users\Jane>
```

图1-11　激活虚拟环境命令

步骤 3：安装 opencv-contrib-python 及 matplotlib 库。

在opencv_project虚拟环境中，通过“pip install opencv-contrib-python==4.5.4.60”命令安装opencv-contrib-python包，如图1-12所示。可以看到安装过程中同时下载安装了numpy。这是因为OpenCV-Python需要使用numpy库，OpenCV在程序中使用numpy数组存储对象。

```
(opencv_project) C:\Users\Jane>pip install  opencv-contrib-python==4.5.4.60
Looking in indexes: https://pypi.tuna.tsinghua.edu.cn/simple
Collecting opencv-contrib-python==4.5.4.60
  Downloading https://pypi.tuna.tsinghua.edu.cn/packages/c8/b9/467dc6f85610d50e6f7dd4319b50be2d617b0e0ad29f4fba1934b9fdf
87f/opencv_contrib_python-4.5.4.60-cp39-cp39-win_amd64.whl (42.0 MB)
     ---------------------------------------- 42.0/42.0 MB 296.4 kB/s eta 0:00:00
Collecting numpy>=1.19.3
  Downloading https://pypi.tuna.tsinghua.edu.cn/packages/bd/dd/0610fb49c433fe5987ae312fe672119080fd77be484b5698d6fa75541
48b/numpy-1.23.1-cp39-cp39-win_amd64.whl (14.7 MB)
     ---------------------------------------- 14.7/14.7 MB 319.6 kB/s eta 0:00:00
Installing collected packages: numpy, opencv-contrib-python
Successfully installed numpy-1.23.1 opencv-contrib-python-4.5.4.60
```

图1-12　下载OpenCV-Python

为了方便展示图像处理结果，还会用到Python 的 2D绘图库matplotlib，可以通过命令“pip install matplotlib”安装matplotlib库，如图1-13所示。

```
(opencv_project) C:\Users\Jane>pip install matplotlib
Looking in indexes: https://pypi.tuna.tsinghua.edu.cn/simple
Collecting matplotlib
  Downloading https://pypi.tuna.tsinghua.edu.cn/packages/a8/6e/0ee4fdc167173d29d45d2296ed0a1f00ccbe7410a2d10d696970eb031
2a0/matplotlib-3.5.3-cp39-cp39-win_amd64.whl (7.2 MB)
                                    3.8/7.2 MB 1.7 MB/s eta 0:00:02
```

图1-13　安装matplotlib库

安装完成后，通过“conda list”命令查看当前虚拟环境下安装的包，如图1-14所示。

```
(opencv_project) C:\Users\Jane>conda list
# packages in environment at C:\Users\Jane\.conda\envs\opencv_project:
#
# Name                    Version                   Build  Channel
ca-certificates           2022.4.26            haa95532_0    https://mirrors.tuna.tsinghua.edu.cn/anaconda/pkgs/main
certifi                   2022.6.15        py39haa95532_0    https://mirrors.tuna.tsinghua.edu.cn/anaconda/pkgs/main
numpy                     1.23.1                   pypi_0    pypi
opencv-contrib-python     4.5.4.60                 pypi_0    pypi
openssl                   1.1.1q               h2bbff1b_0    https://mirrors.tuna.tsinghua.edu.cn/anaconda/pkgs/main
pip                       22.1.2           py39haa95532_0    https://mirrors.tuna.tsinghua.edu.cn/anaconda/pkgs/main
python                    3.9.12               h6244533_0    https://mirrors.tuna.tsinghua.edu.cn/anaconda/pkgs/main
setuptools                61.2.0           py39haa95532_0    https://mirrors.tuna.tsinghua.edu.cn/anaconda/pkgs/main
sqlite                    3.38.5               h2bbff1b_0    https://mirrors.tuna.tsinghua.edu.cn/anaconda/pkgs/main
tzdata                    2022a                hda174b7_0    https://mirrors.tuna.tsinghua.edu.cn/anaconda/pkgs/main
vc                        14.2                 h21ff451_1    https://mirrors.tuna.tsinghua.edu.cn/anaconda/pkgs/main
vs2015_runtime            14.27.29016          h5e58377_2    https://mirrors.tuna.tsinghua.edu.cn/anaconda/pkgs/main
wheel                     0.37.1             pyhd3eb1b0_0    https://mirrors.tuna.tsinghua.edu.cn/anaconda/pkgs/main
wincertstore              0.2              py39haa95532_2    https://mirrors.tuna.tsinghua.edu.cn/anaconda/pkgs/main
```

图1-14　查看已安装的包

为了测试OpenCV及常用库是否安装成功，在虚拟环境中输入“python”进入Python脚本编辑模式，输入“import cv2”，通过“print（cv2__version__）”，打印版本号（4.5.4），若打印版本号正确，表示OpenCV库安装成功，如图1-15所示。

```
(opencv_project) C:\Users\Jane>python
Python 3.9.12 (main, Apr  4 2022, 05:22:27) [MSC v.1916 64 bit (AMD64)] :: Anaconda, Inc. on win32
Type "help", "copyright", "credits" or "license" for more information.
>>> import cv2
>>> print(cv2.__version__)
4.5.4
```

图1-15　OpenCV安装测试

任务测验

单选题

1. OpenCV是一个什么类型的库？（　　）

 A. 机器学习库 B. 图像处理库 C. 数据科学库 D. 网络编程库

2. Anaconda是一个什么类型的软件？（　　）

 A. 编程语言 B. 数据分析工具 C. 集成开发环境 D. 数据可视化库

3. Anaconda中的conda工具主要用于做什么？（　　）

 A. 编写Python代码   B. 调试Python程序

 C. 包管理和环境管理   D. 数据分析可视化

4. 在终端窗口输入命令（　　），如看到Python版本、conda版本等信息，表示Anaconda安装成功。

 A.conda activate B.deactivate   C.conda info   D.conda list

5. 在Anaconda Prompt终端窗口输入命令（　　），可以查看当前所有的虚拟环境。

 A.conda activate B.conda env list C.conda info   D.conda list

6. 在Anaconda Prompt终端窗口输入命令（　　），可以激活虚拟环境project。

 A.conda activate project   B.conda env list

 C.conda info   D.conda list

任务1.2　图片的读取、显示与保存

任务描述

图像是从人类的视觉感知的角度对客观对象的一种表示，例如日常生活中手机数字照片、胶片相机的底片、医疗诊断中的X光片等都可以称之为图像。但是由于存储图像的介质各异，图像以不同的形式展示出来。而作为计算机视觉的研究对象以及基础的处理单位，图像自然需要输入到计算机中，这时候图像由有限的离散的像素组成，我们称之为数字图像。

数字图像处理最基本的操作包括：从磁盘中读取图像载入内存、图像显示输出、图像处理，以及将内存中的图像保存到磁盘上。

本任务的主要内容是将磁盘中存储的数字图像载入内存中并显示出来。

相关知识点

1.2.1. 图像的基本操作

1. 读取图像

OpenCV提供imread()函数用于图像的读取操作。该函数支持常见的图像格式，如JPEG文件（*.jpeg、*.jpg、*.jpe）、JPEG 2000文件（*.jp2)、PNG文件（*.png）等。imread()函数声明如下：

```
retval=cv2.imread(filename[, flags])
```

参数说明：

◆ retval——返回值，返回的是读取到的图像矩阵。如果无法读取图像（由于缺少文件、权限不正确、格式不受支持或图像无效），该函数将返回空值（None）。

◆ filename——要读取图像的文件名。

◆ flags——读取标记，表示读取文件的类型，部分常用标记值及含义如表1-1所示。

表1-1　flags常用标记值及含义

值	含义	数值
cv2.IMREAD_UNCHANGED	不加改变地载入原图	−1
cv2.IMREAD_GRAYSCALE	将图像转换为单通道的灰度图像后载入	0
cv2.IMREAD_COLOR	此为flags的默认值，将图像转换为3通道的BGR图像后载入	1

值	含义	数值
cv2.IMREAD_ANYDEPTH	当载入的图像为16位或32位的深度图像时，就返回其对应的图像；否则，转换为8位图像后载入	2

【实例1.1】读取指定目录下的一幅图像。

在chapter1目录下，有一幅名为1.1.jpg的图像，在同目录下创建example1_1.py文件，文件中代码如下：

```
import cv2
image=cv2.imread("1.1.jpg") # 读取项目目录下的1.1.jpg
print(image)
```

运行结果如图1-16所示，控制台输出图像矩阵。

图1-16　example1_1.py运行界面

> ⚠️　注意：图片文件路径中不能出现中文，如果图片文件的绝对路径是"D:\PyCharmProjects\pythonProject1\chapter1\1.1.jpg"，则下列三种方法均为正确的读取方法。
> image=cv2.imread("D:\\PyCharmProjects\\pythonProject1\\chapter1\\1.1.jpg")
> image=cv2.imread("D:/PyCharmProjects/pythonProject1/chapter1/1.1.jpg")
> image=cv2.imread("D://PyCharmProjects//pythonProject1//chapter1//1.1.jpg")

2. 显示图像

OpenCV提供imshow()函数用于在指定窗口中显示图像，函数声明如下：

cv2.imshow(winname, mat)

参数说明：

◆ winname——用于显示图像的窗口的名称，不支持中文。

◆ mat——要显示的图像。

imshow()函数根据图像深度，对图像进行缩放，具体规则如下：

① 如果是8位无符号图像（像素值取值范围[0,255]），则按原样显示。

② 如果是16位无符号图像（像素值取值范围[0,255×256]），则将像素值除以255，将取值范围映射到[0,255]后显示。

③ 如果是32位或64位浮点图像（像素值取值范围[0,1]），则像素值乘以255，取值范围映射到[0,255]后显示。

当使用imshow()函数显示图像时，必须使用waitKey()函数，否则图片会一闪而过。waitKey()函数声明如下：

retval=cv2.waitKey([, delay])

参数说明：

◆ retval——返回值，可以没有返回值，也可能返回-1或按键的值。

◆ delay——每经过"delay"ms后更新，如果delay>0，那么超过指定的时间则返回-1，如果delay=0，由于一直显示这一帧，将没有返回值，直到有按键按下的时候返回按键的值。

OpenCV提供destroyAllWindows()函数用于销毁所有打开的窗口，释放内存资源。destroyAllWindows()函数声明如下：

cv2.destroyAllWindows()

【实例 1.2】读取指定目录下的一幅图像，并在窗口中依次显示原图、灰度图。

示例代码如下：

```
import cv2
image=cv2.imread("1.1.jpg")
cv2.imshow("img1",image) # 在窗口img1中显示图像1.1.jpg
cv2.waitKey(0) # 一直显示，直到按下任意按键
image=cv2.imread("1.1.jpg",0) # 以灰度图的模式载入图像
cv2.imshow("img2",image) # 在窗口img2中显示图像1.1.jpg
cv2.waitKey(0) # 一直显示，直到按下任意按键
cv2.destroyAllWindows() # 销毁所有窗口
```

运行结果如图1-17所示，按下任意按键，窗口关闭。

图1-17　显示原图及灰度图

3. 保存图像

OpenCV提供imwrite()函数用于将图像保存到指定文件，函数声明如下：

```
cv2.imwrite(filename, img[,params])
```

参数说明：

◆filename——保存的图片文件名，图片格式与imread()函数支持的格式相同。

◆img——要保存的图像数据。

◆params——一般情况下不用设置，使用默认值。

【实例1.3】读取指定目录下的一幅彩色图像，以灰度图的模式载入，然后将灰度图保存。

示例代码如下：

```
import cv2
image=cv2.imread("1.1.jpg",0)  # 以灰度图的模式载入图像
cv2.imwrite('1.2.jpg',image)  # 将灰度图保存为1.2.jpg
```

运行结果是在example1_3.py所在目录下生成1.2.jpg文件，打开此文件，如图1-18所示，是一张灰度图。

图1-18　保存的灰度图

1.2.2　认识数字图像

数字图像，又称数码图像或数位图像，是二维图像用有限数字数值像素的表示。

由数组或矩阵表示，其光照位置和强度都是离散的。

　　像素是数字图像组成的基本单位。每个图像的像素通常对应于二维空间中一个特定的"位置"，并且由一个或者多个与这个像素点相关的采样值组成。

　　例如图1-19所示的这幅花朵图像中，用黑色边框圈起来的部分，放大后如图1-20所示，可以看出这部分图像是由一个个小方格组成的，每个小方格称为一个像素。每个像素在一幅图像中都有一个明确的位置和被分配的色彩数值。

 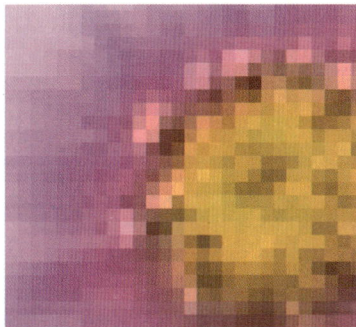

图1-19　花朵图像　　　　　　图1-20　花朵图像局部放大图像

　　分辨率和图像的像素有直接关系。例如，一张分辨率为640×480的图片，那它就由307 200个像素组成，也就是我们常说的30万像素，同理，一张分辨率为1 600×1 200的图片，它的像素就是200万。可以看出，分辨率是图片的长和宽所占的单位点的个数的乘积，即图片所占单位点的总个数。

　　通常情况下，图像的分辨率越高，所包含的像素就越多，图像就越清晰，印刷的质量也就越好。同时，文件占用的存储空间也越大。

　　例如图1-21中这两张白鹭照片，分辨率高的图片较为清晰，而分辨率低的图片比较模糊。

（a）分辨率高　　　　　　　　（b）分辨率低

图1-21　不同分辨率对比图

1. 数字图像的基本类型

数字图像由M行N列的像素组成，如果图像是8位无符号类型，计算机将像素值处理为[0,255]范围内共256个灰度级别。其中，0表示纯黑色，255表示纯白色。如图1-22所示。

0   255

图1-22　256个灰度级别

在计算机中，按照颜色和灰度的多少可以将图像分为三种基本类型：二值图像、灰度图像、彩色图像。

（1）二值图像。二值图像是指在图像中，灰度等级只有两种，也就是说，图像中的任何像素点的灰度值只有最小值0和最大值255，分别代表黑色和白色。

图1-23所示为一幅X射线胰胆管影像，图1-24所示为胰腺特征提取的二值图像。可以看出，二值图像只有黑色和白色，白色区域描述原始图像中的感兴趣区域。

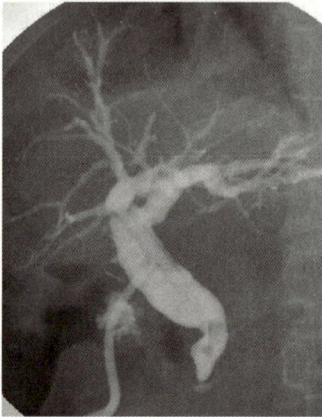

图1-23　医学影像灰度图　　　　　　图1-24　医学影像二值图

【实例1.4】通过numpy数组创建一幅字母"A"的二值图像，并保存。

示例代码如下：

```
import cv2
import numpy as np
# 创建numpy二维数组，每个元素的值只有0和255两种
img=np.array([[0,0,0,0,0,0,0,0,0,0,0,0,0],
              [0,0,0,0,0,0,1,1,0,0,0,0,0],
              [0,0,0,0,0,1,1,1,1,0,0,0,0],
              [0,0,0,1,1,1,1,1,1,0,0,0],
              [0,0,1,1,1,0,0,1,1,1,0,0],
```

```
            [0,0,1,1,0,0,0,0,1,1,0,0],
            [0,0,1,1,0,0,0,0,1,1,0,0],
            [0,0,1,1,1,1,1,1,1,1,0,0],
            [0,0,1,1,1,1,1,1,1,1,0,0],
            [0,0,1,1,0,0,0,0,1,1,0,0],
            [0,0,1,1,0,0,0,0,1,1,0,0],
            [0,0,0,0,0,0,0,0,0,0,0,0]],np.uint8)*255
cv2.imwrite('1.4.bmp',img)
cv2.waitKey()
cv2.destroyAllWindows()
```

运行结果是在文件所在目录下生成1.4.bmp文件。打开1.4.bmp文件，如图1-25所示。可以看出，像素值是0的显示黑色，像素值是255的显示白色。

图1-25 字母"A"的二值图像

二值图像一般用来描述字符图像，其优点是占用空间少，缺点是当表示人物、风景等图像时，二值图像只能展示其边缘信息，图像内部的纹理特征表现不明显。这时候要使用纹理特征更为丰富的灰度图像。

（2）灰度图像。灰度数字图像是每个像素只有一个采样颜色的图像。

灰度图像与二值图像不同，在计算机图像领域中，二值图像只有黑白两种颜色，灰度图像在黑色与白色之间还有许多级的颜色深度，如果图像类型是8位无符号整型（uint8），则像素值取值范围为[0,255]，即共有256个灰度级。

灰度图像和二值图像都是单通道图像，彩色图像通常是包含三个通道的图像（关于通道将在任务1.3中详细介绍）。

灰度图像和二值图像可以理解为用二维数组存储的图像，彩色图像是用三维数组存储的图像。灰度图像比二值图像保存的信息更多，但是每个像素都只有一个分量用来表示该像素的灰度值，而不能像彩色图像那样，每个像素都由多个颜色分量组成。

【实例1.5】读取一幅灰度图像，并输出灰度图像的二维数组，观察每个像素的取值。

示例代码如下：

```
import cv2
img=cv2.imread('1.2.jpg',-1)  # 不加改变地载入原图
print(img)  # 输出图片矩阵
cv2.imshow('img',img)
cv2.waitKey()
cv2.destroyAllWindows()
```

所显示的灰度图如图1-26所示。

图1-26　chapter1目录下的1.2.jpg文件

以下是在控制台输出的该灰度图的二维数组中每个像素的灰度值。可以看出，像素值的取值范围在0至255之间。

```
[[191 191 191 ... 181 182 183]
 [191 191 191 ... 181 182 182]
 [191 191 191 ... 179 180 181]
 [205 190 209 ... 184 185 186]
 [203 197 215 ... 180 180 180]
 [203 197 215 ... 178 178 179]]
```

（3）彩色图像。彩色图像是多光谱图像的一种特殊情况，对应于人类视觉的三基色（如图1-27所示），即红（red）、绿（green）、蓝（blue）三个波段，是对人眼的光谱量化性质的近似。人眼能感知到丰富多彩的颜色，就是将三种基色按照不同的比例混合得到的。三基色模型是建立图像成像、显示、打印等设备的基础，具有十分重要的作用。

图1-27　彩色图像三基色

最常用的彩色图像是RGB色彩空间（关于色彩空间将在任务1.3中详细介绍），彩色图像有三个通道，即R通道（红色通道）、G通道（绿色通道）、B通道（蓝色通道），每个像素由R、G、B分量构成，其中R、G、B是由不同的灰度级来描述的。每个分量的取值范围是[0,255]，数据类型一般为8位无符号整型（uint8）。

如图1-28所示，用Photoshop吸管工具可以查看图像指定坐标上像素的RGB数据，是由三个灰度值分量组成的序列。

图1-28　Photoshop吸管工具取像素位置及RGB值

【实例1.6】读取一幅彩色图像，并输出彩色图像指定位置（147,508）像素的RGB分量，观察该像素三个分量的取值。

示例代码如下：

```
import cv2
img=cv2.imread('1.1.jpg',1)
print(img.shape)
print(img[147,508])
```

实例1.6中，以三通道BGR的模式载入原图，图1-29是显示结果，输出位置（147,508）像素分量是[227 196 175]。可以看出，OpenCV载入图像通道顺序与RGB的三个分量[175 196 227]的顺序是相反的，即OpenCV默认按BGR模式载入图后，227是B

通道的灰度值，196是G通道的灰度值，175是R通道的灰度值。

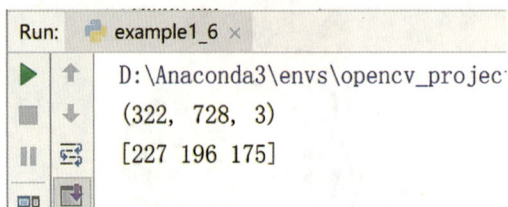

图1-29 example1_6.py运行结果

2. 数字图像的属性

在OpenCV中，图像对象的数据结构是ndarray（N维数组），因此，可以通过N维数组的属性和方法操作OpenCV的图像获取图像的属性。

例如用OpenCV载入图像对象img，其常用的属性及具体含义如下：

◆ img.ndim——获取图像的维数。二值图像和灰度图像维数是2，彩色图像维数是3。

◆ img.shape——获取图像的形状。如果是灰度图像，形状包括高度（行数）、宽度（列数）；如果是彩色图像，形状包括图像的高度（行数）、宽度（列数）、通道数。

◆ img.size——获取图像数组元素总数，计算公式为图像高度×图像宽度×通道数（二值图像和灰度图像的通道数是1）。

◆ img.dtype——获取图像的数据类型。

【实例1.7】读取一幅彩色图像和一幅灰度图像，分别输出图像的属性。

示例代码如下：

```
import cv2
img1=cv2.imread('1.1.jpg')
print("获取彩色图像属性")
print('维数：',img1.ndim)
print('形状：',img1.shape)
print('像素值个数：',img1.size)
print('图像数据类型：',img1.dtype)
print('------------------------')
img2=cv2.imread('1.2.jpg',-1)
print("获取灰度图像属性")
print('维数：',img2.ndim)
print('形状：',img2.shape)
print('像素值个数：',img2.size)
print('图像数据类型：',img2.dtype)
```

上述代码运行结果如图1-30所示。

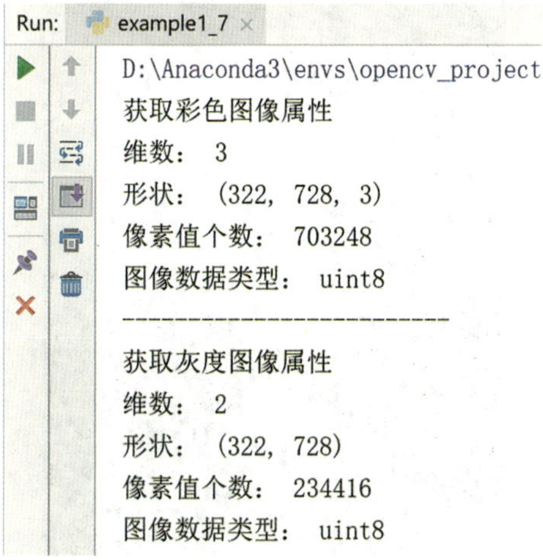

图1-30　example1_7.py运行结果

通过分析输出的结果，可以看出，彩色图像是三维数组存储，灰度图像是二维数组存储，彩色图像由三个通道组成，灰度图像只有一个通道。

任务实施

步骤1：以 BGR 的模式读取彩色图像。

```
import cv2
img=cv2.imread('cherry.jpg')  # 读取樱花图片
```

步骤2：创建窗口并显示图片。

```
cv2.namedWindow('before',cv2.WINDOW_NORMAL)
# 创建一个可以改变大小的窗口，可以通过before引用
cv2.resizeWindow('before',400,600) # 改变before窗口显示的初始尺寸
cv2.imshow('before',img) # 显示樱花原图
```

步骤3：按任意按键销毁窗口。

```
cv2.waitKey(0)
cv2.destroyAllWindows()
```

运行程序，结果如图1-31所示，可以看到窗口中显示的原图，按下任意按键，窗口关闭。

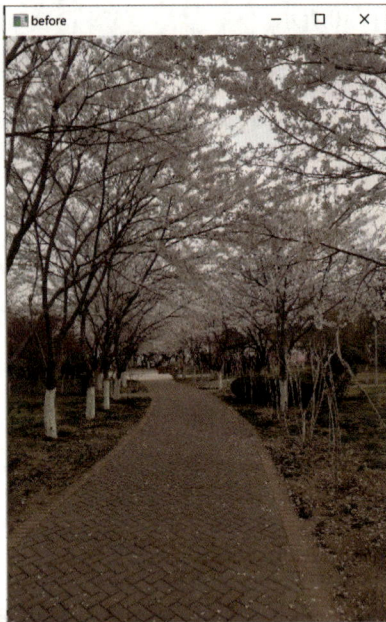

图1-31　窗口中显示图片

提示：上述代码中，cv2.namedWindow('before',cv2.WINDOW_NORMAL)是创建一个引用为before的窗口，参数cv2.WINDOW_NORMAL是设置窗口可以改变大小，cv2.resizeWindow('before',400,600)是改变窗口显示的初始大小。如果没有定义窗口，直接用cv2.imshow('before',img)显示图片，会默认创建一个before窗口，参数为cv2. WINDOW_AUTOSIZE，表示自动调整窗口大小以适合显示的图像，而不能手动更改窗口大小。上述函数的定义以及参数的类型，可以详细查看OpenCV官方文档。

任务测验

一、单选题

1. 以下对于数字图像的描述，错误的是（　　）。

    A.图像像素值为[0,255]之间的整数，不能为小数

    B.灰度图像就是指二值图像

    C.二值图像是指仅含有黑色或者白色的图像

    D.计算机用常用8位二进制数表示像素值

2. OpenCV中读取图像、显示图像、保存图像的函数依次是（　　）。

    A.iread()、imwrite()、imshow()

    B.imread()、imwrite()、imshow()

    C.imread()、imshow()、imwrite()

    D.imread()、imshow()、iwrite()

3. 下列关于图像属性以及分辨率的描述，错误的是（　　）。

    A.img.shape表示图像的高度、宽度和通道数

    B.图像分辨率越高，图像越清晰

    C.图像的分辨率=图像垂直像素数×图像水平像素数

    D.图像分辨率越低，图像越清晰

4. OpenCV的默认图像形状为（　　）。

    A.(通道,高度,宽度)

    B.(宽度,高度,通道)

    C.(高度,宽度,通道)

    D.(高度,通道,宽度)

二、简答题

1. 请简述计算机中常见的图像类型及其特点。

2. 什么是灰度图？灰度图中像素值大小的范围是多少？

任务1.3 增加图像饱和度

任务描述

通过任务1.2，我们了解了数字图像是如何获取到计算机中的，以及灰度图像、彩色图像之间的差别。为了进一步处理图像，使其色彩更加艳丽，本任务主要关注图像的颜色信息，学习和颜色相关的通道及色彩空间的内容，了解如何通过改变各个通道的成分从而影响颜色效果。

相关知识点

1.3.1 图像的通道

1. 通道的类型

通道将图像分解成一个或多个颜色成分，通常分为单通道、三通道、四通道。

单通道图像中，每个像素只需要一个像素值表示，该像素值描述的是灰度，0为黑色。前面讲过的二值图像、灰度图像都属于单通道图像。

三通道图像中，图像分为红、绿、蓝三个通道，常见的RGB彩色图片，就是三通道图像，每个像素需要用三分量的像素值表示。如图1-32所示，在PyCharm中打开1.1.jpg，用吸管工具选取图像中的一个粉红色像素点，可以看到该像素点RGB三个通道的灰度值为（225，184，229）。每个通道的灰度值，描述该通道对应颜色的亮度，0表示不包含该颜色成分，255表示该颜色的贡献最大。例如红色对应RGB三个通道灰度值为（255，0，0），绿色对应RGB三个通道灰度值为（0，255，0），蓝色对应RGB三个通道灰度值为（0，0，255）。其他丰富的色彩都可以通过三个通道不同比例的混合表示。

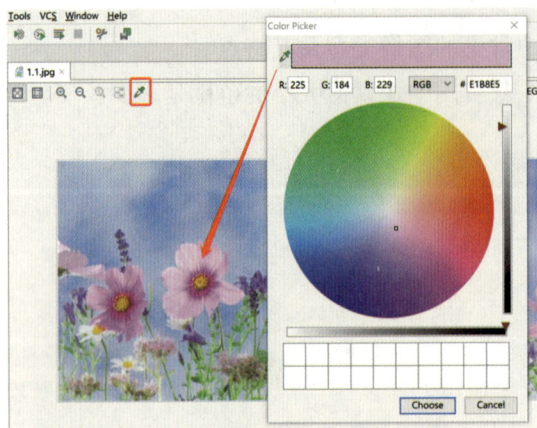

图1-32 PyCharm中使用吸管工具查看像素RGB

四通道图像中，比三通道图像多了一个Alpha通道，该通道表示透明度，0表示完全透明，255表示完全不透明。图1-33所示是透明度为128的四通道图像。

图1-33　带透明度通道的图像

2. 通道的拆分

OpenCV提供split()函数用于将一个多通道图像数组拆分为单独的单通道数组，函数声明如下：

```
MV=cv2.split(multi_channel_img)
```

参数说明：

◆ multi_channel_img——多通道图像数组。

◆ MV——输出数组。数组的数量由通道数决定。

【实例1.8】读取指定目录下的一幅彩色图像，对其进行通道的拆分，并通过窗口显示各个通道的图片。

示例代码如下：

```
import cv2
img=cv2.imread('1.1.jpg')  # 按BGR三通道模式载入图片
cv2.imshow('img',img)      # 显示原图
b,g,r=cv2.split(img)       # 将图片三个通道进行拆分，分别保存到b、g、r
cv2.imshow('B',b)          # 在窗口B中显示蓝色通道的图像
cv2.imshow('G',g)          # 在窗口G中显示绿色通道的图像
cv2.imshow('R',r)          # 在窗口R中显示红色通道的图像
cv2.waitKey(0)
cv2.destroyAllWindows()
```

运行结果如图1-34所示，可以看出，一幅三通道的彩色图片，将三个通道拆分后分别输出，显示的都是单通道的灰度图。观察三张灰度图可以看出，B通道蓝天部分较为明亮，G通道叶子部分较为明亮，R通道花朵部分较为明亮。

图1-34　彩色原图及BGR各通道灰度图

3. 通道的合并

OpenCV提供merge()函数用于从多个单通道图像数组中创建一个多通道图像数组，函数声明如下：

```
dst=cv2.merge(mv)
```

参数说明：

◆ mv——多个单通道图像数组构成的序列。

◆ dst——返回值是一个具有多通道的图像数组。

【实例1.9】读取指定目录下的一幅彩色图像，拆分三个通道后，再进行合并、显示。

```python
import cv2
img=cv2.imread('1.1.jpg')        # 以BGR三通道模式载入图片
b,g,r=cv2.split(img)
# 将图片三个通道进行拆分，分别保存到b、g、r中
img_bgr=cv2.merge([b,g,r])       # 将三个通道按照BGR的顺序进行合并
cv2.imshow('img_bgr',img_bgr)
img_rgb=cv2.merge([r,g,b])       # 将三个通道按照RGB的顺序进行合并
cv2.imshow('img_rgb',img_rgb)
cv2.waitKey(0)
cv2.destroyAllWindows()
```

运行结果如图1-35所示，可以看出，一幅三通道的彩色图片，将三个通道拆分后，按照BGR的顺序合并后，显示结果和原图一致。但如果按照RGB的顺序合并，显示结果和原图不一致。

图1-35　OpenCV显示BGR图片和RGB图片

1.3.2　图像的色彩空间

通过对前面内容的学习，我们了解了OpenCV默认以BGR色彩空间读取图像，除了BGR色彩空间以外，还有RGB、RGBA、GRAY、HSV等色彩空间。

每个色彩空间都有自己擅长处理的问题，因此，通常要将图像在不同的色彩空间之间进行转换。

1. 色彩空间的转换

OpenCV提供cvtColor()函数用于将图像从一种色彩空间转换为另一种色彩空间，函数声明如下：

```
dst=cv2.cvtColor(src,code[,dstCn])
```

参数说明：

◆ dst——输出图像，与src大小和深度相同。

◆ src——输入图像，可以是8位无符号整型（uint8）、16位无符号整型（uint16）或单精度浮点型（float32）。

◆ code——颜色空间转换代码，常用转换码及含义如表1-2所示。

◆ dstCn——目标图像中的通道数，如果参数为0，则通道数由src和code自动得出。

表1-2　常用code转换码及含义

转换码	含义
cv2.COLOR_BGR2RGB	将BGR图像转换成RGB图像
cv2.COLOR_BGR2BGRA	在BGR图像中添加Alpha通道
cv2.COLOR_BGR2GRAY	将BGR图像转换成GRAY（灰度）图像
cv2.COLOR_BGR2HSV	将BGR图像转换成HSV图像

2. RGB 色彩空间

RGB颜色空间以红、绿、蓝三种基本色为基础，进行不同程度的叠加，产生丰富而广泛的颜色，所以俗称三基色模式。

RGB空间模型是生活中最常用的一个颜色显示模型，电视机、电脑的显示器大部分都是采用这种模型。自然界中的任何一种颜色都可以由红、绿、蓝三种色光混合而成，现实生活中人们见到的颜色大多是混合而成的色彩。

如图1-36所示，打开Windows系统画图板自定义颜色工具，输入R、G、B值，查看对应的不同颜色。如图所示，RGB向量为（255,255,0），显示的是黄色。

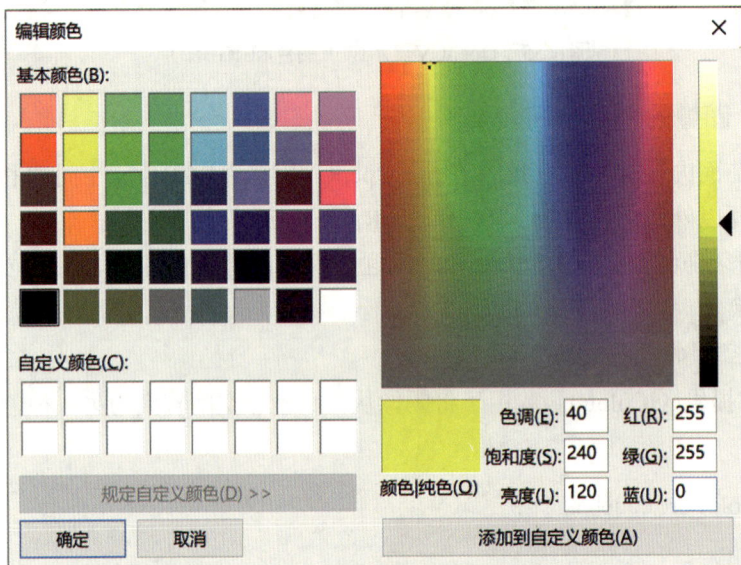

图1-36　Windows系统画图板自定义颜色工具

【实例 1.10】使用 matplotlib 的 pyplot 模块显示 BGR 和 RGB 图像，分析结果。

示例代码如下：

```
import cv2
import matplotlib.pyplot as plt
image=cv2.imread('1.1.jpg')
# 将BGR图像转换为RGB图像
image_rgb=cv2.cvtColor(image,cv2.COLOR_BGR2RGB)
# 解决中文标题乱码问题
plt.rcParams['font.sans-serif']=['SimHei']
# 分别显示BGR和RGB图像
fig, axes=plt.subplots(1,2,figsize=(16,8),dpi=100)
axes[0].set_title('BGR图像')
axes[0].imshow(image)
axes[1].set_title('RGB图像')
axes[1].imshow(image_rgb)
plt.show()
```

运行上述代码，结果如图1-37所示。可以看出，与cv2.imshow()不同，matplotlib的pyplot模块可以正常显示RGB图像。

图1-37　example1_10.py运行结果

3. RGBA 色彩空间

RGBA是代表red（红色）、green（绿色）、blue（蓝色）和Alpha（透明度）的色彩空间。虽然它有的时候被描述为一个颜色空间，但是它其实仅仅是在RGB模型中附加了额外的信息。采用的颜色是RGB，可以属于任何一种RGB颜色空间，但是Catmull和Smith在1971至1972年间提出了这个不可或缺的Alpha数值，使得Alpha渲染和Alpha合成变得可能。

【实例 1.11】以 BGR 的模式读取 RGB 图像，将其转换为 BGRA 图像，修改 Alpha 透明度为半透明，并保存。

示例代码如下：

```python
import cv2
# 以BGR三通道模式载入图片
img=cv2.imread('1.1.jpg')
# 将三通道的BGR图像转换为四通道的BGRA图像
img_bgra=cv2.cvtColor(img,cv2.COLOR_BGR2BGRA)
print('BGR转换成BGRA后')
# 输出BGRA图像一个像素的数值向量
print('0行0列像素的数值向量：',img_bgra[0,0,:])
# 将所有像素的Alpha透明度改为128
img_bgra[:,:,3]=128
print('修改Alpha透明度后')
# 输出修改Alpha透明度后的数值向量
print('0行0列像素的数值向量：',img_bgra[0,0,:])
# 将图像保存为透明格式PNG图片
cv2.imwrite('1.11.png',img_bgra)
```

运行上述代码，结果如图1-38所示。可以看出，BGR图片0行0列像素值为

[225,194,173]，转换为BGRA图像后，该像素值变为[225,194,173,255]，即增加一个Alpha通道，灰度值255表示完全不透明。代码中img_bgra[:,:,3]=128是将图片所有像素的Alpha通道灰度值变为128。由于PNG图片格式带有透明通道，因此我们可以将BGRA图像保存为1.11.png，在PyCharm中打开生成的1.11.png图片，如图1-39所示，所有像素是半透明状态。

```
BGR转换成BGRA后
0行0列像素的数值向量： [225 194 173 255]
修改Alpha透明度后
0行0列像素的数值向量： [225 194 173 128]
```

图1-38　example1_11.py运行结果

图1-39　半透明图片1.11.png

4. GRAY 色彩空间

GRAY色彩空间一般是指单通道8位无符号灰度图，像素值的范围是[0,255]，共256个灰度级。任何颜色都由红、绿、蓝三原色组成，由RGB色彩空间可以转换成GRAY色彩空间。假如原来某点的颜色为RGB（R,G,B），那么，可以通过下面几种方法，将其转换为灰度点。

① 浮点算法：Gray=$R \times 0.3+G \times 0.59+B \times 0.11$；

② 整数方法：Gray=($R \times 30+G \times 59+B \times 11$)/100；

③ 移位方法：Gray =($R \times 76+G \times 151+B \times 28$)>>8；

④ 平均值法：Gray=($R+G+B$)/3；

⑤ 仅取绿色：Gray=G。

通过上述任一种方法求得Gray后，将原来的RGB（R,G,B）中的R、G、B统一用Gray替换，形成新的颜色RGB（Gray,Gray,Gray），用它替换原来的RGB（R,G,B）就可以将图片转换为灰度图了。

【实例 1.12】以 BGR 的模式读取 RGB 图像，将其转换为 GRAY 图像。

示例代码如下：

```
import cv2
img=cv2.imread('1.1.jpg')
# 将三通道的BGR图像转换为GRAY图像
img_gray=cv2.cvtColor(img,cv2.COLOR_BGR2GRAY)
print('BGR转换成GRAY后')
print('0行0列像素值： ',img_gray[0,0])
cv2.imshow('img_gray',img_gray)
cv2.waitKey(0)
cv2.destroyAllWindows()
```

运行上述代码，结果如图1-40所示。可以看出，三通道的BGR图片0行0列像素值为[225,194,173]，转换为单通道的GRAY图像后，该像素值变为一个灰度值191（计算方法：Gray=($R \times 30+G \times 59+B \times 11$)/100=(173 × 30+194 × 59+225 × 11)/100=191）。该GRAY图像在窗口中显示如图1-41所示，是一张灰度图。

```
[225 194 173]
BGR转换成GRAY后
0行0列像素值： 191
```

图1-40　example1_12.py运行结果

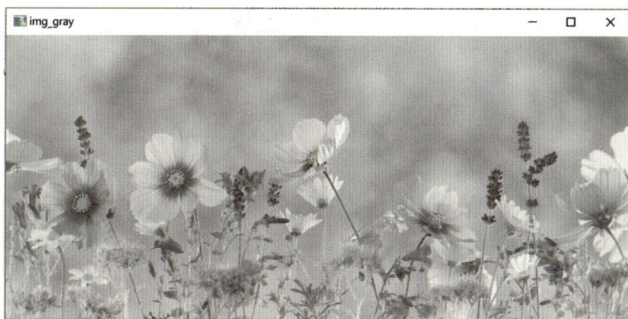

图1-41　BGR图像转换得到的GRAY图像

5. HSV 色彩空间

RGB是从硬件的角度提出的颜色模型，在与人眼匹配的过程中可能存在一定的差异，HSV（hue, saturation, value；色调，饱和度，明度）色彩空间是一种面向视觉感知的颜色模型。

HSV是根据颜色的直观特性由史密斯（A. R. Smith）在1978年创建的一种色彩空间，也称六角锥体模型（hexcone model）。这个模型从心理学和视觉的角度出发，指出人眼的色彩知觉主要包含三要素：色调（H）、饱和度（S）、明度（V）。

（1）色调（H）：色调是指光的颜色，例如"赤橙黄绿青蓝紫"。色调用角度度量，取值范围为0°~360°，从红色开始按逆时针方向计算，红色为0°，绿色为120°，蓝色为240°。它们的补色是：青色为180°，品红为300°，黄色为60°。

（2）饱和度（S）：饱和度S表示颜色接近光谱色的程度。一种颜色，可以看成是某种光谱色与白色混合的结果。其中光谱色所占的比例愈大，颜色接近光谱色的程度就愈高，颜色的饱和度也就愈高。饱和度高，颜色则深而艳。光谱色的白光成分为0，饱和度达到最高。通常取值范围为0%~100%，值越大，颜色越饱和。

（3）明度（V）：明度表示颜色明亮的程度，对于光源色，明度值与发光体的光亮度有关；对于物体色，此值和物体的透射比或反射比有关。通常取值范围为0%（黑）~100%（白）。

从RGB色彩空间转到HSV色彩空间时，需要将RGB色彩空间的值转换到0~1的范围内，之后再进行HSV转换，具体过程如下：

$$V = \max(R, G, B)$$

$$S = \begin{cases} \dfrac{V - \min(R, G, B)}{V}, & V \neq 0 \\ 0, & \text{其他情况} \end{cases}$$

$$H = \begin{cases} \dfrac{60(G-B)}{V - \min(R, G, B)}, & V = R \\ 120 + \dfrac{60(B-R)}{V - \min(R, G, B)}, & V = G \\ 240 + \dfrac{60(R-G)}{V - \min(R, G, B)}, & V = B \end{cases}$$

计算结果可能存在$H < 0$的情况，如果出现这种情况，则需要对H进行进一步计算，方法如下：

$$H = \begin{cases} H + 360, & H < 0 \\ H, & \text{其他情况} \end{cases}$$

由上述公式计算可知：$S \in [0,1]$，$V \in [0,1]$，$H \in [0,360]$。在OpenCV中，色调H映射到区间[0,180]，饱和度S映射到区间[0,255]，明度V映射到区间[0,255]。

所有这些转换都被封装在OpenCV的cv2.cvtColor()函数内。通常情况下，可以直接调用该函数来完成色彩空间转换，而不用考虑函数的内部实现细节。

【实例 1.13】以 BGR 模式读取 RGB 图像，将其转换为 HSV 图像并显示。

示例代码如下：

```
import cv2
img=cv2.imread('1.1.jpg')
cv2.imshow('img',img)
# 将三通道的BGR图像转换为HSV图像
img_hsv=cv2.cvtColor(img,cv2.COLOR_BGR2HSV)
print('BGR转换成HSV后')
print('0行0列像素值：',img_hsv[0,0])
cv2.imshow('img_hsv',img_hsv)
cv2.waitKey(0)
cv2.destroyAllWindows()
```

运行上述代码，结果如图1-42所示。可以看出，转换为HSV图像后，图像0行0列的像素值由原来的[255 194 173]变为[108 59 225]，其中108表示色调，59表示饱和度，225表示明度。将原图与HSV图像在窗口中显示，如图1-43所示。

```
BGR转换成HSV后
0行0列像素值：　[108　59　225]
```

图1-42　example1_13.py运行结果

图1-43　显示BGR色彩空间及转换得到HSV色彩空间图片

任务实施

HSV色彩空间中，一种颜色的饱和度越高，它就越鲜艳；反之，一种颜色的饱和度越低，它就越接近于灰色。因此，可以提升图像的饱和度使色彩更加艳丽。

步骤1：读取并显示原图像。

```
import cv2
img=cv2.imread('cherry.jpg')
# 创建一个可以改变大小的窗口，可以通过before引用
cv2.namedWindow('before',cv2.WINDOW_NORMAL)
```

```
# 改变before窗口显示的初始尺寸
cv2.resizeWindow('before',400,600)
cv2.imshow('before',img)
```

步骤2：将 BGR 图像转换为 HSV 图像。

```
img_hsv=cv2.cvtColor(img,cv2.COLOR_BGR2HSV)    # 将BGR转为HSV
```

步骤3：分割 HSV 三个通道，并对饱和度通道中的灰度值进行处理。

```
# 分割HSV三个通道
h,s,v=cv2.split(img_hsv)
# 对饱和度通道中每个灰度值*2，如果值超过255，按255处理
s=cv2.convertScaleAbs(s,alpha=2)
```

步骤4：重新合并为 HSV 图像。

```
img_hsv=cv2.merge([h,s,v]) # 重新合并为HSV图像
```

步骤5：将 HSV 图像转换为 BGR 图像并显示。

```
img_process=cv2.cvtColor(img_hsv,cv2.COLOR_HSV2BGR)
cv2.namedWindow('after',cv2.WINDOW_NORMAL)
cv2.resizeWindow('after',400,600)
cv2.imshow('after',img_process)
cv2.waitKey(0)
cv2.destroyAllWindows()
```

上述代码运行结果如图1-44所示，可以看出，提升饱和度后，图像颜色明显要鲜艳许多。

图1-44   cherry.jpg提升饱和度前后对比

⚠️　注意：在调整时需要注意，一张照片的饱和度越高，画面的"攻击性"就越强，过高的饱和度有时候会让人产生反感的情绪。反之，一张照片的饱和度越低，画面就越"平和"，就越能给人安静、舒适的视觉感受，但是过低的饱和度有时候会让画面产生不通透感。

任务测验

一、单选题

1. 对于彩色图像img，OpenCV提取红色通道的正确方法是（　　）。

　　A.img[:,:,0]　　　　B.img[:,:,1]　　　　C.img[:,:,2]　　　　D.img[:,:,:]

2. 灰度图像的通道数是（　　）。

　　A.1　　　　　　　B.2　　　　　　　C.3　　　　　　　D.4

3. 在OpenCV中，图像通道是按照（　　）顺序存储的。

　　A.R、G、B　　　B.B、G、R　　　C.G、B、R　　　D.G、R、B

4. 在cvtColor()函数中，用于将BGR色彩空间转换为GRAY色彩空间的参数是（　　）。

　　A.COLOR_BGR2RGB　　　　　　　B.COLOR_BGR2GRAY

　　C.COLOR_BGR2HSV　　　　　　　D.COLOR_HSV2BGR

5. 在HSV色彩空间中，代表色调的通道是（　　）。

　　A.H　　　　　　　B.S　　　　　　　C.V　　　　　　　D.I

二、简答题

1. 请简述图像色彩空间的概念，并列举三种常见的图像色彩空间及其特点。

2. 请简述图像通道的概念，并解释RGB色彩空间下图像通道的特点和作用。

任务1.4　制作油画特效

任务描述

通过前面的任务，我们已经学会图像整体的色彩空间变换。除了整体空间变换，图像往往需要局部处理，从而产生相对复杂但是特殊的效果。接下来我们通过本任务学习像素的局部空间变换，该功能让智能相机能够支持给图像添加特效，例如制作油画效果。图像局部空间变换需要利用像素与其周围局部空间的像素信息来完成，一般需要直接对numpy数组进行操作。

制作油画效果的主要原理是根据像素邻域的颜色信息，得到一个色块平均值作为新像素的颜色，从而让同一片区域都有同样的颜色信息。

相关知识点

numpy是Python的一个开源的数值计算扩展包，可用来存储和处理大型矩阵。用Python的OpenCV读到内存中的图像，类型就是numpy.ndarray，因此，可以运用numpy中相关的方法进行处理。

1.4.1　numpy.zeros()

numpy.zeros()函数用于创建指定大小的数组，数组元素以 0 来填充。函数声明如下：

```
numpy.zeros(shape, dtype = float, order = 'C')
```

参数说明：

◆ shape——数组形状。

◆ dtype——数据类型，可选参数。

◆ order——数组在内存中的存储顺序，可选参数。通常为"C"（按行存储），或"F"（按列存储）。

【实例 1.14】创建一幅 100 行 200 列的全黑图像。

示例代码如下：

```
import numpy as np
import cv2
img=np.zeros((100,200),dtype=np.uint8)
cv2.imshow('img',img)
cv2.waitKey(0)
```

```
cv2.destroyAllWindows()
```

运行结果如图1-45所示。

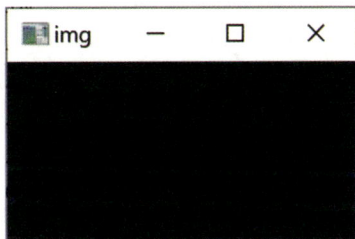

图1-45   全黑图像

1.4.2　numpy.bincount()

numpy.bincount()函数统计非负整数数组中每个值的出现次数。函数声明如下：

```
out=numpy.bincount(x, weights = None, minilength = None)
```

参数说明：

◆ x——输入数组，一维非负整数数组。

◆ weights——可选参数，与x形状相同的数组。

◆ minilength——输出数组最小存储箱数。

返回值：

◆ out——对输入数组进行装箱的结果，长度等于x中最大值加1。

【实例 1.15】统计整型一维数组中每个值出现的次数。

示例代码如下：

```
import numpy as np
a=np.array([1,3,7,9,8,1,2,9])
print(np.bincount(a))
```

运行结果：

```
[0 2 1 1 0 0 0 1 1 2]
```

通过运行结果可以看出，数组a中最大值是9，则输出结果是长度为10的数组，结果中的十个值分别表示a数组中0的个数是0，1的个数是2，2的个数是1，3的个数是1，4—6的个数都是0，7的个数是1，8的个数是1，9的个数是2。

1.4.3　numpy.argmax()

numpy.argmax()函数返回数组沿着某一条轴最大值的索引。函数声明如下：

```
numpy.argmax(a, axis = None, out = None)
```

参数说明：

◆ a——输入数组。

◆ axis——整型，可选参数，默认将数组变一维数组，然后求最大值索引。否则按指定轴计算最大值索引。

◆ out——数组，可选参数，如果提供此参数，结果将保存到这个数组中，必须为其指定合适的形状和数值类型。

返回值：

◆ index_array——n维数组或整数。维度与a.shape中沿轴方向的大小一致。

【实例1.16】计算数组中最大值索引。

示例代码如下：

```
import numpy as np
a = np.arange(6).reshape(2,3)
print('a数组：\n{}'.format(a))
print('a数组中最大值的索引：{}'.format(np.argmax(a)))
print('a数组沿列方向最大值的索引：{}'.format(np.argmax(a, axis=0)))
print('a数组沿行方向最大值的索引：{}'.format(np.argmax(a, axis=1)))
b = np.arange(6)
b[1] = 5
print('b数组：\n{}'.format(b))
print('b数组最大值的索引：{}'.format(np.argmax(b)))
```

运行结果：

```
a数组：
[[0 1 2]
 [3 4 5]]
a数组中最大值的索引：5
a数组沿列方向最大值的索引：[1 1 1]
a数组沿行方向最大值的索引：[2 2]
b数组：
[0 5 2 3 4 5]
b数组最大值的索引：1
```

通过运行结果可以看出，当最大值有多个时，返回第一个最大值索引。

1.4.4　numpy.where()

numpy.where()函数主要用于条件筛选，即选择满足某些条件的行、列或元素。函数声明如下：

```
index=numpy.where(condition)
```

参数说明：

◆ condition——条件。

返回值：

◆ index——条件成立时，where返回每个符合condition条件元素的元组类型的坐标。

【实例 1.17】获取数组中元素值大于 5 的元素坐标。

示例代码如下：

```
a = np.array([2,4,6,8,10])
index=np.where(a>5)
print(index)
```

运行结果：

```
(array([2, 3, 4], dtype=int64),)
```

1.4.5　numpy.mean()

numpy.mean()函数返回数组中元素的算术平均值，如果提供了轴，则沿其计算。算术平均值是沿轴的元素的总和除以元素的数量。函数声明如下：

```
numpy.mean(a, axis=None, dtype=None, out=None, keepdims=<no value>)
```

参数说明：

◆ a——输入的数组。

◆ axis——可选参数，用于指定在哪个轴上计算平均值。默认计算整个数组的平均值。

◆ dtype——可选参数，用于指定输出的数据类型。

◆ out——可选参数，用于指定结果的存储位置。

◆ keepdims——可选参数，如果为True，将保持结果数组的维度数目与输入数组相同。如果为False（默认值），则会去除计算后维度为1的轴。

【实例 1.18】在 numpy 数组中求均值。

示例代码如下：

```
import numpy as np
a = np.array([[1, 2, 3], [3, 4, 5], [4, 5, 6]])
print('我们的数组是：')
print(a)
print('调用 mean() 函数：')
```

```
print(np.mean(a))
print('沿轴 0 调用 mean() 函数：')
print(np.mean(a, axis=0))
print('沿轴 1 调用 mean() 函数：')
print(np.mean(a, axis=1))
```

运行结果：

```
我们的数组是：
[[1 2 3]
 [3 4 5]
 [4 5 6]]
调用 mean() 函数：
3. 6666666666666665
沿轴 0 调用 mean() 函数：
[2.66666667 3.66666667 4.66666667]
沿轴 1 调用 mean() 函数：
[2. 4. 5.]
```

任务实施

步骤 1：定义方法，实现油画特效制作。

具体算法如下。

（1）生成一张灰度图像。

（2）根据像素值把各个像素分到8个色桶里。

（3）对于每个像素：

① 获取其邻域范围的灰度分类值。

② 计算区域内数量最多的类。

③ 获取这个类对应像素的坐标。

④ 计算区域内该类所有像素的平均值并赋给新像素。

上述算法的Python实现代码如下：

```
def oil_painting(image, bucket_size=8, size=4):
    '''Oil painting effect.'''
    #生成灰度图像
    gray = cv2.cvtColor(image, cv2.COLOR_RGB2GRAY)
    #将灰度值分类：分到0-7这8个色桶中，整型
    gray = ((gray / 256) * bucket_size).astype(int)
    h, w = image.shape[:2]
```

```
oil_image = np.zeros(image.shape, np.uint8)  # 初始化黑色图
for i in range(h):
    for j in range(w):
        #获取邻域 : 选定左上角和右下角的范围
        upper, left = max(i - size, 0), max(j - size, 0)
        bottom, right = min(i + size, h), min(j + size, w)
        tmp = gray[upper:bottom, left:right]
        #计算最多的类: flatten()将二维数组按行序排成一维
        # bincount()统计非负整数每个值出现的次数
        counts = np.bincount(tmp.flatten())  # 类别列表
        #获取数量最多的类别的像素的对应坐标
        max_bin = np.argmax(counts)
        index = np.where(tmp == max_bin)  # 最多类别的像素的坐标
        #赋平均值
        oil_image[i, j] = np.mean(image[upper + index[0], left + index[1]],axis=0)
return oil_image
```

步骤 2：在任务 1.3 基础上，调用步骤 1 的方法完成油画制作。

示例代码如下：

```
img=cv2.imread('img/cherry.jpg')
small_img = cv2.resize(img, None, fx=0.4, fy=0.4)
cv2.namedWindow('before',cv2.WINDOW_NORMAL)
cv2.resizeWindow('before',400,600)
cv2.imshow('before',small_img)
img_hsv=cv2.cvtColor(small_img,cv2.COLOR_BGR2HSV)
h,s,v=cv2.split(img_hsv)
 # 对饱和度通道中每个灰度值*2，如果值超过255，按255处理
s=cv2.convertScaleAbs(s,alpha=2)
# 对亮度通道中每个灰度值*1.5，如果值超过255，按255处理
v=cv2.convertScaleAbs(v,alpha=1.5)
# 重新合并为HSV图像
img_hsv=cv2.merge([h,s,v])
small_img=cv2.cvtColor(img_hsv,cv2.COLOR_HSV2BGR)
# 根据图像创建油画特效
oil_img = oil_painting(small_img)
cv2.namedWindow('after',cv2.WINDOW_NORMAL)
cv2.resizeWindow('after',400,600)
cv2.imshow('after',oil_img)
```

```
cv2.waitKey(0)
cv2.destroyAllWindows()
```

上述代码运行结果如图1-46所示，可以看到通过原图创作出的油画效果。

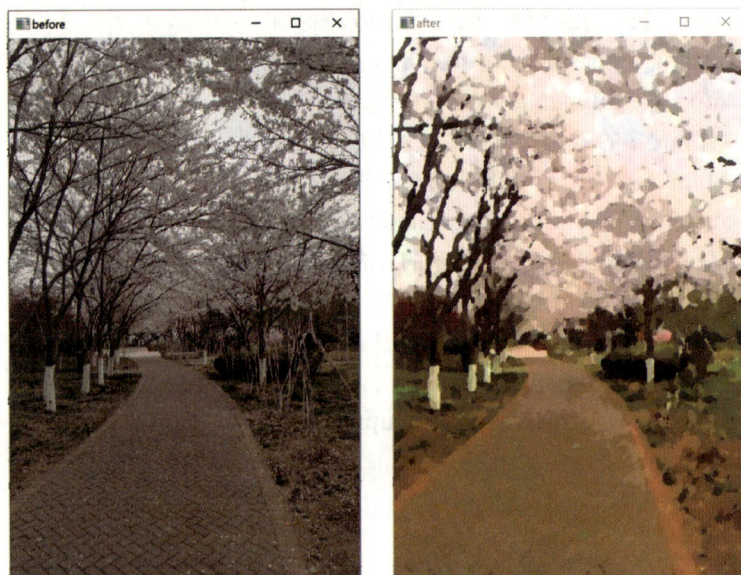

图1-46　原图与油画特效图

任务测试

一、选择题

1. numpy数组和Python列表的主要区别是什么？（　　）

　　A. 数组支持多维，列表不支持

　　B. 数组和列表都支持多维

　　C. 数组元素类型必须一致，列表可以包含不同类型

　　D. 数组和列表元素类型都必须一致

2. 如何使用numpy创建一个元素都是0的3行4列的二维数组？（　　）

　　A. numpy.zeros(3, 4)　　　　B. numpy.zeros((3, 4))

　　C. numpy.zeros[3, 4]　　　　D. numpy.empty(3, 4)

3. 以下哪个函数用于计算数组的平均值？（　　）

　　A. numpy.mean()　　　　　　B. numpy.median()

　　C. numpy.sum()　　　　　　 D. numpy.average()

4. where()函数通常用于以下哪种情况？（　　）

　　A. 创建一个指定形状和元素值的数组

　　B. 对数组中的元素进行条件筛选，并返回满足条件的元素索引

　　C. 计算数组中所有元素的总和

　　D. 修改数组中满足特定条件的元素值

二、简答题

1. 请解释numpy数组中的shape、size和ndim属性的含义。

2. 请列举numpy中至少三种创建数组的方法，并简要说明。

项目总结

实现了计算机视觉相关项目开发环境的搭建，明确了conda创建虚拟环境的必要性，完成了OpenCV的Python API：opencv-contrib-python库的安装。

学习了图像基本类型及属性，认识并掌握了数字图像在计算机中的存储结构。在计算机视觉数字图像处理中，图像的读取、显示、保存等是最基本的图像操作。

学习了图像的通道类型、拆分与合并，以及图像色彩空间的定义及转换方法，对数字图像的存储有了更深入的理解。

学习了numpy库中常用的方法，通过处理局部像素实现了图像油画特效的制作，对数字图像的处理有了进一步的理解。

项目评价

项目自我评价表

（在□中打√，A 通过，B 基本通过，C 未通过）

任务能力指标	评价标准	自测结果		
搭建开发环境	（1）完成Anaconda的下载与安装	□ A	□ B	□ C
	（2）运用conda命令完成虚拟环境的创建	□ A	□ B	□ C
	（3）完成opencv-contrib-python库的安装	□ A	□ B	□ C
	（4）完成matplotlib库的安装	□ A	□ B	□ C
掌握图像的基本操作	（1）能够读取磁盘中图像到内存	□ A	□ B	□ C
	（2）能够在窗口中显示图像	□ A	□ B	□ C
	（3）能将图像保存到磁盘中	□ A	□ B	□ C
认识数字图像	（1）理解二值图像、灰度图像、彩色图像的物理存储	□ A	□ B	□ C
	（2）能够获取图像的各类常用属性	□ A	□ B	□ C
掌握图像通道的操作	（1）理解通道的概念	□ A	□ B	□ C
	（2）能够对图像进行通道的拆分与合并	□ A	□ B	□ C
掌握图像色彩空间的转换	（1）理解不同色彩空间图像的区别	□ A	□ B	□ C
	（2）掌握不同色彩空间之间的转换	□ A	□ B	□ C
掌握numpy库中的常用方法	熟练使用numpy库中的方法进行数组创建、运算、统计等	□ A	□ B	□ C

学生签字：　　　　　　教师签字：　　　　　　　年　　　月　　　日

红细胞计数

项目情境

血常规是医院中常见的血液检查项目，指通过观察血细胞的数量变化及形态分布判断血液状况从而辅助进行疾病的检查。血常规检查包括红细胞（RBC，red blood cell）计数、血红蛋白（Hb，hemoglobin）计数、白细胞（WBC，white blood cell）计数、白细胞分类计数及血小板（PLT，platelet）计数等。在常见的血常规化验单里面，以红细胞计数指标为例，成年人正常红细胞浓度是（3.5 ~ 5.5）× 10^{12}/L，即每毫升血液中有350万至550万个红细胞，那这个数是怎么统计出来的呢？

传统的血红细胞计数是由人工手动完成的，需要首先稀释血液样本并将其滴定到血细胞计数板上，再通过显微镜对该切片进行观察，根据计数板上划分好的计数室目视计数来计算血红细胞的浓度。随着技术的发展，现如今医院可以通过全自动血液分析仪来完成该项检测，这些分析仪通过各种传感器完成细胞计数。尽管现在的全自动仪器的结果已经非常精确，血液分析仪依旧可能会无法识别一些异常血液细胞，这个时候仍需要依赖人工复核结果。但是传统的人工红细胞计数方法耗时费力，本项目我们将以红细胞计数为例，尝试让计算机代替人眼完成目视计数的任务从而提高计数的速度。

图 2-1 所示是一个常见的红细胞样本图，可以看到图中的红细胞排布非常密集，并且有些细胞相互贴在一起，比较影响计数；图中还有一些类似血小板的杂质，需要在后续实验中想办法去掉；另外图像边缘存在一些只被显微镜记录到一部分的细胞，这些过于小的边缘细胞也需要进行处理。上述问题会在接下来的一系列实验中逐个解决。

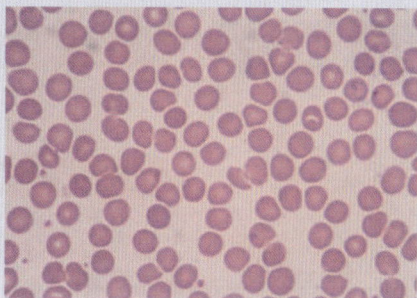

图2-1　红细胞样本图

学习目标

【知识目标】
◆ 理解直方图的概念，掌握绘制直方图的方法，以及直方图均衡化的基础知识。
◆ 理解图像阈值操作对图像矩阵的作用方式，掌握阈值处理函数的调用方法。
◆ 理解各形态学处理方法在图像上的执行过程，掌握各操作函数的调用方法。
◆ 理解图像轮廓的概念，掌握轮廓检测和绘制方法。
◆ 理解分水岭算法的基本原理，掌握函数的调用方法。

【能力目标】
◆ 能根据需求设计参数调用直方图相关函数对图像进行分析与均衡。
◆ 能根据需求对图像进行各种阈值处理。
◆ 能根据需求选用不同阶数的卷积核矩阵和调用函数对图像进行噪声处理。
◆ 能够根据需求，熟练运用轮廓检测和绘制方法。
◆ 能综合运用各种方法，实现图像中对象的分割。

【素质目标】
◆ 培养跨学科合作与交流素质，医学图像处理是涉及多学科领域的交叉学科，可能需要与医学专家、其他技术人员等进行有效的沟通和合作。
◆ 在跨学科合作与交流过程中，提升团队协作和沟通能力。
◆ 培养伦理意识和责任心，具有保护隐私和数据安全的伦理意识和责任心，在工作中遵守职业道德和规范。

学习导图

项目2 红细胞计数

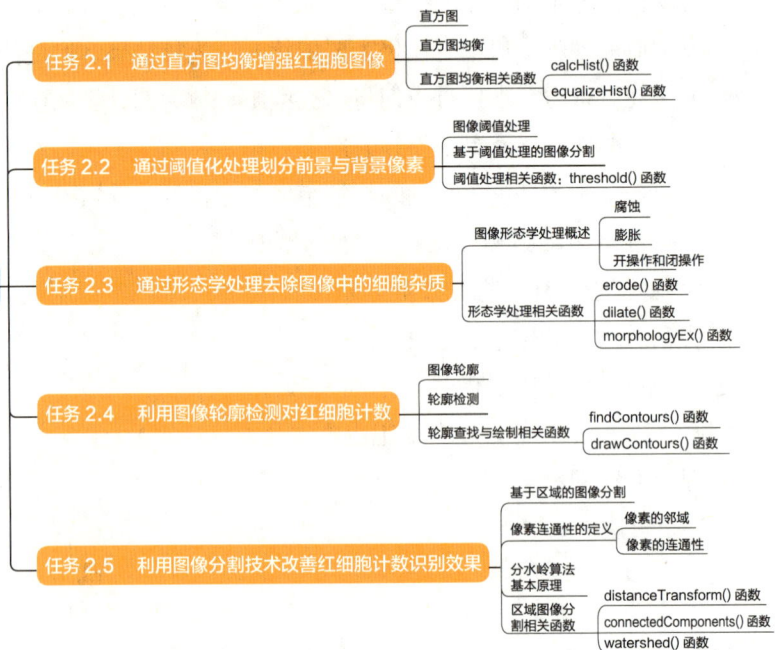

任务2.1 通过直方图均衡增强红细胞图像
- 直方图
- 直方图均衡
- 直方图均衡相关函数
  - calcHist() 函数
  - equalizeHist() 函数

任务2.2 通过阈值化处理划分前景与背景像素
- 图像阈值处理
- 基于阈值处理的图像分割
- 阈值处理相关函数：threshold() 函数

任务2.3 通过形态学处理去除图像中的细胞杂质
- 图像形态学处理概述
  - 腐蚀
  - 膨胀
  - 开操作和闭操作
- 形态学处理相关函数
  - erode() 函数
  - dilate() 函数
  - morphologyEx() 函数

任务2.4 利用图像轮廓检测对红细胞计数
- 图像轮廓
- 轮廓检测
- 轮廓查找与绘制相关函数
  - findContours() 函数
  - drawContours() 函数

任务2.5 利用图像分割技术改善红细胞计数识别效果
- 基于区域的图像分割
- 像素连续性的定义
  - 像素的邻域
  - 像素的连通性
- 分水岭算法基本原理
- 区域图像分割相关函数
  - distanceTransform() 函数
  - connectedComponents() 函数
  - watershed() 函数

任务2.1　通过直方图均衡增强红细胞图像

任务描述

图2-1所示的红细胞样本图中，前景红细胞和背景色之间的对比不够明显，本任务使用直方图相关函数对图像矩阵进行统计、分析，然后对其进行均衡化，以增强图中前景和背景的对比度。

相关知识点

2.1.1　直方图

直方图是一种条形图，是数值数据分布的图形表示。它用一系列宽度相等、高度不等的长方形来表示数据，其宽度代表组距，高度代表指定组距内的频数。

图像直方图是用于统计图像内各个灰度级出现的次数或频数的直方图，其中横坐标是灰度级，纵坐标是该灰度级像素点出现的频数。

图像直方图在灰度图像处理中使用比较广泛。灰度图像中包含着许多不同灰度值的像素，灰度值的分布情况是图像的一个重要特征。直方图可以很好地展示图像的灰度分布，灰度级为0~255的数字图像的灰度分布是离散函数，直方图可以直观地展示图像中各个灰度值的像素个数。图2-2左侧是一个灰度图像，其灰度值主要有0、1、2、3四个值，右侧是其直方图。

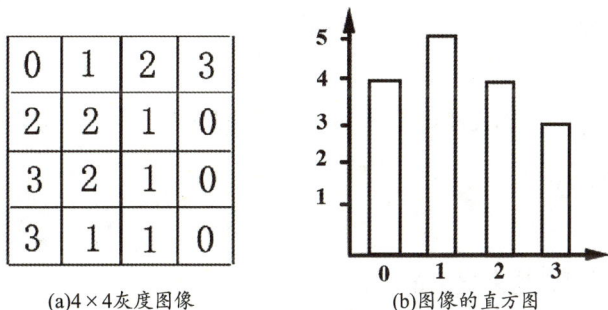

(a)4×4灰度图像　　　　(b)图像的直方图

图2-2　灰度图像的直方图

提示：在实践中有时会将像素个数的值归一化，即用像素个数除以总像素值，得到各个灰度值的概率分布，且概率和为1。

2.1.2 直方图均衡

直方图均衡是一种增强图像对比度的方法，其主要思想是对图像进行非线性拉伸，重新分配图像的灰度值，将一幅图像的直方图分布变成近似均匀分布，体现不同灰度级的像素点分布的"均衡"，原来直方图中间的峰值部分对比度得到增强，而两侧的谷底部分对比度降低，输出图像的直方图是一个较为平坦的直方图，这样会使图像细节清晰，从而达到增强图像整体对比度的效果。

2.1.3 直方图均衡相关函数

1. calcHist() 函数

绘制直方图前可以使用OpenCV模块中的calcHist()函数统计图像的灰度分布，再利用matplotlib.pyplot的plot()函数绘制直方图。calcHist()函数声明如下：

```
hist=cv2.calcHist(image,channels,mask,histSize,ranges)
```

参数说明：

◆ hist——calcHist函数的返回值，是一个一维数组，其大小为256，保存了原图像中各个灰度级的像素数量。

◆ image——原图像。当传入函数时应该用中括号 [] 括起来，例如：[img]。

◆ channels——如果输入图像是灰度图，它的值就是 [0]；如果是彩色图像的话，传入的参数可以是 [0]、[1]、[2] 它们分别对应着通道B、G、R。

◆ mask——掩模图像。要统计整幅图像的直方图就把它设为 None。但是如果想统计图像某一部分的直方图的话，就需要制作一个掩模图像，并使用它。

◆ histSize——BIN的数目。也应该用中括号括起来，例如：[256]。

◆ ranges——像素值范围，8位灰度图像为[0,255]。

2. st() 函数

OpenCV模块使用equalizeHist()函数实现普通直方图均衡化，函数声明如下：

```
dst=cv2.equalizeHist(src)
```

参数说明：

◆ dst——返回值，均衡化后的图像。

◆ src——表示原图像，其必须是8位的单通道图像。

任务实施

步骤 1：读取红细胞图像并转换为灰度图像。

首先，读取项目图像文件夹下的红细胞样本图片"red.png"。
本任务主要关注的是图像的亮度值，所以需要将图像变为灰度图像。

示例代码如下：

```
import cv2 as cv
import matplotlib.pyplot as plt
import numpy as np
folder = "../pic/"  #folder为项目图像存储位置，读者可自行定义
img = cv.imread(folder+"red.png") #从项目目录读取红细胞样本图像
gray = cv.cvtColor(img, cv.COLOR_BGR2GRAY) #把图像转换为灰度图像
cv.imshow('gray',gray)
```

示例代码执行结果如图2-3所示。

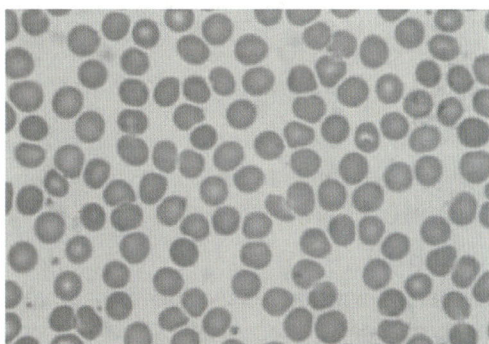

图2-3   红细胞样本图像转换为灰度图像

> 注意：有的读者可能考虑在imread()函数中设置参数直接以灰度图形式读取样本图，但是直接读取的灰度图像和用cvtColor()函数生成的灰度图像的结果并不一样。在图像处理中，倾向于原始图像是黑白的就用灰度图像形式读取，是彩色的就用彩色图像形式读取。

步骤 2：绘制图像灰度直方图，对图像进行分析。

灰度直方图可以直观地展现出图像各个灰度级的占比，为后续利用直方图信息改善图像做准备。使用calcHist()函数统计图像的灰度时需要注意：该函数的参数较为复杂，除了mask，所有的参数都要加[]。在本任务中，将channels设置为[0]，mask设置为None；histSize指的是直方图柱子个数，设置为[256]；ranges是指像素值的范围，一般固定为[0,256]。

使用numpy的cumsum()函数计算直方图的累积分布（cumulative distribution function，CDF），即每个灰度级及其以下所有灰度级的像素总数。hist_before = hist_ before.flatten()可以将直方图数组展平为一维数组。在matplotlib库中，bar函数是用于绘制条形图的主要工具。matplotlib.pyplot中的bar函数可以用于绘制直方图，例如bar(range(256), hist_before, width=1, edgecolor='red', alpha=0.6)的功能是在一个matplotlib子图上绘制一个条形图，该条形图展示了输入灰度图像的直方图。横轴代表灰度级（从0到255），纵轴代表每个灰度级对应的像素数量。条形图使用红色边缘和0.6的透明度进行绘制，每个条形的宽度为1。这样的可视化有助于分析图像的灰度分布。

示例代码如下：

```
hist_before=cv2.calcHist([gray],[0],None,[256],[0,255]) # 计算直方图
hist_before=hist_before.flatten()
cdf_before=np.cumsum(hist_before) # 计算累积直方图
plt.rcParams['font.sans-serif']=['SimHei']
fig,axes=plt.subplots(1,3,figsize=(12,4),dpi=100)
axes[0].set_title('原灰度图')
axes[0].imshow(gray,cmap='gray',vmin=0,vmax=255)
axes[0].axis('off')
axes[1].set_title('原灰度图的直方图')
axes[1].bar(range(256), hist_before, width=1, edgecolor='red',alpha=0.6)
axes[2].set_title('原灰度图的累积分布')
axes[2].plot(cdf_before,color='blue')
```

示例代码运行结果如图2-4所示。

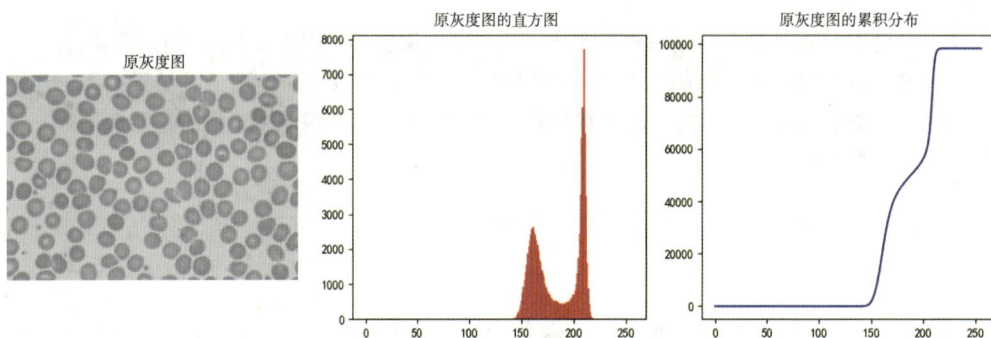

图2-4　绘制直方图

从图2-4中的直方图可以看到图像的像素值都分布在150—220的区间，图像对比度较差，而且灰度直方图有两个峰值，分别表示暗部和亮部，从累积分布图中分析得知像素值高的是背景，而像素值较低的是细胞以及一些杂质。注意，尽管视觉上直方图绘制的曲线是连续的，这是由于各点比较靠近，像是一条连续的曲线，但其实际上是离散函数图像。

步骤 3：直方图均衡，增强图像对比度。

对直方图分析可知图像像素值分布不够均匀，集中在比较窄的区域内，为了让整体的灰度范围分布均匀以提高图像的对比度，增强图像，除了线性或者非线性灰度变换以外，通常还可以用直方图均衡的方法。直方图均衡本质上也是改变像素值的大小。可以直接使用equalizeHist()函数完成直方图均衡，不需要输入额外的参数。

为方便下一步操作，把均衡化后的图像命名为"afterEqu.jpg"，存储在项目目录下。示例代码如下：

```
equ = cv.equalizeHist(gray)  #直方图均衡
cv.imshow("equ",equ)
cv.imwrite(folder+"afterEqu.jpg",equ) #将均衡化后的图像保存在项目目录下
```

示例代码运行结果如图2-5所示。

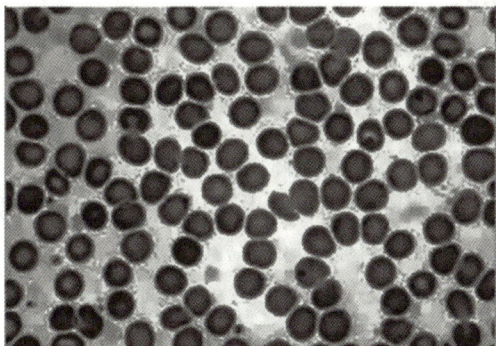

图2-5　直方图均衡后的灰度图

可以直观地看出，均衡化后的图像的前景和背景的对比更加明显，前景的红细胞区域更加突出，有利于后面实验的进一步处理。

步骤 4：对均衡后的灰度图进行直方图分析。

为了进一步查看直方图均衡的效果，继续绘制均衡化后的图像的灰度直方图以及累积直方图，示例代码如下：

```
hist_after=cv2.calcHist([equ],[0],None,[256],[0,255])
hist_after=hist_after.flatten()
cdf_after=np.cumsum(hist_after)
fig,axes=plt.subplots(1,3,figsize=(12,4),dpi=100)
axes[0].set_title("直方图均衡化后的灰度图")
axes[0].imshow(equ,cmap='gray',vmin=0,vmax=255)
axes[0].axis('off')
axes[1].set_title('均衡化后的灰度图对应的直方图')
```

```
axes[1].bar(range(256), hist_after, width=1, edgecolor='red',alpha=0.6)
axes[2].set_title('均衡化后的灰度图对应的累积分布')
axes[2].plot(cdf_after,color='blue')
plt.show()
```

示例代码运行结果如图2-6所示。

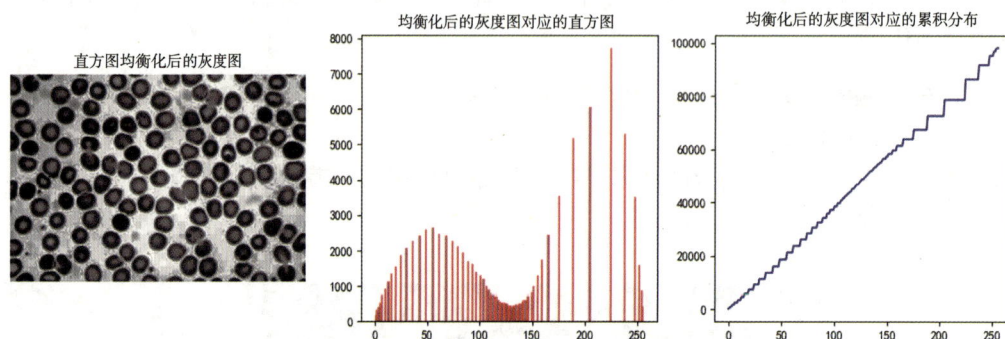

图2-6　图像均衡化后的灰度直方图和累积直方图

观察均衡后的直方图可以发现，图像的灰度级分布明显被拉伸到0—255的范围，且累积直方图分布基本呈线性增加。同时也可以看到此时的灰度分布更加离散，这是因为均衡化后，直方图被拉伸，图片灰度级减少。

任务测试

单选题

1. 直方图主要用于展示哪一类数据？（ ）

    A. 分类数据   B. 顺序数据

    C. 数值型数据的分布情况   D. 时间序列数据

2. 在直方图中，条形的高度通常代表（ ）。

    A. 数据的类别   B. 数据的数量或频数

    C. 数据的平均值   D. 数据的标准差

3. 以下哪个特点不是直方图所具备的？（ ）

    A. 能够展示数据的集中趋势

    B. 能够展示数据的离散程度

    C. 能够展示数据之间的相关性

    D. 能够通过条形的高度直观比较不同区间的数据数量

4. 关于直方图，以下哪个描述是错误的？（ ）

    A. 直方图中的柱子之间没有间隔，柱子的高度总和代表数据的总和

    B. 直方图的横轴代表数据区间，纵轴代表该区间内数据的频数或频率

    C. 直方图可以展示数据的分布情况

    D. 通过直方图可以直观地看出数据的偏态和峰态

5. 在绘制直方图时，以下哪个步骤是不必要的？（ ）

    A. 收集数据并确定数据的范围

    B. 确定组数并计算组距

    C. 对数据进行排序并计算中位数

    D. 绘制直方图并标记横纵坐标

6. 关于直方图均衡化，以下哪个说法是正确的？（ ）

    A. 直方图均衡化是一种降低图像对比度的技术

    B. 直方图均衡化可以改变图像的亮度分布，但不改变图像的对比度

    C. 直方图均衡化可以使图像的灰度级分布更加均匀，从而增强图像的对比度

    D. 直方图均衡化对彩色图像和灰度图像的处理效果相同

任务2.2　通过阈值化处理划分前景与背景像素

任务描述

　　任务2.1中我们已经通过直方图均衡改善了图像效果，但是图像内部的灰度级依然比较多，不利于进一步判断背景和红细胞的界限以及分析红细胞的具体位置，本任务我们使用简单的阈值化处理的方法将图像转换为更便于分割和计数的二值图像。

相关知识点

2.2.1　图像阈值处理

　　阈值，又叫临界值，是指根据分析目的或预定原则所确定接受或排除特定数据的临界标准。在计算机视觉中，阈值处理就是设定某个阈值，然后对大于阈值的像素或者小于阈值的像素统一处理的过程。

　　阈值处理过程中，算法逐个检测像素的值并与阈值进行比对，并按照指定的模式，进行处理，如将像素值大于阈值的像素统一设置为255，小于阈值的像素统一设置为0。

2.2.2　基于阈值处理的图像分割

　　图像分割是计算机视觉中的常见操作，通常是图像分析的前序步骤。图像分割技术是把图像分成若干个特定的、具有独特性质的区域并提取出感兴趣目标的技术，现有的图像分割方法主要有以下几类：基于阈值的分割方法、基于区域的分割方法、基于边缘的分割方法以及基于特定理论的分割方法等。其中基于阈值的图像分割技术，是利用图像中要提取的目标物与其背景在灰度特性上的差异，把图像视为具有不同灰度级的两类区域（目标和背景）的组合，选取一个合适的阈值，以确定图像中每个像素点应该属于目标还是背景区域，从而产生相应的二值图像。

　　基于阈值处理的图像分割具有计算速度快、实现简单等优点，因此在许多领域得到了广泛应用。例如，在医学影像分析中，它可以帮助医生快速识别出CT图像中的皮肤、骨骼等组织；在工业检测中，它可以用于识别产品表面的缺陷和瑕疵；在安全监控领域，它可以用于实现人脸识别、车辆识别等功能。

2.2.3　阈值处理相关函数

　　OpenCV 中提供了 threshold() 函数进行全局图像阈值处理，函数声明格式如下：

```
retval,dst=cv2.threshold(src, thresh, maxval, type)
```

参数说明：

◆ retval——返回的阈值。

◆ dst——返回值，阈值处理后的结果图像。

◆ src——原图像的灰度图。

◆ thresh——对像素值进行分类的阈值。

◆ maxval——当图像像素值高于（小于）阈值时，应该被赋予的新的像素值，最大时为255。

◆ type——阈值处理方法，常用的有8种不同的方法，详细见表2-1。

表2-1　threshold()函数参数type说明

参数取值	含义	数值
cv2.THRESH_BINARY	大于阈值的部分像素值变为最大值，其他变为0	0
cv2.THRESH_BINARY_INV	大于阈值的部分像素值变为0，其他部分变为最大值	1
cv2.THRESH_TRUNC	大于阈值的部分像素值变为阈值，其余部分不变	2
cv2.THRESH_TOZERO	大于阈值的部分像素值不变，其余部分变为0	3
cv2.THRESH_TOZERO_INV	大于阈值的部分像素值变为0，其余部分不变	4
cv2.THRESH_OTSU	把阈值thresh设为0，算法会找到最优阈值，并作为第一个返回值ret返回。需要和其他阈值处理方法结合使用，是动态阈值	8
cv2.THRESH_TRIANGLE	和OTSU阈值处理用法相同，只是算法不同	16
cv2.THRESH_MASK	暂不支持使用	7

在以上的参数处理方法中，前5种阈值处理方法是基于二值化的阈值处理，后3种阈值处理方法是寻找最合适的阈值，后3种方法需要和前5种结合使用。

【实例 2.1】使用阈值处理函数把图像处理为指定的二值图像。

首先从项目图像目录下读取一张灰度渐变的范例图片"jianbian.png"，这是一张从上至下，由白逐渐转黑的渐变灰度图像，没有明显的前景和后景区域。对其使用THRESH_BINARY、THRESH_BINARY_INV两种阈值处理方法，观察其处理结果。threshold()函数有两个返回值，第一个返回值这里用不到，在Python中用下划线"_"代替。示例代码如下：

```
import cv2
import matplotlib.pyplot as plt
image=cv2.imread(r"img\jianbian.jpg",0)
_,thresh1=cv2.threshold(image,127,255,cv2.THRESH_BINARY) # 二值化阈值处理
_,thresh2=cv2.threshold(image,127,127,cv2.THRESH_BINARY_INV)
# 反二值化阈值处理
```

```
plt.rcParams['font.sans-serif']=['SimHei']
fig,axes=plt.subplots(1,3,figsize=(9,3))
axes[0].set_title("(a)原灰度图")
axes[0].imshow(image,cmap='gray',vmin=0,vmax=255)
axes[1].set_title("(b)二值化阈值处理")
axes[1].imshow(thresh1,cmap='gray',vmin=0,vmax=255)
axes[2].set_title("(c)反二值化阈值处理")
axes[2].imshow(thresh2,cmap='gray',vmin=0,vmax=255)
plt.show()
```

示例代码运行结果如图2-7所示。

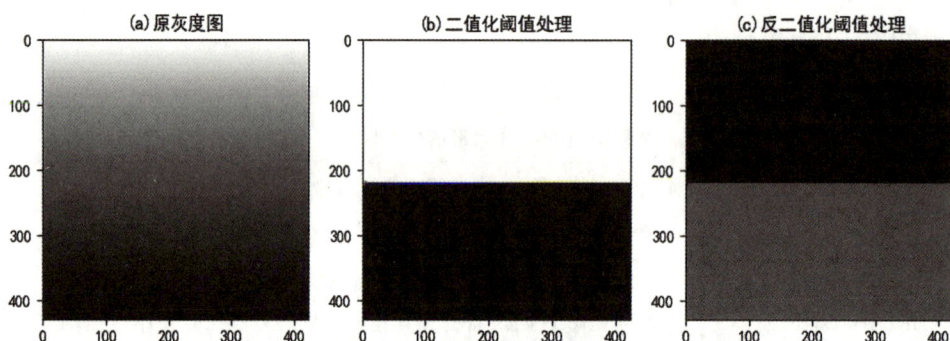

图2-7　简单阈值处理图像

原始图像如图2-7（a）所示。第一个阈值处理中type参数为THRESH_BINARY，指定阈值为127，则图像中大于127的部分像素值变为最大值255，其他变为0，结果如图2-7（b）所示，图像的下半部分灰度值大于127，经过处理全部填充为255，图像变为黑色，上半部分灰度值小于127，全部填充为0，图像变为白色。第二个阈值处理中type参数为THRESH_BINARY_INV，阈值指定为127，原图像下半部分灰度值大于127，填充为指定值127，所以图像下半部分变为灰色，上半部分灰度值小于127，填充为255，变为黑色。

可以看到以上阈值化处理直接将图像二值化，且可以指定最大值的灰度值，从而广泛地用于图像处理当中。

【实例2.2】使用阈值处理函数处理图像中的部分像素。

在下面的情况中maxval参数的值可以忽略，可以认为该参数是为上述两种方法服务的。示例代码如下：

```
import cv2
import matplotlib.pyplot as plt
```

```
image=cv2.imread(r"img\jianbian.jpg",0)
_,thresh1=cv2.threshold(image,127,255,cv2.THRESH_TRUNC)
# 截断阈值处理（大于阈值的变为阈值）
_,thresh2=cv2.threshold(image,127,255,cv2.THRESH_TOZERO)  # 低阈值0处理
_,thresh3=cv2.threshold(image,127,255,cv2.THRESH_TOZERO_INV)
# 高阈值0处理
plt.rcParams['font.sans-serif']=['SimHei']
fig,axes=plt.subplots(1,4,figsize=(12,3))
axes[0].set_title("原灰度图")
axes[0].imshow(image,cmap='gray',vmin=0,vmax=255)
axes[1].set_title("(a)截断阈值处理")
axes[1].imshow(thresh1,cmap='gray',vmin=0,vmax=255)
axes[2].set_title("(b)低阈值0处理")
axes[2].imshow(thresh2,cmap='gray',vmin=0,vmax=255)
axes[3].set_title("(c)高阈值0处理")
axes[3].imshow(thresh3,cmap='gray',vmin=0,vmax=255)
plt.show()
```

示例代码运行结果如图2-8所示。

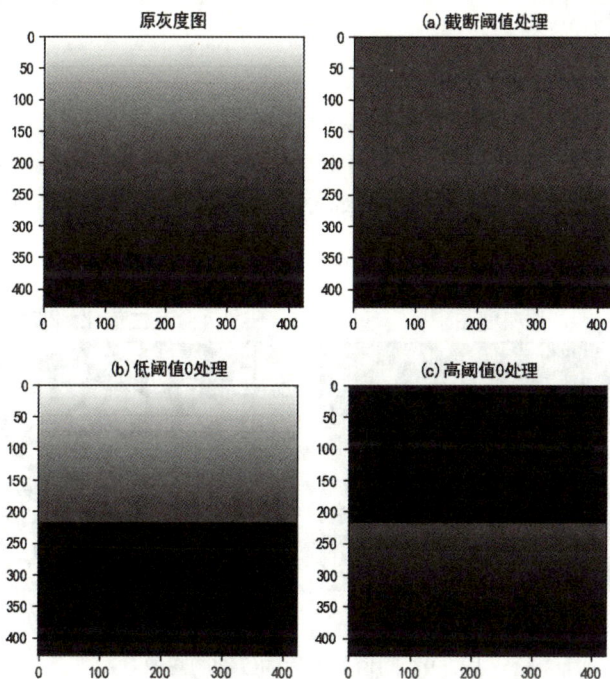

图2-8　复杂阈值处理图像

提示：如果想要深入了解阈值处理对图像像素值的修改方式，可以尝试用print()函数打印图像的像素值对其进行具体分析。

任务实施

在直方图均衡后的红细胞图像中，红细胞所在的区域像素灰度值偏低，集中在100以下，而背景像素的灰度值偏高，集中在150以上。在图像处理中，往往将背景设为黑色，即0；将前景，也就是需要观察的物体赋予较高的灰度值。本任务中需要将像素值较低的细胞变为白色，而将像素值较高的作为背景变为黑色，所以选择使用THRESH_BINARY_INV方法。

设置阈值threshold=135，maxval默认为255。同时将阈值处理后的图像命名为"afterThresh.jpg"，保存在项目目录下，以备后续调用，示例代码如下：

```
equ = cv.imread(folder + "afterEqu.jpg") #读取均衡化后的图像
_,thresh = cv.threshold(equ,135,255,cv.THRESH_BINARY_INV) #进行阈值处理
cv.imshow("thresh",thresh)
cv.imwrite(folder+"afterThresh.jpg",thresh)
```

示例代码运行结果如图2-9所示。

经过阈值处理后，得到一个二值图像，尽管这个图像仍旧有一些缺陷，如细胞之间存在一些小的白色像素区域、细胞内部存在一些黑色的孔隙等，但是离可以进行红细胞计数更进一步了。

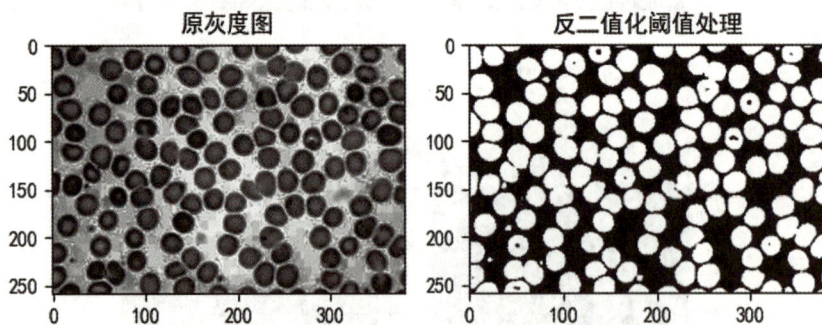

图2-9　阈值处理后的红细胞图像

任务测试

一、单选题

1. 在数字图像处理中，阈值处理的主要目的是？（　　）

　　A. 改变图像的分辨率　　　　　　　　B. 将图像转换为二值图像

　　C. 调整图像的色彩平衡　　　　　　　D. 增强图像的对比度

2. 选择阈值进行图像分割时，以下（　　）因素不是关键考虑点。

　　A. 图像中目标与背景的亮度差异　　　B. 图像中噪声的级别

　　C. 图像中颜色的种类和分布　　　　　D. 图像处理算法的复杂度

3. 在OpenCV中，threshold()函数主要用于（　　）。

　　A. 图像滤波　　　　B. 边缘检测　　　　C. 图像分割　　　　D. 特征提取

4. OpenCV的threshold()函数中，哪个参数用于设置阈值？（　　）

　　A. src　　　　　　　B. dst　　　　　　　C. thresh　　　　　D. maxValue

5. 在使用OpenCV的threshold()函数时，哪种类型的阈值处理是根据像素点周围像素的灰度值来动态调整阈值的？（　　）

　　A. THRESH_BINARY　　　　　　　　B. THRESH_BINARY_INV

　　C. THRESH_TRUNC　　　　　　　　　D. THRESH_ADAPTIVE

二、简答题

在图像处理中，如果我们想要将一张灰度图像转换为黑白图像，通常会使用什么方法？这种方法中，最关键的一步是什么？

任务2.3　通过形态学处理去除图像中的细胞杂质

任务描述

在上一个任务中，我们使用简单的基于阈值的图像分割方法获得了一个便于处理的二值图像，即只包含黑白像素的图像。但是该二值图像中还存在一些问题，最明显的就是可以看到很多不均匀的比红细胞小很多的杂质、边缘上一些比例很小的红细胞没有被去除、有些红细胞内部出现了孔洞等。为了解决这些问题，接下来我们将学习图像处理中的形态学处理方法，了解它们的定义以及对应的作用，然后选取合适的形态学方法去除图像中杂质，进一步完成红细胞计数的任务。

相关知识点

2.3.1　图像形态学处理概述

图像的形态学处理是以数学形态学为理论基础，借助数学方法对图像进行形态处理的技术，主要用来提取出描述图像中形状的分量。形态学处理在图像处理上的应用有：消除噪声、边界提取、区域填充、连通分量提取、凸壳、细化、粗化，以及分割出独立的图像元素或者图像中相邻的元素、求取图像中明显的极大值区域和极小值区域、求取图像梯度等。

数学形态学处理是由一组形态学的代数运算完成的，基本运算有4个：腐蚀、膨胀、开操作和闭操作，其中开操作和闭操作是膨胀和腐蚀的组合运算，这里简单介绍腐蚀操作和膨胀操作的基本原理。

在形态学运算中，有两个数据对象，一个是原始图像，一般为二值图像，另一个是卷积核。卷积核是一个奇数阶二维矩阵，其中心点称为"锚点"，相关资料读者可自行查阅。

（1）腐蚀。形态学中的腐蚀，顾名思义，可以理解为将图像中物体的形状向内腐蚀。

腐蚀运算中，将卷积核锚点对准原始图像坐标为（0,0）的点开始，将卷积核在原始图像里面逐个像素地进行遍历。当遍历到某一个点时，如果这个点以核为单位的周围的像素点都是白色，那么这个点的颜色就保持不变。如果这个点在核的范围之内存在黑色点，那就将这个点设为黑色。经过这样操作，越靠近原始图像前景中间的点周围都是白色，所以还是白色；而边缘的点周围有黑有白，就会变成黑色，这样就把边缘腐蚀掉了。

（2）膨胀。形态学中的膨胀与腐蚀类似，只是和腐蚀操作完全相反，会得到一个图像形状往外扩张的结果。

膨胀运算过程中将卷积核锚点对准原始图像坐标为（0,0）的点开始，将卷积核在原始图像里面逐个像素地进行遍历。当遍历到某一个点时，如果这个点以核为单位的周围的像素点有白色，那么这个点的颜色就设置为白色。如果这个点在核的范围之内全部是黑色点，那就将这个点保持黑色不变。经过这样操作，越靠近原始图像前景边缘的点，因为卷积核范围内出现白色而被设置为白色，这样就把前景边缘向外扩张了。图2-10、图2-11和图2-12演示了膨胀和腐蚀运算的基本过程。

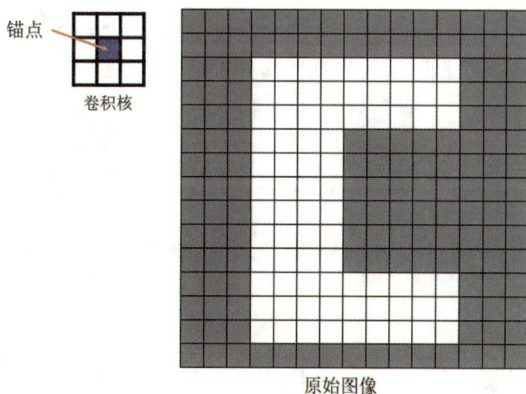

图2-10　原始图像与3阶卷积核示意图

图2-10左侧是3阶卷积核示意图，该卷积核中心点为锚点，在形态学运算中，以锚点为中心在待处理原始图像上逐个像素点扫描。

⚠️　注意：为方便读者观察，图2-10右侧原始图像中背景色设置为深灰色，实际应用中这些像素为255，即背景色为纯黑色。

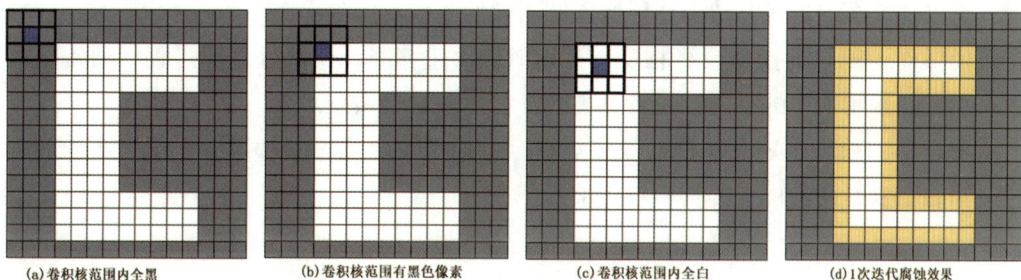

(a)卷积核范围内全黑　　(b)卷积核范围内有黑色像素　　(c)卷积核范围内全白　　(d)1次迭代腐蚀效果

图2-11　腐蚀运算

图2-11展示的是腐蚀运算过程中有代表性的扫描位置，图中（a）所示扫描位置处3阶卷积核范围内原始图像所有像素点均为黑色，则图像锚点位置的像素不变。图中（b）所示扫描位置处3阶卷积核范围内原始图像有黑色和白色像素，则图像锚点位置的像素应修改为黑色背景，图中（c）所示扫描位置3阶卷积核范围内像素点全为白色，则图像锚点位置的像素值不变，保持白色。卷积核从图像左上角逐行扫描完图像，则进行了一次迭代，如果需要多次迭代，则重复该过程。经过一次迭代运算后，腐蚀结果如图（d）所示，其中黄色像素点是被腐蚀掉的像素点，看起来就像前景图像边缘被腐蚀掉了。

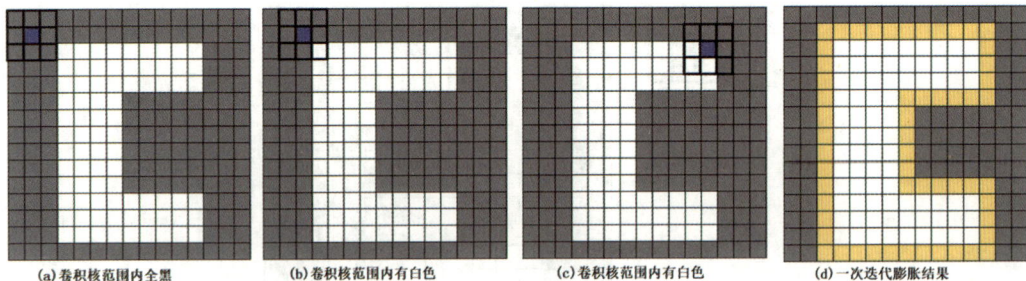

(a)卷积核范围内全黑　　(b)卷积核范围内有白色　　(c)卷积核范围内有白色　　(d)一次迭代膨胀结果

图2-12　膨胀运算

图2-12展示的是膨胀运算过程中有代表性的扫描位置，图中（a）所示扫描位置处3阶卷积核范围内原始图像所有像素点均为黑色，则图像锚点位置的像素不变。图中（b）所示扫描位置3阶卷积核范围内原始图像有黑色和白色像素，则图像锚点位置的像素应修改为白色前景，图中（c）所示扫描位置处3阶卷积核范围内像素点值有白色，图像锚点位置原来的像素值不变，保持白色。卷积核从图像左上角逐行扫描完图像，则进行了一次迭代，如果需要多次迭代，则重复该过程。经过一次迭代运算，膨胀结果如图中（d）所示，其中黄色像素点是膨胀操作修改为前景色的像素点，看起来就像前景图像边缘发生了扩张。

（3）开操作和闭操作。图像开操作运算是图像依次经过腐蚀、膨胀处理的过程，图像被腐蚀后将去除噪声，但同时也压缩了图像，接着对腐蚀过的图像进行膨胀处理，可以恢复图像边缘，从而在保留原有图像的基础上去除噪声。

闭操作运算与开操作运算相反，是图像依次过膨胀、腐蚀处理的过程，通常是被用来填充前景物体中的小洞，或者抹去前景物体上的小黑点。

形态学的处理中还有其他的一些运算，例如顶帽、黑帽、梯度等，都是腐蚀和膨胀运算的组合，读者可查阅资料自行学习。

2.3.2　形态学处理相关函数

（1）腐蚀。OpenCV中erode()函数用于对图像进行腐蚀运算，函数声明格式如下：

dst = cv2.erode(src, kernel, iterations)

参数说明：

◆ dst——函数返回值。经过腐蚀运算后的结果图像。

◆ src——待处理原始图像。一般为二值图像。

◆ kernel——卷积核。一般为奇数阶方形矩阵，矩阵中元素值为1。

◆ iterations——迭代次数。指进行多少轮腐蚀运算，默认是1。

（2）膨胀。OpenCV中dilate()函数用于对图像进行膨胀运算，函数声明格式如下：

dst = cv2.dilate(src, kernel, iterations)

参数说明：

◆ dst——函数返回值。经过膨胀运算后的结果图像。

◆ src——待处理原始图像。一般为二值图像。

◆ kernel——卷积核。一般为奇数阶方形矩阵，矩阵中元素值为1。

◆ iterations——迭代次数。指进行多少轮膨胀运算，默认是1。

【实例2.3】分别使用不同阶卷积核对图像进行不同轮次迭代，观察腐蚀与膨胀效果。

示例代码如下：

```
import cv2
import numpy as np
import matplotlib.pyplot as plt
image=cv2.imread(r'img\d.png',0)
kernel_3=np.ones((3,3))# 创建3阶卷积核
kernel_7=np.ones((7,7))# 创建7阶卷积核
kernel_15=np.ones((15,15))# 创建15阶卷积核
erosion_3=cv2.erode(image,kernel_3,3)  # 用3阶卷积核进行3轮腐蚀运算
erosion_7=cv2.erode(image,kernel_7,1)  # 用7阶卷积核进行1轮腐蚀运算
erosion_15=cv2.erode(image,kernel_15,1)  # 用15阶卷积核进行1轮腐蚀运算
dilate_3=cv2.dilate(image,kernel_3,3)  # 用3阶卷积核进行3轮膨胀运算
dilate_7=cv2.dilate(image,kernel_7,1)  # 用7阶卷积核进行1轮膨胀运算
dilate_15=cv2.dilate(image,kernel_15,1)  # 用15阶卷积核进行1轮膨胀运算
plt.rcParams['font.sans-serif']=['SimHei']
fig,axes=plt.subplots(2,4,figsize=(12,6))
axes[0][0].set_title("原图")
axes[0][0].imshow(image,cmap='gray')
```

```
axes[0][1].set_title("3阶卷积核3轮腐蚀")
axes[0][1].imshow(erosion_3,cmap='gray')
axes[0][2].set_title("7阶卷积核1轮腐蚀")
axes[0][2].imshow(erosion_7,cmap='gray')
axes[0][3].set_title("15阶卷积核1轮腐蚀")
axes[0][3].imshow(erosion_15,cmap='gray')
axes[1][0].set_title("原图")
axes[1][0].imshow(image,cmap='gray')
axes[1][1].set_title("3阶卷积核3轮膨胀")
axes[1][1].imshow(dilate_3,cmap='gray')
axes[1][2].set_title("7阶卷积核1轮膨胀")
axes[1][2].imshow(dilate_7,cmap='gray')
axes[1][3].set_title("15阶卷积核1轮膨胀")
axes[1][3].imshow(dilate_15,cmap='gray')
plt.show()
```

示例代码运行结果如图2-13和图2-14所示。

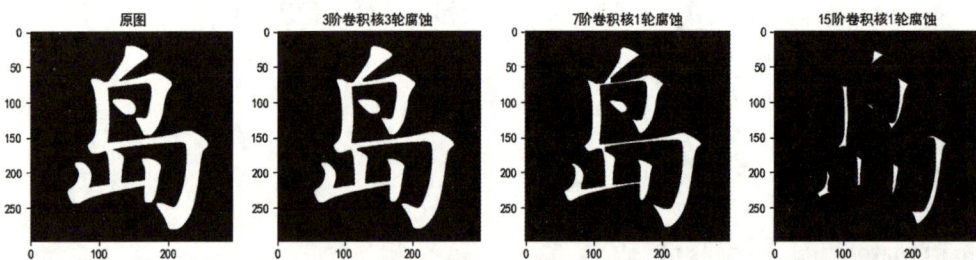

图2-13　腐蚀运算效果

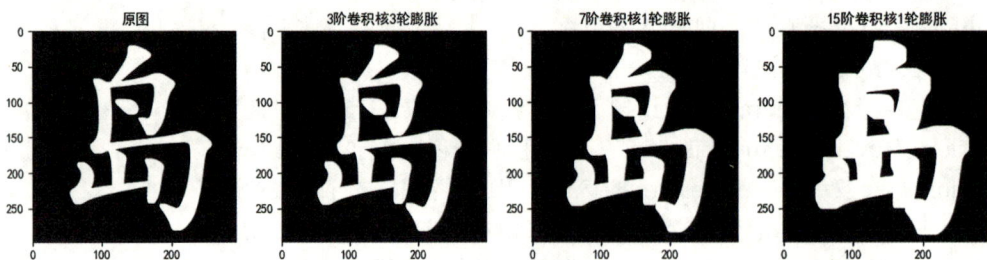

图2-14　膨胀运算效果

　　腐蚀或膨胀迭代1次，也就是运算的遍历过程执行一遍。从图2-13和图2-14中的效果可以看出，卷积核矩阵阶数越高，腐蚀和膨胀的程度越大；迭代次数越多，腐蚀和膨胀的程度越大。读者可自行定义其他不同阶数的卷积核矩阵和不同的迭代次数，观察腐蚀和膨胀的效果。

（3）开操作和闭操作。OpenCV中morphologyEx()函数用于对图像进行开、闭操作运算，函数声明格式如下：

```
dst = cv2.morphologytx(src, type, kernel)
```

参数说明：

◆ dst——函数返回值，经过运算后的结果图像。

◆ src——待处理原始图像，一般为二值图像。

◆ type——运算类型。取值cv.MORPH_OPEN时实现开操作运算；取值cv.MORPH_CLOSE时实现闭操作运算。

◆ kernel——卷积核，一般为奇数阶方形矩阵，矩阵中元素值为1。

【实例2.4】使用开、闭操作去除图像椒盐噪声。

椒盐噪声也称为脉冲噪声，是图像中经常见到的一种噪声，通常分为盐噪声和胡椒噪声。图2-15中（a）所示黑色背景上出现的白色像素为盐噪声，图2-16中（a）所示白色前景上出现的黑色像素为胡椒噪声。

盐噪声可以使用开操作运算去除，开操作运算先对图像进行腐蚀，这个过程会把小的盐噪声腐蚀掉，然后再对图像进行逆向膨胀运算，把被腐蚀的前景图像恢复原样。对于胡椒噪声，可以使用闭操作运算去除，闭操作运算先对图像进行膨胀，出现在前景图像内的黑色像素会被膨胀的前景去除，然后再对图像进行逆向腐蚀运算，把膨胀的图像恢复原样。示例代码如下：

```
import cv2
import numpy as np
import matplotlib.pyplot as plt

image1=cv2.imread(r'img\q_y.png',0)
image2=cv2.imread(r'img\q_j.png',0)
kernel_3=np.ones((3,3))# 创建3阶卷积核
kernel_7=np.ones((7,7))# 创建7阶卷积核
# 用3阶卷积核进行开运算
open_3=cv2.morphologyEx(image1,cv2.MORPH_OPEN,kernel_3)
# 用7阶卷积核进行开运算
open_7=cv2.morphologyEx(image1,cv2.MORPH_OPEN,kernel_7)
# 用3阶卷积核进行闭运算
close_3=cv2.morphologyEx(image2,cv2.MORPH_CLOSE,kernel_3)
# 用7阶卷积核进行闭运算
close_7=cv2.morphologyEx(image2,cv2.MORPH_CLOSE,kernel_7)
```

```
plt.rcParams['font.sans-serif']=['SimHei']
fig,axes=plt.subplots(2,3,figsize=(12,6))
axes[0][0].set_title("盐噪声")
axes[0][0].imshow(image1,cmap='gray')
axes[0][1].set_title("3阶卷积核开运算")
axes[0][1].imshow(open_3,cmap='gray')
axes[0][2].set_title("7阶卷积核开运算")
axes[0][2].imshow(open_7,cmap='gray')
axes[1][0].set_title("胡椒噪声")
axes[1][0].imshow(image2,cmap='gray')
axes[1][1].set_title("3阶卷积核闭运算")
axes[1][1].imshow(close_3,cmap='gray')
axes[1][2].set_title("7阶卷积核闭运算")
axes[1][2].imshow(closc_7,cmap='gray')
plt.show()
```

示例代码运行结果如图2-15和图2-16所示。

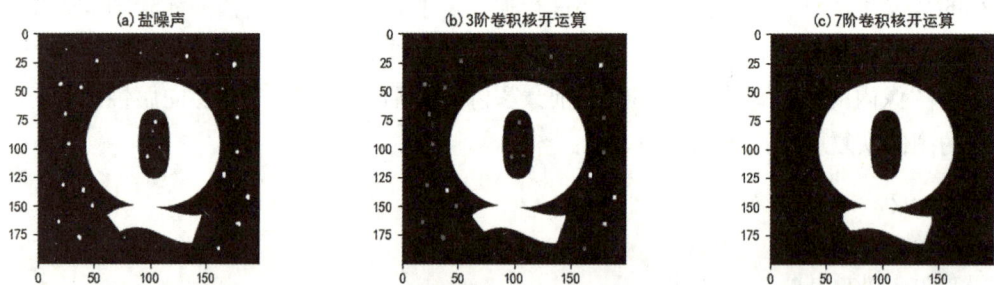

图2-15　开操作去除背景盐噪声

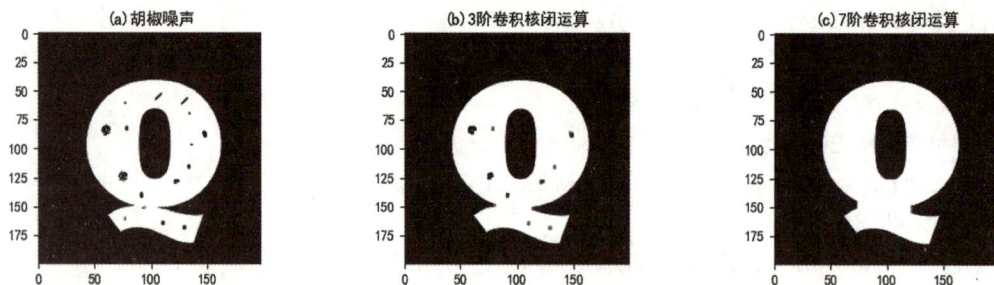

图2-16　闭操作去除前景胡椒噪声

　　图2-15（b）所示是使用3阶卷积核矩阵对图像进行开操作运算结果，可以看到有部分较大区域的盐噪声没有去除，图2-15（c）所示是使用7阶卷积核矩阵对图像进行开操作运算结果，虽然盐噪声都去除了，但是前景图像部分边界比原始图像平滑。

图2-16（b）所示是使用3阶卷积核矩阵对图像进行闭操作运算的结果，可以看到有部分胡椒噪声没有去除，而使用7阶卷积核矩阵对图像进行闭操作运算[图2-16（c）]，图像的部分边界与原图相比有较大的变化。读者可根据具体图像情况，选择合适的卷积核对图像进行开、闭运算。

任务实施

前面我们学习了如何用腐蚀、膨胀以及开、闭运算对图像进行处理，观察了不同的运算对图像处理的影响，下面开始综合应用形态学技术对红细胞阈值处理后的图像进行处理，去除细胞间的杂质。示例代码如下：

```python
import cv2
import numpy as np
import matplotlib.pyplot as plt
folder="../pic/"
image=cv2.imread(folder+"afterThresh.jpg",0)
kernel=np.ones((7,7))  # 7阶卷积核
result=cv2.morphologyEx(image,cv2.MORPH_OPEN,kernel)


plt.rcParams['font.sans-serif']=['SimHei']
fig,axes=plt.subplots(1,2,figsize=(6,3))
axes[0].set_title("(a)阈值处理后的红细胞图像")
axes[0].imshow(image,cmap='gray',vmin=0,vmax=255)
axes[1].set_title("(b)开运算去除细胞间杂质")
axes[1].imshow(result,cmap='gray',vmin=0,vmax=255)
plt.show()
cv2.imwrite(folder+'afterMorph.jpg',result)
```

示列代码运行结果如图2-17所示。

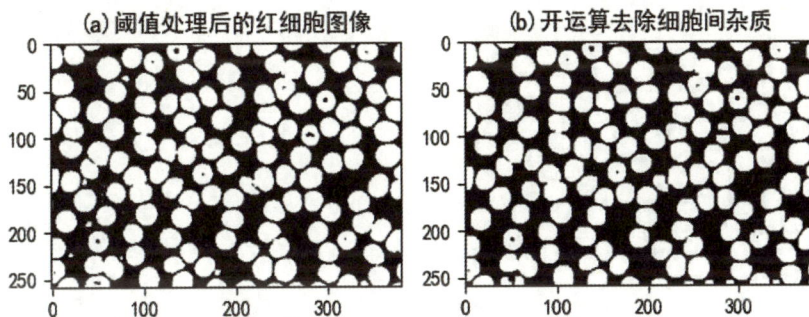

图2-17　开运算去除细胞间杂质

　　在示例代码中，选用了5阶卷积核对图像进行开操作运算，对比图2-17（a）所示原始图像和图2-17（b）所示开操作处理后的图像，可以看到细胞间的杂质基本被去除掉了，同时正常的细胞除边界变的平滑外，并未发生影响识别的较大形状变化。

　　　　思考：本任务实例2.4中验证过使用闭操作可以去除图像的胡椒噪声，请思考是否可以使用闭操作填充二值红细胞图像里细胞内部的孔隙，并编写调试代码验证你的想法，如果不可行请分析原因。

任务测试

一、单选题

1. 在图像处理中，形态学操作主要用于实现（　　）。

　　A.调整图像的色彩　　　　　　　　B.改变图像的分辨率

　　C.提取图像中的特定形状或结构　　D.增强图像的对比度

2. 形态学操作中的腐蚀操作主要用于实现（　　）。

　　A.扩大图像中的目标区域　　　　　B.缩小图像中的目标区域

　　C.平滑图像中的噪声　　　　　　　D.增强图像的边缘信息

3. 在形态学操作中，开运算和闭运算的主要区别是（　　）。

　　A.开运算用于消除噪声，闭运算用于填充孔洞

　　B.开运算用于填充孔洞，闭运算用于消除噪声

　　C.开运算和闭运算都可以消除噪声，但效果不同

　　D.开运算和闭运算都可以填充孔洞，但效果不同

4. 在OpenCV中，关于图像形态学操作，以下哪个说法是正确的？（　　）

　　A. 形态学操作主要用于彩色图像处理

　　B. 膨胀操作会使图像中的白色区域缩小

　　C. 腐蚀操作是通过用结构元素中的最大值替换区域中的像素值

　　D. 开运算是先腐蚀后膨胀的操作

二、多选题

1. 在图像处理中，形态学操作可以应用的场景有（　　）。

　　A. 消除图像中的噪声　　　　　　　B. 连接断裂的线条或区域

　　C. 分离接触的目标　　　　　　　　D. 增强图像的边缘信息

　　E. 调整图像的色彩平衡

2. 下列对形态学操作中的膨胀操作和腐蚀操作的特点描述正确的是（　　）。

　　A. 膨胀操作可以扩大图像中的目标区域

　　B. 腐蚀操作可以缩小图像中的目标区域

　　C. 膨胀操作常用于平滑图像中的噪声

　　D. 腐蚀操作可以消除图像中的小物体

　　E. 膨胀操作和腐蚀操作都可以增强图像的边缘信息

任务2.4 利用图像轮廓检测对红细胞计数

任务描述

上一个任务中，运用形态学处理技术去除了细胞间的杂质，接下来可以使用图像轮廓检测技术对处理后的图像中的红细胞进行计数。

但是上一个任务中处理完的图像中仍有部分红细胞内部存在闭合的孔隙，这些会影响识别的细胞数目，本任务中将首先使用轮廓处理技术对孔隙进行填充，再进一步识别红细胞轮廓进行红细胞计数。

相关知识点

2.4.1 图像轮廓

图像轮廓是指由位于边缘、连续的、具有相同颜色和强度的点构成的曲线。图像轮廓可用于形状分析、对象检测和识别等。

2.4.2 轮廓检测

轮廓检测指在包含目标和背景的图像中，忽略背景和目标内部的纹理以及噪声干扰的影响，采用一定的技术和方法来实现目标轮廓提取的过程。它是目标检测、形状分析、目标识别和目标跟踪等技术的重要基础。在红细胞计数项目中，轮廓检测是指从处理过的红细胞二值图像中检测前景红细胞的边缘轮廓。

目前轮廓检测方法有两类，一类是利用传统的边缘检测算子检测目标轮廓，简称"边缘检测"；另一类是从人类视觉系统中提取可以使用的数学模型完成目标轮廓检测，简称"轮廓查找"。

边缘检测的实质是采用某种算法来提取出图像中对象与背景间的交界线，基于边缘检测的轮廓检测方法是一种低层视觉行为，它主要定义了亮度、颜色等特征的低层突变，通过标识图像中亮度变化明显的点来完成边缘检测，因此很难形成相对完整和封闭的目标轮廓。常用的边缘检测方法包括基于一阶导数的Sobel边缘检测、Scharr边缘检测；基于二阶导数的Canny边缘检测、Laplacian边缘检测、LoG边缘检测等。边缘检测方法没有考虑视觉中层和高层信息，很难得出完整的、连续的轮廓边缘，甚至在含有大量噪声或者纹理的情况下，无法提取轮廓，因此，本任务没有采用该方法，有兴趣的读者可以通过课程扩展资源学习该部分内容。本任务中介绍的是轮廓查找和绘制相关技术。

2.4.3 轮廓查找与绘制相关函数

1.轮廓查找

OpenCV提供findContours()函数用于查找二值图像中的对象轮廓，并将找到的轮廓存储到一个列表中。函数声明如下：

```
contours, hierarchy=cv2.findContours(image, mode, method[, offset])
```

参数说明：

◆ contours——函数返回值，是检测到的轮廓，是一个元组，其中每个元素都是图像的一个轮廓，使用numpy的ndarray表示。

◆ hierarchy——函数返回值，可选输出向量，包含有关图像拓扑的信息。

◆ image——待查找轮廓的原始输入图像，必须是8位单通道二值图像。

◆ mode——轮廓检索模式，决定了轮廓的提取方式，具体见表2-2。

◆ method——轮廓近似方法，决定了轮廓存储的详细程度，具体见表2-3。

◆ offset——每个轮廓点移动的可选偏移量。

表2-2 轮廓检索模式

模式	含义	值
cv2.RETR_EXTERNAL	只检测最外面的轮廓	0
cv2.RETR_LIST	检测所有轮廓而不建立任何层次关系	1
cv2.RETR_CCOMP	检索所有轮廓并将它们组织成两级层次结构。顶层是各部分的外部边界，第二层是空洞的边界	2
cv2.RETR_TREE	检索所有轮廓，并建立一个等级树结构的轮廓，就是重构嵌套轮廓的整个层次	3

表2-3 轮廓近似方法

模式	含义	值
cv2.CHAIN_APPROX_NONE	存储轮廓上所有点，会完全保存轮廓的每一个点，不省略任何点	-1
cv2.CHAIN_APPROX_SIMPLE	只存储轮廓的端点，压缩水平、垂直和对角线段，只留下它们的端点	1
cv2.CHAIN_APPROX_TC89_L1	更高级的轮廓近似方法，使用 Teh-Chin Chain 近似算法的不同变体，它们通常用于更复杂的轮廓近似	100
cv2.CHAIN_APPROX_TC89_KCOS		101

2. 轮廓绘制

OpenCV库提供drawContours()函数，用于在图像上绘制或填充轮廓，函数声明如下：
dst=cv2.drawContours(image, contours, contourIdx, color[, thickness[, lineType[, hierarchy[, maxLevel[, offset]]]]])

参数说明：

◆ dst——函数返回值，绘制了轮廓的图像。

◆ image——要绘制轮廓的图像。

◆ contours——要绘制的轮廓。是一个元组，其中每个元素都是图像的一个轮廓，使用numpy的ndarray表示，该参数一般是由函数findContours()在图像上查找到的轮廓对象。

◆ contourIdx——要绘制的轮廓的索引。-1表示绘制所有轮廓。

◆ color——绘制轮廓的颜色，BGR格式。

◆ thickness——可选参数，表示绘制轮廓时画笔的粗细。-1表示实心填充。

◆ lineType——可选参数，表示绘制轮廓时使用的线型。

◆ hierarchy——可选参数，对应cv2.findContours()函数返回的轮廓关系。

◆ maxLevel——可选参数，表示可绘制的最大轮廓层次深度。

◆ offset——可选参数，表示绘制轮廓的偏移位置。

通过学习知识点，我们掌握了图像轮廓识别和绘制的相关理论基础，下面通过代码运行分别使用不同参数进行图像轮廓查找和绘制，学习在图像处理中如何使用轮廓识别和绘制技术，实现图像前景对象的识别，填充图像中前景图像内部遗留的闭合孔隙。

【实例2.5】使用轮廓查找技术识别图像轮廓，填充图像内部闭合孔隙。

示例代码如下：

```
import cv2 as cv
folder = "../pic/"  #folder为项目图像存储位置，读者可自行定义
img=cv.imread(folder+"Contour.png",cv.IMREAD_GRAYSCALE)
cv.imshow("original",img)
#查找图像上所有轮廓，存储每个轮廓上所有的点
contour,_ = cv.findContours(img, cv.RETR_LIST, cv.CHAIN_APPROX_NONE)
#显示查找到的轮廓个数，第一个轮廓点数
print("all:",type(contour),len(contour),len(contour[0]))
#查找图像上外圈轮廓，存储每个轮廓上的端点
contour,_ = cv.findContours(img, cv.RETR_EXTERNAL, cv.CHAIN_
APPROX_SIMPLE)
```

```
print("external:",type(contour),len(contour),len(contour[0]))
imcopy = img.copy()
for index in range(len(contour)):
    cv.drawContours(imcopy,contour,index,255,-1)
cv.imshow("drawC",imcopy)
```

示例代码执行后在控制台输出的结果如下：

```
all: <class 'tuple'> 6 82
external: <class 'tuple'> 4 168
```

图形处理分析结果如图2-18所示。

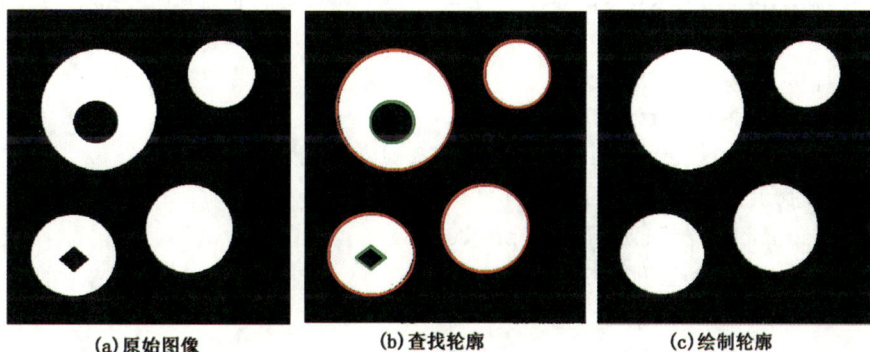

(a) 原始图像　　　　(b) 查找轮廓　　　　(c) 绘制轮廓

图2-18　轮廓识别与绘制

代码中第一次调用findContours()函数，使用参数RETR_LIST指定识别图中所有轮廓，通过print()函数输出findContours()函数返回值contour的类型为"tuple"（元组），识别到的轮廓个数有6个，元组中下标为0的轮廓共标记了82个点。图2-18（b）中，红色线条标识的是外轮廓，绿色线条标识的是内轮廓。

第二次调用findContours()函数，使用参数RETR_EXTERNAL指定识别图中的外轮廓，可以看到共识别到了4个轮廓，即图2-18（b）红色线条标识的轮廓。

然后使用for循环，在原始图像的复制图像上逐个绘制了识别到的轮廓，这里实际使用的是drawContours()函数的填充功能。参数color指定填充颜色是图像前景色，thickness参数的值是-1，表示实心绘制，函数执行结果如图2-18（c）所示，可看到出现在图像前景内的闭合孔隙被填充了。

任务实施

步骤1：使用轮廓查找技术填充红细胞内部孔隙。

在上一个任务中，处理后的红细胞图像中，有部分红细胞内部存在闭合的孔隙，需要使用轮廓查找技术识别所有的轮廓，并对内部孔隙进行填充。示例代码如下：

```
import cv2
import numpy as np
import matplotlib.pyplot as plt
folder="../pic/"
image=cv2.imread(folder+"rbc.png")    # 转灰度图
gray=cv2.cvtColor(image,cv2.COLOR_BGR2GRAY)    # 直方图均衡
equ=cv2.equalizeHist(gray)    # 二值化阈值处理
_,thresh1=cv2.threshold(equ,135,255,cv2.THRESH_BINARY_INV)
# 形态学处理（开运算）
kernel=np.ones((7,7))  # 7阶卷积核
morph=cv2.morphologyEx(thresh1,cv2.MORPH_OPEN,kernel)  # 查找所有轮廓
contours,_=cv2.findContours(morph,cv2.RETR_LIST,cv2.CHAIN_APPROX_SIMPLE)
result=morph.copy()    # 轮廓填充
for index in range(len(contours)):
    cv2.drawContours(result,contours,index,255,-1)    # 可视化
plt.rcParams['font.sans-serif']=['SimHei']
fig,axes=plt.subplots(1,2,figsize=(12,6),dpi=100)
axes[0].set_title('(a)去除红细胞间杂质的图像')
axes[0].imshow(morph,cmap='gray',vmin=0,vmax=255)
axes[1].set_title('(b)去除细胞内的孔洞后的图像')
axes[1].imshow(result,cmap='gray',vmin=0,vmax=255)
plt.show()    #无损保存填充孔隙的图片
cv.imwrite(folder+"afterFill.png",img,[int(cv.IMWRITE_PNG_COMPRESSION), 0])
```

示例代码执行结果如图2-19所示。

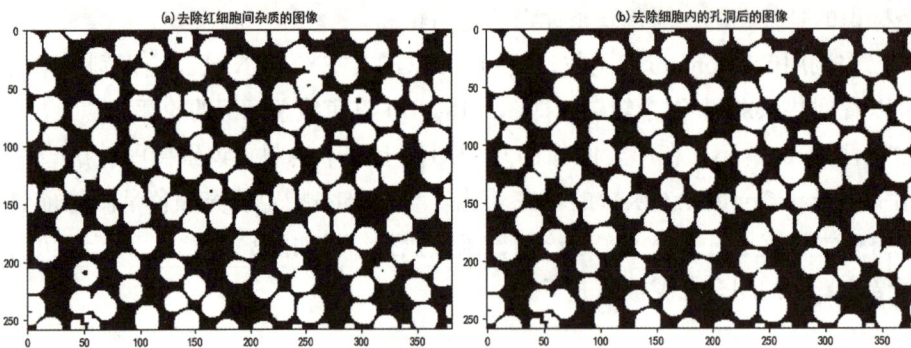

图2-19　去除红细胞内部孔隙

对比图2-19中两张图片，可以看到红细胞内部的闭合孔隙被填充了。

步骤 2：实现红细胞计数。

经过上一个步骤处理后的红细胞图像，虽然仍然有些小的干扰，但是可以通过轮廓识别函数对红细胞进行较为准确的计数了。示例代码如下：

```
contours,_=cv2.findContours(result,cv2.RETR_LIST,cv2.CHAIN_APPROX_SIMPLE)
print(f"通过轮廓查找，计算红细胞个数：{len(contours)}")   # 在原图上绘制轮廓
img=image.copy()
cv2.drawContours(img,contours,-1,(0,255,0),2)
cv2.imshow('img',img)
cv2.waitKey(0)
cv2.destroyAllWindows()
```

示例代码执行后在控制台输出的结果如下：

```
123
```

图形绘制结果如图2-20所示。

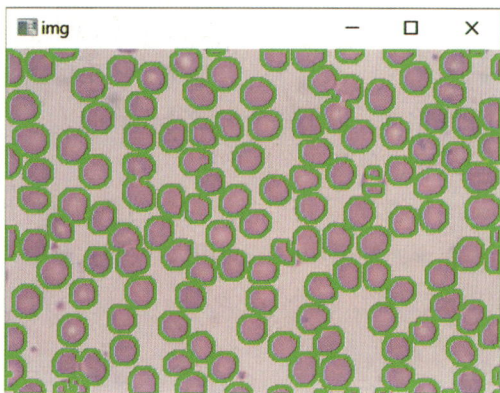

图2-20　红细胞图像上标注红细胞

函数最终从图像中识别出了123个红细胞，如图2-20所示，绘制了绿色边框的是被识别到的红细胞，可以看到，图像中的杂质干扰被去除了。

思考：请读者思考两个问题。

1. 本任务步骤二中红细胞图像不进行内部孔隙填充会对计数结果有什么影响？是否可以不进行内部孔隙填充而直接识别图像的外部轮廓实现红细胞计数？

2. 本任务识别的红细胞数目离真实的数目差距有多大？其中主要的干扰因素是什么？

任务测试

一、单选题

1.在图像处理中，轮廓识别通常用于（　　）。

    A. 检测图像中的边缘信息　　　　　　　　B. 改变图像的色彩

    C. 调整图像的对比度　　　　　　　　　　D. 提取图像中的特定形状

2.在OpenCV库中，用于查找图像轮廓的函数是（　　）。

    A. findContours()　　　B. cannyEdge()　　　C. imread()　　　D. drawContours()

3.在进行轮廓查找时，通常会使用（　　）类型的图像作为输入。

    A. 彩色图像　　　　B. 灰度图像　　　　C. 二值图像　　D. 索引图像

4.在使用OpenCV的findContours()函数时，以下参数（　　）指定轮廓检索模式。

    A. image　　　　　B. mode　　　　　C. method　　　D. contours

5.在OpenCV中findContours()函数检测到的轮廓信息通常存储在（　　）数据结构中。

    A.列表（List）　　　　　　　　　　B.元组（Tuple）

    C.字典（Dictionary）　　　　　　　　D.集合（Set）

6.关于OpenCV中的轮廓检测，以下哪个说法是正确的（　　）。

    A. findContours()函数可以处理彩色图像

    B. 使用drawContours()函数时，可以指定轮廓的颜色和厚度

    C. findContours()函数返回的轮廓是按面积大小排序的

    D. drawContours()函数只能绘制外部轮廓

任务2.5 利用图像分割技术改善红细胞计数识别效果

任务描述

在上一个任务中，使用包括直方图均衡、阈值化处理、形态学处理、轮廓查找绘制等一系列技术，实现了红细胞计数功能，但是从图2-20可见，这种相对简单的计数方法得到的识别结果准确度有待提高。图中对准确度的干扰主要有两个，第一是图像中有少量红细胞是多个细胞边界连接在一起，轮廓识别过程中将其识别为一个细胞；第二是在图像边沿有部分红细胞只出现了少量边界，也被识别为一个完整的细胞。

本任务中将使用图像分割技术，去除图像边缘只出现了小部分的红细胞，并将贴在一起的红细胞分隔开来，改善图像的识别结果，提升识别准确率。

相关知识点

2.5.1 基于区域的图像分割

图像分割中常用的技术包括基于阈值的分割、基于区域的分割、边缘检测以及深度学习方法等。每种方法都有其特点和适用场景。例如，基于阈值的分割方法简单高效，适用于背景和前景对比度明显的图像；而基于深度学习的分割方法则能够利用大量数据进行训练，实现更为复杂和精确的分割任务。

本任务要识别的红细胞对象内部特征较为一致，且边界相对清晰，基于该特征和需求，可以选择基于区域的分割方法实现细胞分割。基于区域的分割方法是将图像按照相似性准则分成不同的区域，主要包括种子区域生长法、区域分裂合并法和分水岭法等几种类型。本任务中选择在医学图像识别中常用的分水岭算法实现细胞计数。

2.5.2 像素连通性的定义

（1）像素的邻域。图像在空间上都是平面的，像素在图像矩阵中是离散的，所以存在着相邻像素。与某像素上下左右相邻的四个像素组成的区域为该像素的4邻域，像素对角线上相邻的4个像素为该像素的D邻域，4邻域和D邻域像素组成的集合则为该像素的8邻域，如图2-21所示。一般用$N_4(P)$表示像素P的4邻域，$N_D(P)$表示像素P的D邻域，$N_8(P)$表示像素P的8邻域。

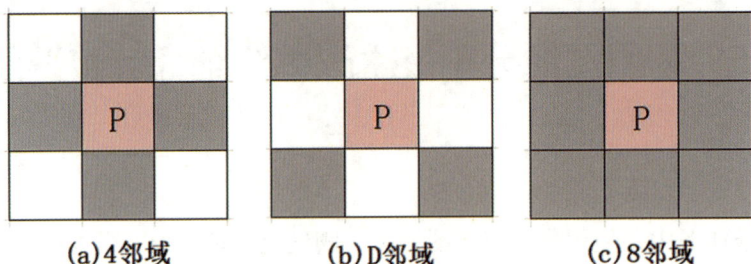

(a)4邻域　　　　　(b)D邻域　　　　　(c)8邻域

图2-21　像素的邻域

（2）像素的连通性。像素的连通性是描述区域和边界的重要概念，两个像素连通有两个必要条件：

• 两个像素位置相邻。

• 两个像素的灰度值满足特定的相似性准则。

连通性的定义有4连通、8连通、m连通等，像素p和像素q连通的条件是q在p的邻域范围内，且两个像素点的值满足指定的规则，比如像素值相同、像素值差值小于某个指定值等。

2.5.3　分水岭算法基本原理

分水岭算法是一种图像区域分割法，在分割的过程中，它会把跟相邻像素间的相似性作为重要的参考依据，从而将在空间位置上相邻并且灰度值相近的像素点，即连通的像素点，互相连接起来，构成一个封闭的轮廓。

灰度图像可以被形象地描述为地质学表面，高亮度的地方是山峰，低亮度的地方是山谷。给每个孤立的山谷注入不同颜色的水，不同颜色的水就是不同的标记。随着注入的水越来越多，当水涨起来，不同的山谷也就是不同的颜色的水会开始合并，为了避免水合并，可以在水要合并的地方建立"大坝"，水平面越高，就需要设置更多更高的大坝，直到水平面到达最高，即灰度值的最大值，所有区域都在分水岭线上相遇，这些大坝就对整个"水域"进行了分区，我们所创建的"大坝"就是分割结果，这个就是分水岭的原理。

下面以图2-22为例说明分水岭算法基本原理。图2-22（a）为灰度图，可以描述为图2-22（b）所示的地形图，地形的高度是由灰度图的灰度值决定，灰度为0对应地形图的地面，灰度值最大的像素对应地形图的最高点。图2-22（c）为利用分水岭算法分割后的结果图，其中红色的封闭曲线就是图像分割的分界线。

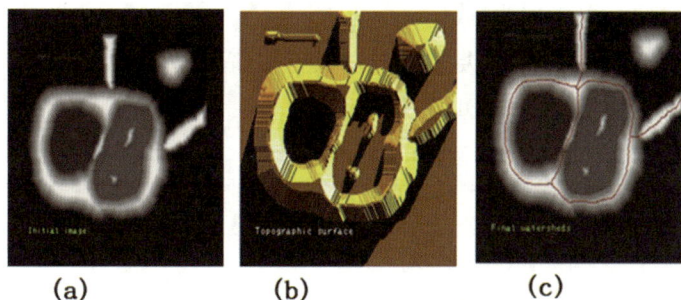

图2-22　分水岭算法示意图

分水岭算法有基于梯度的方法和基于标记的方法，基于梯度的方法属于传统的分水岭算法，它存在过度分割的缺点，OpenCV提供了基于标记的分水岭算法，即利用cv2.watershed()函数来完成分割，它使用一系列预定义标记来引导图像分割，它的原理是对图像中部分像素做标记，然后根据这个初始标签确定其他像素所属的区域。

使用分水岭算法执行图像分割操作通常包括下面的步骤。

（1）将原图像转为灰度图像。

（2）应用形态转换中的开运算和膨胀操作，去除图像噪声，获得图像边缘信息，确定图像背景。

（3）进行距离转换，再进行阈值计算，确定图像前景。

（4）确定图像的未知区域（用图像的背景减去前景的剩余部分）。

（5）标记背景图像。

（6）执行分水岭算法分割图像。

2.5.4　区域图像分割相关函数

1. distanceTransform() 函数

OpenCV使用distanceTransform()函数用于计算图像中每一个非零点像素与其最近的零点像素之间的距离，运算一般是基于二值图像。即计算二值图像中所有像素点距离其最近的值为0的像素点的距离。如果像素点本身的值为0，则这个距离也为0。

函数声明格式如下：

```
dst = cv2.distanceTransform(src,distanceType,maskSize,dstType)
```

参数说明：

◆ dst——函数返回的距离转换结果图像。

◆ src——原图像。必须是8位单通道二值图像。

◆ distanceType——距离类型。常用的有欧几里得距离、棋盘距离等，具体可见表2-4。

◆ maskSize——掩模大小，可以理解为特定算法下，对水平垂直位移、对角线位移的距离长度的定义，可设置为3或5。

◆ dstType——返回的图像类型，可以设置为CV_8U，默认为CV_32F，当选择CV_8U时，dstType的类型只能为DIST_L1。

表2-4　距离计算类型

类型	含义	值
cv2.DIST_L1	距离=$\|x_1-x_2\| + \|y_1-y_2\|$	1
cv2.DIST_L2	简单欧几里得距离	2
cv2.DIST_C	距离= $\max(\|x_1-x_2\|, \|y_1-y_2\|)$	3
cv2.DIST_L12	距离= $2(sqrt(1+x*x/2) - 1))$	4
cv2.DIST_FAIR	距离=$c^2(\|x\|/c-\ln(1+\|x\|/c))$, c = 1.3998	5
cv2.DIST_WELSCH	距离=$c^2/2(1-\exp(-(x/c)^2))$, c = 2.9846	6
cv2.DIST_HUBER	距离=$\|x\|<c$? $x^2/2$: $c(\|x\|-c/2)$, c=1.345	7

说明：表2-4中，$(x_1, y_1)(x_2, y_2)$为非零像素坐标和离其最近的零点像素坐标。

函数计算结果反映各个像素与背景（值为0的像素点）的距离关系。通常情况下：如果前景对象的中心（质心）与值为0的像素点距离较远，会得到一个较大的值；如果前景对象的边缘距离值为0的像素点较近，会得到一个较小的值。其图像与计算结果如图2-23所示。

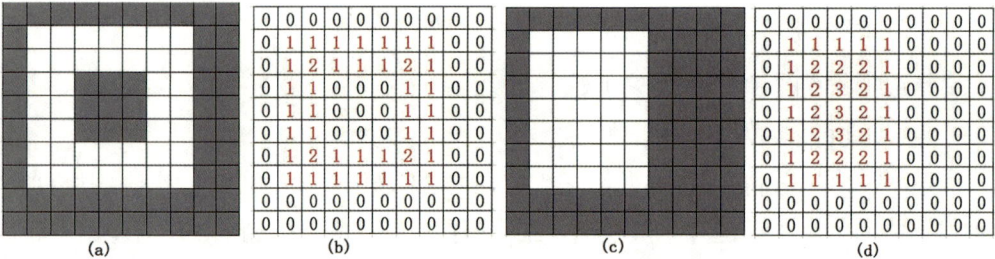

图2-23　distanceTransform函数执行结果

图2-23中（a）和（c）是两个10*10的图像示意图，灰色部分为背景像素，白色部分为图像前景像素，对图像（a）和（c）调用distanceTransform()函数，距离计算类型为DIST_L1，使用3*3的掩模，计算结果分别如（b）和（d）所示，请读者对照表2-4分析该结果。

2. connectedComponents() 函数

OpenCV使用connectedComponents()函数识别8位二值图像中的连通区域，并把识别到的连通域标记为从1开始的整数。函数声明格式如下：

```
ret,labels = cv2.connectedComponents(image,connectivity,ltype)
```

参数说明：

◆ ret——函数返回值，识别到的连通域的数目。

◆ labels——图像上每一像素的标记，用数字1、2、3…表示，不同的数字表达不同的连通域。函数执行后会创建一个和原图宽高一致的标记图，图中不同连通域使用不同的标记。

◆ image——为待识别连通区域的8位单通道图像。

◆ connectivity——为4或8（默认值），表示连接性。用于选择4邻域或者8邻域相邻像素标记为连通。

◆ ltype——返回的标记结果图像的类型。

有个简单的5×5的二值图像如图2-24（a）所示，调用connectedComponents函数识别图中的连通域，使用8邻域和4邻域标记连通性的运算结果如图2-24（b）和图2-24（c）所示。（b）中除背景外识别到一个连通域，连通域区域范围内标记为1，（c）中除背景外识别到2个连通域，两个连通域区域范围内分别标记为1和2。

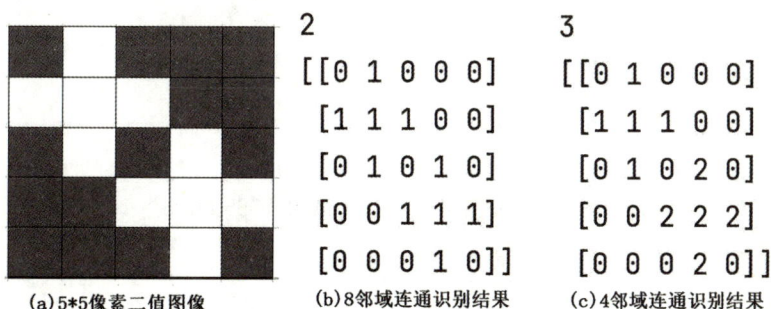

```
2                3
[[0 1 0 0 0]     [[0 1 0 0 0]
 [1 1 1 0 0]      [1 1 1 0 0]
 [0 1 0 1 0]      [0 1 0 2 0]
 [0 0 1 1 1]      [0 0 2 2 2]
 [0 0 0 1 0]]     [0 0 0 2 0]]
```

(a)5*5像素二值图像   (b)8邻域连通识别结果   (c)4邻域连通识别结果

图2-24   图的连通域识别

3.watershed() 函数

OpenCV使用watershed()函数用于执行分水岭算法分割图像。函数声明格式如下：

```
ret = cv2.watershed(image,markers)
```

参数说明：

◆ ret——分割后的图像，连通域边缘用像素值-1来标识。

◆ image——输入的待分割图像。

◆ markers——分水岭的种子信息，包括前景、背景、未知区域。

任务实施

步骤1：读取预处理图像进行距离变换。

读取用轮廓查找技术填充过细胞内部孔隙的图片，调用函数distanceTransform()对图像进行距离变换，计算图像中每一个非零像素与离自己最近的零点像素之间的距离。示例代码如下：

```
import cv2 as cv
import numpy as np
folder = "../pic/"  #folder为项目图像存储位置，读者可自行定义
img=cv.imread(folder+"afterFill.png",cv.IMREAD_GRAYSCALE)
#读取预处理图像
dt = cv.distanceTransform(img,cv.DIST_L2,3)  #对图像进行距离变换
print(dt)  #查看变换后的像素距离值
#将浮点数类型的距离值转换为8位无符号整数类型(unit 8)用于显示其亮度差
dt_normalized = (dt- dt.min()) / (dt.max() - dt.min())
dt_uint8 = (dt_normalized * 255).astype(np.uint8)
cv.imshow("dt",dt_uint8)
```

代码中print(dt)输出结果如下：

```
[[4.775009   3.8200073 2.8650055 ... 0.        0.        0.        ]
 [5.1893005 4.2342987 3.2792969 ... 0.        0.        0.        ]
 [5.603592   4.64859   3.6935883 ... 0.95500183 0.95500183 0.95500183]
 ...
 [0.        0.        0.        ... 0.        0.        0.        ]
 [0.        0.        0.        ... 0.        0.        0.        ]
 [0.        0.        0.        ... 0.        0.        0.        ]]
```

从结果可见，经过distanceTransform()函数计算欧几里得距离得到距离图像dt，图像中的值是浮点数。为了便于更直观的观察，把浮点数的距离图像变换为标准化的灰度图像dt_uint8，显示结果如图2-25所示。

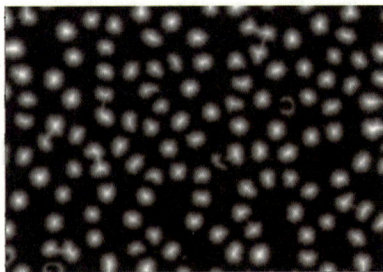

图2-25　经距离变换标准化后的图像

可以看到每个细胞所在的区域中心亮度都最高，图中还有一些噪声和距离过近细胞之间的连线，细胞越中心的位置像素越亮。

步骤2：找到确信红细胞区域，识别连通域。

因为本任务所用到的图像分割算法需要对连通区域进行标注，所以接下来需要找到红细胞的核心位置所在的区域。图2-25所示的图是标准化后的距离图像，要从距离图像或其标准化后的图像上识别连通域，均存在边界模糊的问题。本步骤中，利用之前学到的threshold(src, thresh, maxval, type)函数，对距离图像dt进行阈值处理，用距离变换最大值的0.4倍作为阈值来划分确信前景，maxval默认选择255，type选择cv2. THRESH_BINARY。

图像经过阈值处理后，红细胞的核心区域得到加强，进一步进行标准化，转换为二值图像，然后调用connectedComponents()函数识别其中的连通域，默认使用8邻域进行处理，我们会得到红细胞前景的数量以及对每个像素的标注。示例代码如下：

```
#使用阈值处理，确认细胞前景核心
_, sure_fg = cv.threshold(dt,0.4*dt.max(),255,cv.THRESH_BINARY)
#前景图像转换为8位灰度图像
sure_fg = np.uint8(sure_fg)
#使用connectedComponents函数识别图像中的连通域
ret, labels = cv.connectedComponents(sure_fg)
print(ret)
cv.imshow("sure_fg",sure_fg)
```

程序运行结果中，返回参数ret的值为133，即表示识别到了133个连通域，即133个红细胞；返回参数labels是识别到的连通域。

图像显示结果如图2-26所示。

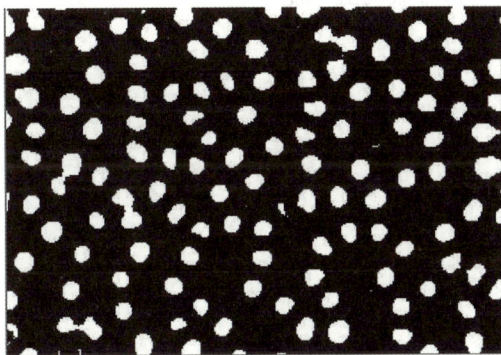

图2-26　连通域识别图像

步骤3：使用分水岭算法对细胞进行标记。

进一步完成分水岭算法，将红细胞图像分割出来。本步骤先读取红细胞原始图像，作为watershed()函数的marker参数，使用连通域识别标记labels。labels参数可以理解为识别到的红细胞核心区域，watershed()函数从核心区域开始往周边识别图像的边缘。识别的结果waterImg中，边缘像素值被设置为-1，再把图像中像素值为-1的像素，用红色标记出来。示例代码如下：

```
img=cv.imread(folder+"red.png")
waterImg = cv.watershed(img,labels)
img[waterImg == -1] = [0,0,255]
cv.imshow("img ",img)
```

示例代码执行结果如图2-27所示。

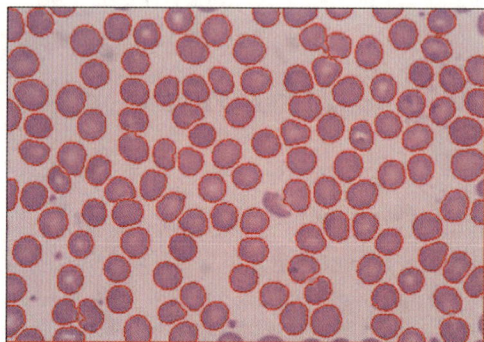

图2-27　被分割的红细胞图像

对比图2-20中，使用分水岭算法识别的红细胞，图2-27中识别红细胞的准确度有了提高，图像中连在一起的细胞被分割开了，图像边缘只露出一小部分的红细胞和图像中的杂质均没有被识别为有效的红细胞。

任务测试

一、单选题

1. 图像分割的主要目的是（　　）。

　　A. 识别图像中的特定物体　　　　　　B. 改变图像的色彩平衡

　　C. 调整图像的亮度　　　　　　　　　D. 压缩图像的大小

2. 分水岭算法在图像分割中主要用于解决（　　）问题。

　　A. 消除图像噪声　　　　　　　　　　B. 平滑图像边缘

　　C. 分离接触或重叠的目标　　　　　　D. 增强图像对比度

3. 以下步骤（　　）不是分水岭算法的一部分。

　　A. 计算图像的梯度　　　　　　　　　B. 对梯度图像进行阈值处理

　　C. 应用形态学操作，如腐蚀和膨胀　　D. 对图像进行色彩空间转换

4. 关于分水岭算法，以下哪个描述是正确的（　　）。

　　A. 分水岭算法基于图像的灰度值进行分割

　　B. 分水岭算法无法处理微弱边缘

　　C. 分水岭算法不需要计算图像的梯度图

　　D. 分水岭算法不会产生过度分割的现象

二、简答题

1. 请简述图像分割在图像处理中的作用，并列举至少两种常见的图像分割方法。

2. 请描述分水岭算法的基本思想，并解释其在图像分割中的应用。

项目总结

本项目利用图像处理技术，实现了对血液中红细胞的准确计数。

项目实施过程中，先运用图像直方图大致了解图像的亮度分布，根据直方图的分析结果，设定合适的阈值将图像二值化。接着在二值化图像的基础上，利用形态学技术对图像进行处理，通过膨胀、腐蚀等操作，进一步优化分割结果，去除噪声并填补孔洞，使得血细胞的轮廓更加清晰。最后，通过轮廓识别和分水岭算法两种方式对红细胞进行计数。

本项目可以用于解决传统手动计数方法耗时且易出错的问题，提高了血细胞计数的准确性和效率。随着技术的不断发展，相信图像处理技术在医学领域的应用将更加广泛。

项目评价

项目自我评价表

（在□中打√，A 通过，B 基本通过，C 未通过）

任务能力指标	评价标准	自测结果
能使用直方图对图像进行分析与均衡	（1）理解直方图的概念 （2）掌握绘制直方图的方法 （3）能正确分析直方图，并对图像进行均衡	□ A □ B □ C □ A □ B □ C □ A □ B □ C
能根据需求对图像进行各种阈值处理	（1）理解图像阈值处理对图像像素值的改变 （2）能根据需求选择对应的参数对图像进行处理	□ A □ B □ C □ A □ B □ C
能使用形态学各操作处理图像	（1）深刻理解腐蚀和膨胀的执行过程 （2）能合理地选择卷积核矩阵和迭代次数 （3）能使用开操作或者闭操作去除图像噪声	□ A □ B □ C □ A □ B □ C □ A □ B □ C
能使用轮廓检测和绘制轮廓方法处理图像	（1）掌握轮廓检测方法的使用 （2）掌握绘制轮廓方法的使用	□ A □ B □ C □ A □ B □ C
能使用不同工具对图像进行分割	（1）掌握图像中前景图像的轮廓查找方法 （2）理解图像连通的概念 （3）掌握使用分水岭算法对图像进行分割的步骤	□ A □ B □ C □ A □ B □ C □ A □ B □ C
学生签字： 教师签字：		年 月 日

检测人脸并添加墨镜

> ## ◉ 项目情境

> 　　随着人工智能技术的快速发展，计算机视觉领域的研究与应用日益广泛。特别是在人脸识别、人脸检测等细分领域中，技术已逐渐成熟，并在安全监控、人机交互、娱乐产业等多个领域展现出巨大的应用潜力。本项目旨在利用计算机视觉技术，实现对图像或视频中人脸的精确检测，并为人脸自动添加墨镜效果，可以增强创新意识和趣味性，同时了解隐私保护的重要性。

◉ 学习目标

【知识目标】

◆ 掌握使用OpenCV控制摄像头拍摄视频和照片、保存和显示视频和图像。

◆ 掌握使用OpenCV调整图像大小、变换图像等以适应不同的算法需求。

◆ 掌握使用OpenCV绘制矩形、圆、直线以及添加文字的方法。

◆ 掌握使用OpenCV进行图像的加、减、融合等运算以满足不同场景的应用。

◆ 掌握使用OpenCV和dlib中的人脸检测器来检测图像中人脸和人脸关键点的方法。

◆ 使用图像处理技术，如仿射变换、图像融合等，根据检测到的人脸位置和大小，自动调整墨镜图像的大小和角度，实现墨镜与人脸的精确贴合。

【能力目标】

◆ 能够使用Python等编程语言实现人脸识别和检测算法，以及进行图像处理和合成操作。

◆ 能够处理和分析人脸图像数据，进行数据的预处理。

◆ 掌握图像处理的基本技能，如图像变换等。

【素质目标】

◆ 能够根据实际需求调整算法参数，优化模型性能，并处理实际项目中可能出现的问题。

◆ 具备良好的团队合作和沟通能力，能够与其他成员有效协作，共同完成项目任务。

◆ 具备创新思维和大模型应用的能力，能够将人工智能应用于不同的场景中。

项目 3　检测人脸并添加墨镜

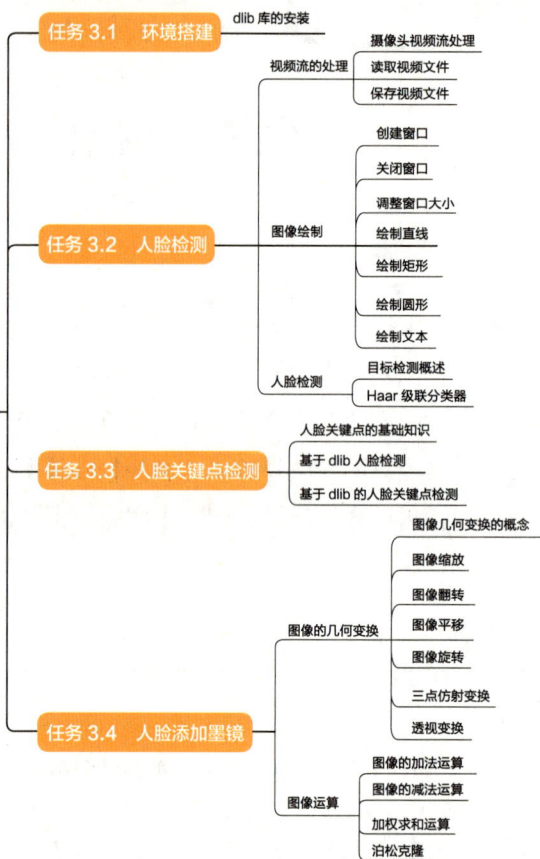

任务 3.1　环境搭建 ── dlib 库的安装

任务 3.2　人脸检测
- 视频流的处理
  - 摄像头视频流处理
  - 读取视频文件
  - 保存视频文件
- 图像绘制
  - 创建窗口
  - 关闭窗口
  - 调整窗口大小
  - 绘制直线
  - 绘制矩形
  - 绘制圆形
  - 绘制文本
- 人脸检测
  - 目标检测概述
  - Haar 级联分类器

任务 3.3　人脸关键点检测
- 人脸关键点的基础知识
- 基于 dlib 人脸检测
- 基于 dlib 的人脸关键点检测

任务 3.4　人脸添加墨镜
- 图像的几何变换
  - 图像几何变换的概念
  - 图像缩放
  - 图像翻转
  - 图像平移
  - 图像旋转
  - 三点仿射变换
  - 透视变换
- 图像运算
  - 图像的加法运算
  - 图像的减法运算
  - 加权和运算
  - 泊松克隆

任务3.1　环境搭建

任务描述

本项目需要用到OpenCV和dlib库进行人脸检测并添加墨镜，首先要搭建一个安装了OpenCV和dlib库的开发环境，前面已经学习过OpenCV库的安装，下面主要进行dlib库的安装。

相关知识点

dlib是一个开源的C++库，其中包含了许多机器学习、图像处理和数据挖掘算法，还提供了大量的工具，可用于创建各种应用，如人脸识别、行人检测、特征检测和跟踪等。dlib的一个优势是其提供的算法在性能上优于其他类似库。

任务实施

安装dlib库的方法有多种，这里提供三种Windows64位操作系统下的安装方法。首先，确保你的系统中已经安装了Python和pip，然后根据以下步骤进行安装。

（1）第一种方法：使用pip安装命令"pip install dlib==版本号"，安装步骤如下。

① 打开命令行终端。

② 输入以下命令来更新pip、setuptools和wheel到最新版本（如果尚未更新到最新版本）。

```
pip install --upgrade pip setuptools wheel
```

③ 使用pip安装dlib。输入以下命令：

```
pip install dlib
```

说明：默认安装的dlib版本会是pip源中可用的最新版本。由于dlib库会不断更新和发布新版本，所以具体安装的版本可能会有所不同。如果你需要安装特定版本的dlib，可以在"pip install"命令后面加上版本号，例如：pip install dlib==19.21.0，这将安装指定版本的dlib库。但是安装特定版本的库可能会受到该版本是否还在pip源中可用以及是否与当前Python环境兼容等因素的影响。如果第一种方法安装失败，可用下面第二种安装方法。

（2）第二种方法：使用pip安装命令"pip install文件名"，安装特定dlib wheel版本。对于特定版本的Python，需要下载并安装与该Python版本相对应的dlib wheel文件。Python版本和对应的dlib wheel版本如表3-1所示。

表3-1　Python版本和对应的dlib wheel版本

Python版本	dlib wheel版本	说明
python3.10	dlib-19.22.99-cp310-cp310-win_amd64.whl	19.22.99：版本号 cp×-cp×：Python版本 win_amd64：Windows64 位操作系统
python3.9	dlib-19.22.99-cp39-cp39-win_amd64.whl	
python3.8	dlib-19.19.0-cp38-cp38-win_amd64.whl	
python3.7	dlib-19.19.0-cp37-cp37m-win_amd64.whl	

具体安装步骤如下。

① 打开命令行终端，查看Python版本。

在命令行终端输入以下命令：

```
python --version
```

如图3-1所示，可以查看到当前Python版本是3.9版本。

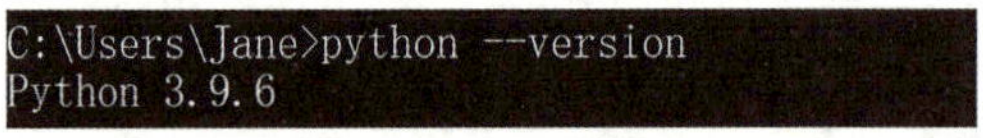

```
C:\Users\Jane>python --version
Python 3.9.6
```

图3-1　查看Python版本

② 访问dlib的官网或者https://www.gitee.com网站下载对应的dlib-19.22.99-cp39-cp39-win_amd64.whl文件。将下载好的文件拷贝到项目目录（例如，项目目录为c:\project3）。

③ 在命令行终端切换到c:\project3目录，输入下面的命令，安装whl文件。

```
pip install dlib-19.22.99-cp39-cp39-win_amd64.whl
```

（3）第三种方法：通过Anaconda虚拟环境安装。

① 打开anaconda prompt命令行窗口。

② 在窗口中输入下面的命令，创建project3虚拟环境。

```
conda create -n project3 python==3.9
```

③ 在窗口中输入下面的命令，查看虚拟环境，如图3-2所示。

```
conda env list
```

```
C:\Users\Jane>conda env list
# conda environments:
project3                 C:\Users\Jane\.conda\envs\project3
base                  *  D:\Anaconda3
```

图3-2　查看虚拟环境

④ 在窗口中输入下面的命令，切换到project3虚拟环境，如图3-3所示。

conda activate project3

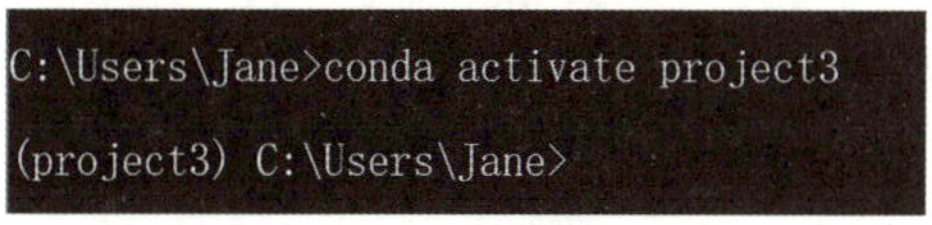

```
C:\Users\Jane>conda activate project3
(project3) C:\Users\Jane>
```

图3-3　激活虚拟环境

⑤ 在窗口命令行中输入下面的命令，可安装dlib库，如图3-4所示。

pip install c:\project3\dlib-19.22.99-cp39-cp39-win_amd64.whl

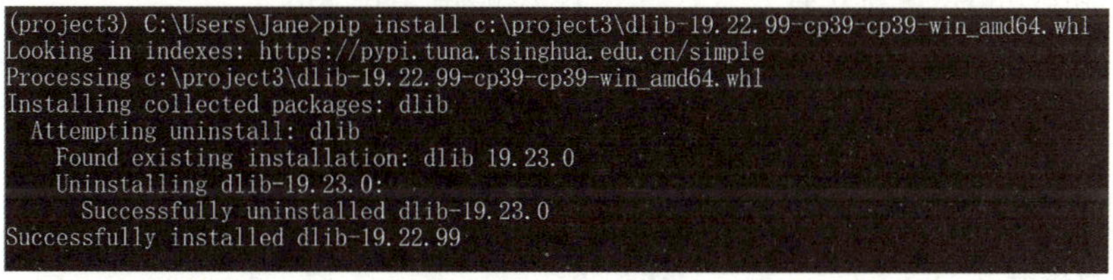

```
(project3) C:\Users\Jane>pip install c:\project3\dlib-19.22.99-cp39-cp39-win_amd64.whl
Looking in indexes: https://pypi.tuna.tsinghua.edu.cn/simple
Processing c:\project3\dlib-19.22.99-cp39-cp39-win_amd64.whl
Installing collected packages: dlib
  Attempting uninstall: dlib
    Found existing installation: dlib 19.23.0
    Uninstalling dlib-19.23.0:
      Successfully uninstalled dlib-19.23.0
Successfully installed dlib-19.22.99
```

图3-4　安装dlib库

⑥ 在Python交互式环境中或Python文件中导入dlib模块来验证安装是否成功。在命令行窗口中输入"python"命令，进入Python的交互式环境，输入import dlib，若没有发生错误，说明dlib安装成功，如图3-5所示。

```
(project3) C:\Users\Jane>python
Python 3.9.0 (default, Nov 15 2020, 08:30:55) [MSC v.1916 64 bit (AMD64)] :: Anaconda, Inc. on win32
Type "help", "copyright", "credits" or "license" for more information.
>>> import dlib
>>>
```

图3-5　验证dlib是否安装成功

任务测试

一、选择题

1. 在尝试安装dlib库时，如果在默认环境中安装失败，以下哪个做法可能有助于解决问题？（　　）

    A. 在PyCharm中重新安装　　　　B. 使用pip代替conda

    C. 创建一个新的conda环境　　　　D. 更新操作系统

2. 在安装dlib库时，如果遇到与requests库相关的依赖错误，应该首先怎么做？（　　）

    A. 卸载dlib并重新安装　　　　B. 忽略错误并继续

    C. 安装requests库　　　　D. 更新Python版本

二、简答题

如果你需要在Python环境中安装dlib库，请列出三种不同的安装方法，并简要描述每种方法的步骤。

三、实训题

1. 在尝试使用pip安装dlib库时，如果遇到了安装失败的问题，可能的原因有哪些？你如何诊断并解决这些问题？

2. 请描述你在PyCharm中调用dlib库时，需要在PyCharm中进行哪些设置或配置，以便能够正确地调用dlib库。

任务3.2　人脸检测

任务描述

人脸检测系统的任务是在给定的图像或视频中找出所有人脸的位置，通常使用矩形框来表示这些位置。具体来说，系统的输入是一幅图像或一段视频，输出是若干个包含人脸的矩形框的位置信息，这些位置信息通常包括矩形框的左上角坐标(x,y)以及宽度和高度(w,h)。

人脸检测属于目标检测领域的一个子任务，是特定类别目标检测的一种。目标检测通常分为两大类：通用目标检测和特定类别目标检测。通用目标检测的核心是N（目标）+1（背景）分类问题，模型较大，速度较慢，一般达不到CPU实时。而特定类别目标检测，如人脸检测、行人检测、车辆检测等，一般为二分类问题，模型较小，基本要求就是CPU实时。

人脸检测任务的难点在于非约束环境下的人脸检测受不同尺度、姿态、遮挡、表情、化妆、光照等因素的影响。因此，人脸检测算法需要具备强大的特征提取能力和分类器设计，以应对各种复杂场景下的人脸检测需求。

在人脸识别系统中，人脸检测是至关重要的一环。通过人脸检测，可以确定图像中人脸的位置和尺寸，为人脸识别、表情分析等其他任务提供必要的输入信息。同时，人脸检测也是实现自动人脸跟踪、自动人脸聚焦等应用的基础。因此，人脸检测在人脸识别、计算机视觉等领域中具有重要的应用价值。

相关知识点

3.2.1　视频流的处理

我们看到的视频都是由很多张静态图片组成的，视频中的一个静态图像称为一帧。帧可以以固定的时间间隔从视频中提取，然后对其使用图像处理的方法进行处理，就达到了处理视频的目的。

帧数指每秒传输的静态画面的数量，也可以理解为图形处理器每秒刷新的次数，通常也称为帧率、刷新率，用FPS（frames per second，每秒帧数）表示。人类视觉系统每秒可处理10到12个图像并单独感知它们，当很多帧连续快速显示时，人类就会形成运动错觉。所以，帧数越高，画面就越流畅，可以产生更平滑和更逼真的动画。当前我们的视频一般是24帧、30帧，就是一秒显示24张或者30张图片。如果玩游戏，我们一般都追求4k 60帧，就是一秒钟显示60张图片。

1. 摄像头视频流处理

① 摄像头设备的初始化。

OpenCV提供VideoCapture类，可以通过构造函数VideoCapture()完成摄像头的初始化工作。语法格式如下：

```
capture = cv2.VideoCapture(index)
```

参数说明：

◆ index——摄像头设备索引。默认值是-1，表示随机选择一个摄像头。如果只有一个摄像头就可以用0或-1作为这个摄像头的ID号，如64位的Windows10笔记本电脑，当index=0时表示要打开的是笔记本内置摄像头。如果有多个摄像头，设备索引的先后顺序由操作系统决定。

◆ capture——返回已打开的摄像头对象。

VideoCapture类提供isOpened()函数，用于检验摄像头初始化是否成功，函数语法格式如下：

```
retval = capture.isOpened()
```

参数说明：

◆ capture——初始化的摄像头对象。

◆ retval——返回的布尔值，True表示初始化成功，False表示初始化失败。

② 从摄像头中读取帧。

VideoCapture类提供read()函数用于从摄像头中读取帧，函数语法格式如下：

```
retval,image = cv2.VideoCapture.read()
```

参数说明：

◆ retval——返回的布尔值，True表示读取到帧，False表示读取失败。

◆ image——读取到的帧，即一张图像。

③ 释放摄像头对象资源。

在不需要摄像头时，需要及时关闭摄像头。VideoCapture类提供release()函数用于关闭摄像头，即释放摄像头对象资源，函数语法格式如下：

```
cv2.VideoCapture.release()
```

【实例 3.1】从摄像设备中实时读取视频流。

示例代码如下：

```
import cv2
capture = cv2.VideoCapture(0) # 打开笔记本电脑内置摄像头
while capture.isOpened(): # 摄像头打开成功
```

```
    ret,image=capture.read() # 从摄像头中实时读取视频帧
    if not ret: # 如果读取失败，退出
        break
    cv2.imshow('Video',image) # 在窗口中显示读取到的帧
    key = cv2.waitKey(10) # 等待用户按下键盘10 ms
    if key == ord('q'): # 如果用户按下'q'键，退出
        break
capture.release() # 释放摄像头对象资源
cv2.destroyAllWindows() # 销毁视频窗口
```

运行程序，可看到摄像头拍到的实时视频，如图3-6所示。

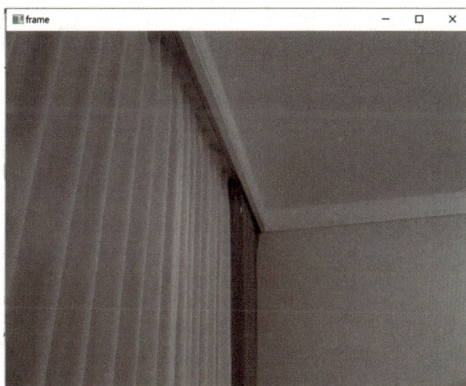

图3-6　实例3.1运行结果

2. 读取视频文件

VideoCapture类及其方法不仅可以读取并显示摄像头实时视频流，还可以读取并显示视频文件。

（1）视频文件的初始化。

语法格式如下：

```
capture = cv2.VideoCapture(filename)
```

参数说明：

◆ filename——视频文件名称。

◆ capture——返回已打开的视频文件对象。

（2）获取视频文件的属性。

视频流是由大量的图像构成的，其中每幅图像称为一帧。常用的视频文件的属性包括帧数（视频文件包含的帧的总数）、帧率（每秒显示帧的数量，即FPS，单位：帧/s）、帧宽度（帧在水平方向含有的像素总数）、帧高度（帧在垂直方向含有的像素总数）等。

VideoCapture类提供get()函数用于获取视频文件的属性，函数语法格式如下：

```
retval = cv2.VideoCapture.get(propId)
```

参数说明：

◆ propId——视频文件的属性，详见表3-2。

◆ retval——返回的属性值。

表3-2 视频文件属性

属性	含义
cv2.CAP_PROP_POS_MSEC	视频文件的当前位置（以毫秒为单位）
cv2.CAP_PROP_POS_FRAMES	接下来要解码/捕获的帧的基于 0 的索引
cv2.CAP_PROP_POS_AVI_RATIO	视频文件的相对位置：0表示影片开始，1表示影片结束
cv2.CAP_PROP_FRAME_WIDTH	视频流中帧的宽度
cv2.CAP_PROP_FRAME_HEIGHT	视频流中帧的高度
cv2.CAP_PROP_FPS	帧率
cv2.CAP_PROP_FOURCC	编解码器的 4 字符代码
cv2.CAP_PROP_FRAME_COUNT	视频文件中的帧数
cv2.CAP_PROP_FORMAT	VideoCapture::retrieve() 返回的 Mat 对象的格式。设置值 -1 以获取未解码的 RAW 视频流（如Mat 8UC1）
cv2.CAP_PROP_MODE	表示当前捕获模式的后端特定值
cv2.CAP_PROP_BRIGHTNESS	图像的亮度（仅适用于支持的相机）
cv2.CAP_PROP_CONTRAST	图像的对比度（仅适用于支持的相机）
cv2.CAP_PROP_SATURATION	图像的饱和度（仅适用于支持的相机）
cv2.CAP_PROP_HUE	图像的色调（仅适用于支持的相机）

【实例 3.2】读取视频文件。

示例代码如下：

```
import cv2
cap=cv2.VideoCapture(r"video\dongaohui.mp4")
width=cap.get(cv2.CAP_PROP_FRAME_WIDTH)  # 获取帧宽
height=cap.get(cv2.CAP_PROP_FRAME_HEIGHT)  # 获取帧高
cv2.namedWindow('frame',cv2.WINDOW_NORMAL)
cv2.resizeWindow('frame',int(width)//2,int(height)//2)
```

```
# 修改窗口大小为原始视频的1/4
while cap.isOpened():
    ret,frame=cap.read()
    if not ret:
        break
    cv2.imshow('frame',frame)
    key=cv2.waitKey(10)
    if key==ord('q'):
        break
cap.release()
cv2.destroyAllWindows()
```

上述代码运行结果如图3-7所示。

图3-7　实例3.2运行结果

3. 保存视频文件

上面的操作是打开摄像头读取实时视频流或者读取视频文件，那如何保存读取的视频或经过处理后的视频呢？OpenCV中的cv2.VideoWriter类可以解决这个问题，它可以将图片序列保存成视频文件，也可以修改视频的各种属性，还可以对视频类型进行转换。

（1）创建用于保存视频的对象。

OpenCV提供VideoWriter类，可以通过构造函数VideoWriter()创建用于保存视频的对象。语法格式如下：

videoWriter = cv2.VideoWriter(filename,fourcc,fps,frameSize[, isColor])

参数说明：

◆ filename——指定输出目标视频的存放路径和文件名。如果指定的文件名已经存在，则会覆盖这个文件。

◆ fourcc——用于压缩帧的编解码器的 4 字符代码。OpenCV使用cv2.VideoWriter_

fourcc()来确定视频编码格式，常用的视频编码格式如表3-3所示。

◆ fps——创建的视频流的帧率。

◆ frameSize——视频帧的大小，即每一帧的长和宽。也就是摄像头的分辨率。这个参数非常关键，如果写错就保存不成功。

◆ isColor——表示是否为彩色图像。

表3-3 常用的视频编码格式

fourcc参数设置	视频编码格式	文件扩展名
cv2.VideoWriter_fourcc('I','4','2','0')	未压缩的YUV颜色编码格式	.avi
cv2.VideoWriter_fourcc('P','I','M','I')	MPEG-1编码类型	.avi
cv2.VideoWriter_fourcc('X','V','I','D')	MPEG-4编码类型	.avi
cv2.VideoWriter_fourcc('T','H','E','O')	Ogg Vorbis编码类型	.ogv
cv2.VideoWriter_fourcc('F','L','V','I')	Flash编码类型	.flv
cv2.VideoWriter_fourcc(*'mp4v')	MP4编码格式	.mp4

（2）将视频帧写入文件。

VideoWriter类提供write()函数用于将读取到的视频帧写入VideoWriter对象，语法格式如下：

```
cv2.VideoWriter.write(frame)
```

参数说明：

◆ frame——一帧图像。

（3）释放视频写入对象资源。

当视频写入完成，不需要使用VideoWriter对象时，需要释放该对象资源。VideoWriter类提供release()函数用于释放资源。语法格式如下：

```
cv2.VideoWriter.release()
```

【实例3.3】从摄像设备中实时读取视频流，并在磁盘上保存视频文件。

示例代码如下：

```
import cv2
capture = cv2.VideoCapture(0) # 初始化摄像头
fourcc = cv2.VideoWriter_fourcc(*'mp4v') # 设置编码格式
width = int(capture.get(cv2.CAP_PROP_FRAME_WIDTH)) # 获取视频窗口宽度
height = int(capture.get(cv2.CAP_PROP_FRAME_HEIGHT)) # 获取视频窗口高度
outfile = cv2.VideoWriter("摄像头.mp4",fourcc, 20, (width,height))
# 实例化保存视频文件的对象
```

```
while capture.isOpened():  # 如果摄像头打开成功
    ret,image = capture.read() # 从摄像头实时读取视频帧
    if not ret:  # 如果读取失败，退出
        break
    cv2.imshow('video',image)
    outfile.write(image)  # 向缓存写入每一帧视频数据
    key=cv2.waitKey(10)  # 等待用户按下键盘10 ms
    if key == ord('q'):  # 如果用户按下'q'键，退出
        break
capture.release()  # 释放摄像头对象资源
outfile.release()  # 将缓存里面的数据写入磁盘，释放缓存
cv2.destroyAllWindows()  # 销毁视频窗口
```

上述代码运行后，会启动笔记本电脑的摄像头，程序读取摄像头实时拍摄的每一帧视频，并将其写入磁盘中的"摄像头.mp4"文件中，按下"q"键结束运行。

3.2.2　图像绘制

OpenCV在图像处理和识别的过程中，有时候需要在图片上把识别的结果标识出来，比如用方框把识别出的人脸标识出来、用点状线把识别出的人的五官标识出来等。

OpenCV中提供了一系列函数用于绘制不同的图形，包括矩形、圆形以及文字等，还提供了不同的属性常量值用于设置绘制图形的属性，在学习图形绘制具体功能函数前，我们需要先了解一下计算机图形绘制中通用的坐标系。

我们处理的图像一般为像素图，即位图。对于一张位图而言，有一套图像坐标系，包括横轴X、纵轴Y以及坐标原点，坐标原点一般选在图像的左上角。所以图像上的每个像素都有自己的坐标。因为是数字图像，其坐标值也是离散的。(0,0)代表原点，(0,1)代表第一行第二列的像素点，如图3-8所示。

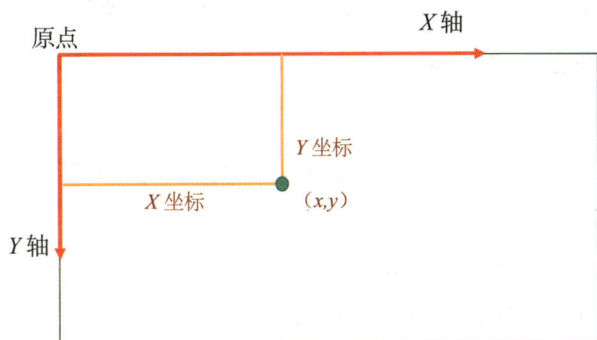

图3-8　计算机图形的坐标系

1. 创建窗口

OpenCV的namedWindow()函数用于创建一个窗口。

函数的使用格式如下：

```
cv2.namedWindow(windowName[,flags])
```

参数说明：

◆ windowName——字符串格式，创建的窗口的名称。

◆ flags——常量，创建的窗口的属性，常用值如表3-4所示。

表3-4　flags参数的值

属性	说明
cv2.WINDOW_NORMAL	正常模式，用户可以调整窗口大小，图片适应窗口大小
cv2.WINDOW_AUTOSIZE	默认值，用户无法调整，窗口大小适应图片大小
cv2.WINDOW_FULLSCREEN	全屏显示窗口
cv2.WINDOW_GUI_EXPANDED	窗口中显示状态栏和工具栏
cv2.WINDOW_FREERATIO	窗口尽可能多地显示图片
cv2.WINDOW_KEEPRATIO	窗口由图像的比例决定

2. 关闭窗口

OpenCV提供了两个函数用于关闭窗口。

（1）关闭所有窗口。

OpenCV的destroyAllWindows ()函数用于创建一个窗口，函数语法格式如下：

```
cv2.destroyAllWindows()
```

（2）关闭指定名称窗口。

OpenCV的destroyWindow ()函数用于创建一个窗口，函数语法格式如下：

```
cv2.destroyWindow(windowName)
```

3. 调整窗口大小

OpenCV的resizeWindow()函数用于将显示图片或视频的窗口调整为特定大小。

函数的语法格式如下：

```
cv2.resizeWindow(windowName, size)
cv2.resizeWindow(windowName, width, height)
```

参数说明：

◆ windowName——字符串格式，待调整窗口的名称。

◆ size——二元组，窗口调整的目标大小，形如（宽度，高度）。

◆ width，height——窗口调整的目标宽度和高度。

【实例 3.4】窗口应用。

示例代码如下：

```
import cv2 as cv
img = cv.imread("image/flower.jpg")
cv.imshow("img1",img)
cv.waitKey(0)
cv.destroyWindow("img1")
#正常模式，用户可以调整窗口大小，图片适应窗口大小
cv.namedWindow("imgNormal",cv.WINDOW_NORMAL)
cv.imshow("imgNormal",img)
cv.waitKey(0)
cv.destroyWindow("imgNormal")
#默认模式，用户无法调整，窗口大小适应图片大小
cv.namedWindow("imgAutoSize",cv.WINDOW_AUTOSIZE)
cv.imshow("imgAutoSize",img)
cv.waitKey(0)
#获取图片尺寸
size = img.shape
#调整窗口大小为原窗口的一半
cv.resizeWindow("imgAutoSize",(size[1]//2,size[0]//2))
cv.imshow("imgAutoSize",img)
cv.waitKey(0)
cv.destroyAllWindows()
```

运行程序，然后按键盘上任意键，可查看窗口的功能。

4. 绘制直线

OpenCV的line()函数用于在图像上绘制一条直线。函数的声明格式如下：

```
cv2.line(img, point1,point2, color[,thickness[,lineType[,shift]]])
```

参数说明：

◆ img——用于绘制图形的图像。

◆ point1——二元组，直线一个端点的坐标。

◆ point2——二元组，直线另一个端点的坐标。

◆ color——三元组，所绘制图形的颜色，通常使用BGR模型表示。

◆ thickness——整型常量，所绘制图形线条粗细，默认值1，值越大线条越粗，–1表示绘制实心图形。

◆ lineType——常量，线条类型，确定线条生成算法，主要取值如表3-5所示。

◆ shift——坐标的数值精度，一般不设置。

表3-5　lineType参数的取值

属　性	说　明
cv2.FILLED	填充，暂时无作用
cv2.LINE_4	4条连接线，对于斜线或对角线，这种连接方式可能会导致线条看起来不连续或有锯齿状边缘
cv2.LINE_8	8条连接线，默认值对于斜线或对角线，这种连接方式会生成一条视觉上更平滑、更连续的线条
cv2.LINE_AA	抗锯齿线，线条更平滑

【实例 3.5】绘制直线。

示例代码如下：

```
import cv2 as cv
import numpy as np
#创建一个宽度高240，宽320的彩色图像，设置成浅灰色
img = np.zeros((240,320,3),dtype = np.uint8)
img[:,:,:] = 231
#在图像上绘制直线
cv.line(img,(0,20),(320,20),(255,0,0))  #水平蓝色的细线
cv.line(img,(10,50),(310,50),(0,255,0),5) #绿色线条，粗细值为5
cv.line(img,(20,60),(300,210),(0,0,255),10,cv.LINE_4)
cv.line(img,(20,80),(300,230),(0,0,255),10,cv.LINE_AA)
#设置窗口显示模式为用户可以调整窗口大小
cv.namedWindow("imgNormal",cv.WINDOW_NORMAL)
cv.imshow("imgNormal",img)
cv.waitKey(0)
```

代码运行结果如图3-9所示，代码中绘制了不同属性的四条直线，其中lineType参数控制线条边缘的平滑程度，在运行代码时可将运行结果放大，观察图像细节的区别。

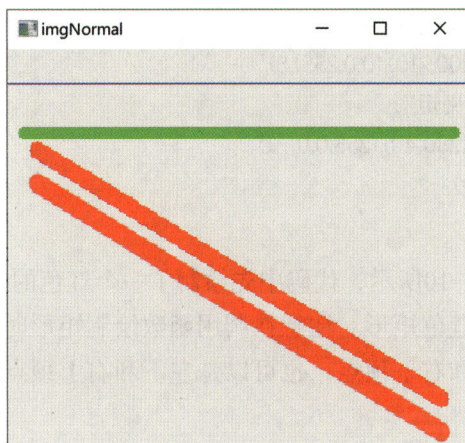

图3-9 实例3.5运行结果

5. 绘制矩形

OpenCV的rectangle()函数用于在图像上指定位置绘制一个矩形。绘制矩形需要使用矩形两个顶点的坐标定义矩形的位置和大小。

函数的声明格式如下：

```
cv2.rectangle(img, point1,point2, color[,thickness[,lineType[,shift]]])
```

参数说明：

◆ img——用于绘制图形的图像。

◆ point1——二元组，矩形一个顶点的坐标。

◆ point2——二元组，矩形另一个顶点的坐标。

◆ color——三元组，所绘制图形的颜色，通常使用BGR模型表示。

◆ thickness——整型常量，所绘制图形线条粗细，默认值1，值越大线条越粗，–1表示绘制实心图形。

◆ tlineType——常量，线条类型，确定线条生成算法，取值同line()函数。

◆ shift——坐标的数值精度，一般情况下不需要设置。

【实例3.6】绘制矩形。

示例代码如下：

```
import cv2 as cv
import numpy as np
#创建一个宽度高240，宽320的彩色图像，设置成浅灰色
img = np.zeros((240,320,3),dtype = np.uint8)
img[:,:,:] = 231
#绘制矩形
```

```
#1.左上角和右下角坐标定义矩形
cv.rectangle(img,(20,20),(300,210),(0,0,255),5)
#2.左下角和右上角坐标定义矩形
cv.rectangle(img,(40,190),(280,40),(255,0,0),-1)
cv.imshow("drawDic",img)
cv.waitKey(0)
```

代码运行结果如图3-10所示，代码中先绘制了一个红色的线条粗细值为5的空心矩形，又绘制了一个实心蓝色矩形。注意在调用函数绘制矩形时，确定矩形位置和大小的两个顶点可以是左上和右下顶点，也可以是左下和右上顶点，即处于矩形对角线上的两个顶点即可。

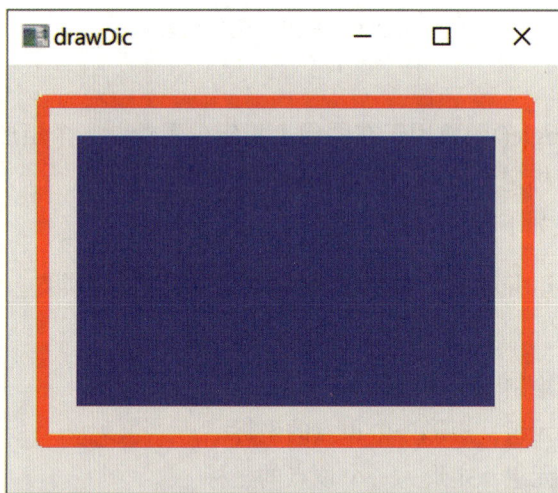

图3-10　实例3.6运行结果

6. 绘制圆形

OpenCV的circle()函数用于在图像上绘制一个圆形，圆形的绘制需要确定圆心的位置、圆的半径，以及其他通用的属性。需要注意，如果需要绘制一个形状较大的"点"，可以通过绘制实心圆的方式实现。

函数的声明格式如下：

```
cv2.circle(img, center, radius, color[,thickness[,lineType[,shift]]])
```

参数说明：

◆ img——用于绘制图形的图像。

◆ center——二元组，圆心在图像上的坐标。

◆ radius——整型数据，圆的半径。

◆ color——三元组，所绘制图形的颜色，通常使用BGR模型表示。

◆ thickness——整型常量，所绘制图形线条粗细，默认值1，值越大线条越粗，–1表示绘制实心图形。

◆ lineType——常量，线条类型，主要有cv2.FILLED、cv2.LINE_4、cv2.LINE_8、cv2.LINE_AA四个值。

◆ shift——坐标的数值精度，一般情况下不需要设置。

【实例3.7】绘制圆形。

示例代码如下：

```
import cv2 as cv
import numpy as np
#创建一个宽度高240，宽320的彩色图像，设置成浅灰色
img = np.zeros((240,320,3),dtype = np.uint8)
img[:,:,:] = 231
#绘制空心圆形，绿色，线条粗细5
cv.circle(img,(160,120),100,(0,255,0),5)
#绘制实心圆形，红色
cv.circle(img,(160,120),80,(0,0,255),-1)
cv.imshow("drawDic",img)
cv.waitKey(0)
```

代码运行结果如图3-11所示，请读者自行分析代码的运行过程。

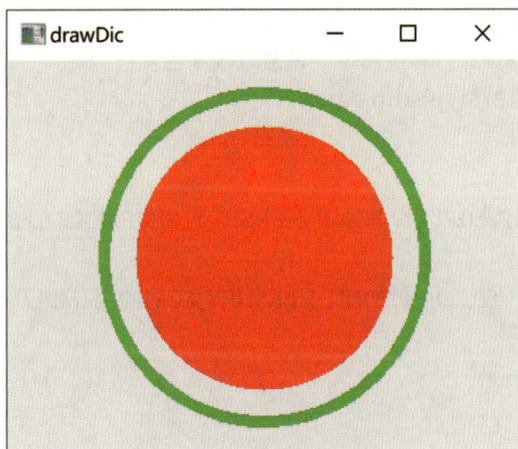

图3-11　实例3.7运行结果

7. 绘制文本

OpenCV的putText()函数用于在图像上绘制一个文本，绘制一个文本需要确定的内容包括：文本的文字内容、绘制文本的位置（通过文本对象左下角的坐标确定）、文本的颜色等属性。

函数的声明格式如下：

```
cv2.putText(img, text, point, fontFace, fontScale, color[,thickness[,lineType[,
botomLeftOrigin]]])
```

参数说明：

◆ img——绘制文本的图像。

◆ text——要绘制的文本内容。

◆ point——二元组，文本左下角的坐标。

◆ fontFace——常量值，绘制文本用的字体。

◆ fontScale——浮点数，字体大小，值越大字体越大。

◆ color——三元组，所绘制图形的颜色，通常使用BGR模型表示。

◆ thickness——整型常量，所绘制图形线条粗细，默认值1，值越大线条越粗，–1
表示绘制实心图形。

◆ lineType——常量，线条类型。

◆ bottomLeftOrigin——布尔类型，文本镜像效果。True表示垂直镜像，False表示
正常显示。

【实例 3.8】绘制文本。

示例代码如下：

```
import cv2 as cv
import numpy as np
#创建一个宽度高240，宽320的彩色图像，设置成浅灰色
img = np.zeros((240,320,3),dtype=np.uint8)
img[:,:,:] = 231
#绘制文本
cv.putText(img,"python",(50,70),cv.FONT_HERSHEY_SIMPLEX,2,(255,0,0),2,cv.
LINE_AA,False)
cv.putText(img,"python",(50,120),cv.FONT_HERSHEY_SCRIPT_SIMPLEX,2,(0,255,0),
2,cv.LINE_AA,True)
cv.imshow("drawDic",img)
cv.waitKey(0)
```

代码中用不同字体绘制了两个文本，最后一个参数bottomLeftOrigin的值确定了两
个文本一个正常显示，一个垂直镜像，运行结果如图3-12所示。

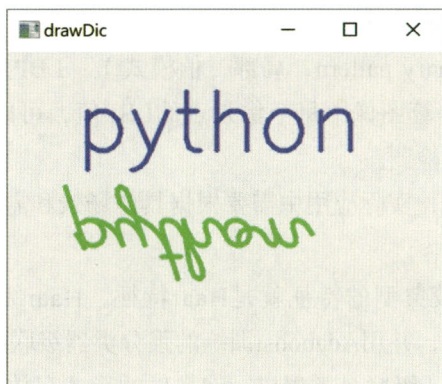

图3-12　实例3.8运行结果

读者需要注意，目前OpenCV库默认不能绘制汉字，如果需要绘制汉字，请查阅资料使用专门的库。

OpenCV中还提供了ellipse()函数用来绘制椭圆、polylines()函数用于在图像上绘制一个多边形或者一条折线，读者可查阅相关资料进行学习，也可以借助AI来进行学习和应用。

3.2.3　人脸检测

1. 目标检测概述

目标检测是指从复杂的图像（视频）背景中定位出目标。目标检测在很多领域都有应用，比如对于脸部、行车、路人等物体的检测，以及一些交叉领域的应用，比如自动驾驶领域交通标志的识别、材质表面的缺陷检测、农作物病害检测和医学图像检测等。

人脸检测是目标检测领域的一个关键任务，主要目标是在输入的图像或视频中确定人脸的位置和大小。以下是一些常用的人脸检测算法。

（1）Haar Cascade：这是一种基于机器学习的人脸检测算法，使用Haar特征和级联分类器来快速有效地检测人脸。Haar Cascade算法包含在OpenCV库中，得到了广泛应用。

（2）CNN（convolutional neural networks，卷积神经网络）：卷积神经网络（CNN）是一种深度学习模型，通过训练大量的图像数据来学习识别模式。一些著名的CNN模型，如MTCNN（multi-task cascaded convolutional networks，多任务卷积神经网络）和SSD（single shot multibox detector，单次多框检测器）等，已被广泛用于人脸检测任务。

（3）DNN（deep neural networks，深度神经网络）：类似于CNN，DNN也是一种深度学习模型，可用于人脸检测。DNN通过构建更深层次的网络结构来提取更复杂的特征，从而提高人脸检测的准确性。

（4）LBP（local binary pattern，局部二值模式）：LBP是一种纹理描述算子，也可用于人脸检测。通过计算图像中每个像素点的LBP值，可以构建直方图作为特征，然后使用分类器进行人脸检测。

这些算法各有优缺点，实际应用中需要根据具体场景和需求选择合适的算法。

2. Haar 级联分类器

在目标检测中，比较典型的特征就是Haar特征，Haar级联分类器是基于Haar特征，运用积分图加速计算，并用Adaboost训练的强分类器级联的方法来进行检测。

OpenCV中提供的Haar级联分类器以.xml文件的形式存放在OpenCV的源文件中，不同的.xml文件可以用于检测不同的目标，如：眼睛、眼镜、正面人脸，等等。表3-6为部分训练好的检测器。

表3-6　OpenCV中Haar级联分类器及其功能

级联分类器	功能
haarcascade_eye.xml	眼睛检测
haarcascade_eye_tree_eyeglasses.xml	眼镜检测
haarcascade_frontalcatface.xml	正面猫脸检测
haarcascade_frontalface_default.xml	正面人脸检测
haarcascade_profileface.xml	侧面人脸检测
haarcascade_fullbody.xml	身形检测
haarcascade_lefteye_2splits.xml	左眼检测
haarcascade_righteye_2splits.xml	右眼检测
haarcascade_upperbody.xml	上半身检测
haarcascade_lowerbody.xml	下半身检测
haarcascade_russian_plate_number.xml	车牌检测
haarcascade_smile.xml	笑容检测

相关的.xml文件可从OpenCV的GitHub官方网站下载，下载地址如下：https://github.com/opencv/opencv/tree/master/data/haarcascades。

（1）在OpenCV中，使用CascadeClassifier(filename)函数加载分类器模型。函数的声明格式如下：

```
cv2.CascadeClassifier(filename, scaleFactor = 1.1, minNeighbors = 5, minSize = (30, 30), flags = 0)
```

参数说明：

◆ filename——级联分类器 XML 文件的路径。这个 XML 文件通常包含了预训练的 Haar 或 LBP 特征分类器。

◆ scaleFactor——图像大小缩放因子。在检测过程中，图像会按照这个因子进行缩放，以进行多尺度检测。默认值是 1.1。

◆ minNeighbors——在检测过程中，对于每个候选窗口，需要至少有多少邻居窗口也被认为是正样本，才会保留该候选窗口。默认值是 5。

◆ minSize——检测窗口的最小尺寸。默认值是(30, 30)。

◆ flag——标志位，用于控制级联分类器的行为。默认情况下是 0。

（2）在 OpenCV 中，使用 cv2.CascadeClassifier.detectMultiScale( )函数进行目标检测。

函数的声明格式如下：

```
cv2.CascadeClassifier.detectMultiScale(image,scaleFactor,minNeighbors,flags,
minSize,maxSize)
```

参数说明：

◆ image——待检测图片，通常为灰度图。

◆ scaleFactor——表示在前后两次的扫描中窗口的缩放比例。

◆ minNeighbors——表示构成检测目标的相邻矩形的最小个数，默认情况下，该值为 3，即有 3 个以上的检测标记存在时才认为人脸存在。该值越大，检测的准确率就越高，但同时无法被检测到的人脸就越多。

◆ flags——标志位，该参数通常被省略。

◆ minSize——表示检测目标的最小尺寸，小于这个尺寸的目标被忽略。

◆ maxSize——表示检测目标的最大尺寸。

◆ 返回值——目标对象的矩形框向量组。

检测工作是通过 detectMultiScale()函数完成的，它将返回一个多维数组，每个内部数组都是检测到的对象的矩形边界，格式为[x, y, width, height]，为了直观地显示它们，我们可以在图像上绘制矩形，然后观察结果。

任务实施

本任务实现从视频中检测人脸，并用矩形框绘制人脸。

步骤 1：加载人脸检测器。

示例代码如下：

```
import cv2
# 加载人脸检测器face
face = cv2.CascadeClassifier('./haarcascades/haarcascade_frontalface_
```

default.xml')#加载人脸检测器

步骤 2：创建视频对象。

```
# 创建视频捕捉器对象capture
capture = cv2.VideoCapture(0)
```

步骤 3：读取视频一帧图像转化为灰度图像。

示例代码如下：

```
while capture.isOpened(): # 如果摄像头打开成功
    # 读取摄像头的帧
    ret, frame = capture.read()
    if not ret: # 如果读取失败，退出
        break
    #将图像转换为灰度图像
    gray = cv2.cvtColor(frame, cv2.COLOR_BGR2GRAY)
```

步骤 4：进行人脸检测。

示例代码如下：

```
faces = face.detectMultiScale(gray) # 检测人脸
```

步骤 5：对检测到的人脸绘制矩形框并显示。

示例代码如下：

```
# 对检测到人脸绘制矩形框
for x,y,w,h in faces:
    cv2.rectangle(frame,(x,y),(x+w,y+h),(0,0,255),4)
cv2.imshow('faces',frame)
key = cv2.waitKey(10)
if key == 27: # 按Esc键结束程序
    break
capture.release() # 释放摄像头对象资源
cv2.destroyAllWindows() # 销毁视频窗口
```

步骤 6：运行程序，在视频中检测人脸，观察检测结果是否准确。

任务测试

单选题

1. 在OpenCV中，用于读取视频文件的类是（　　）。

    A. cv2.VideoCapture　　　　　　　　B. cv2.VideoWriter

    C. cv2.imread　　　　　　　　　　　D. cv2.imshow

2. cv2.VideoCapture对象的哪个方法用于获取视频的帧率？（　　）

    A. get(cv2.CAP_PROP_FPS)

    B. get(cv2.CAP_PROP_FRAME_WIDTH)

    C. get(cv2.CAP_PROP_FRAME_HEIGHT)

    D. get(cv2.CAP_PROP_FRAME_COUNT)

3. 当程序尝试打开一个不存在的视频文件时，cv2.VideoCapture对象的isOpened()方法将返回的值是（　　）。

    A. True　　　　　B. False　　　　　C. 抛出异常　　　　D. 不确定

4. 使用cv2.VideoWriter类时，以下哪个参数不需要指定？（　　）

    A. 输出文件名　　　　　　　　　B. 编码方式（如FourCC）

    C. 视频的分辨率　　　　　　　　D. 视频的总帧数

5. 如何通过一个cv2.VideoCapture对象cap，在每次迭代中读取视频的下一帧？（　　）。

    A. ret, frame = cap.read()　　　　　　B. frame = cap.read()

    C. ret = cap.read(frame)　　　　　　 D. frame = cap.nextFrame()

6. 在OpenCV中，用于在图像上绘制矩形的函数是（　　）。

    A. cv2.line()　　　　B. cv2.rectangle()　　C. cv2.circle()　　　D. cv2.ellipse()

7. 如果想在图像上绘制一个绿色的线段，需要如何指定三个颜色通道的值（假设使用BGR颜色空间）？（　　）

    A. (0, 255, 0)　　　B. (255, 0, 0)　　　C. (0, 0, 255)　　　D. (255, 255, 255)

8. cv2.putText()函数在图像上绘制文本时，哪个参数控制文本字体的大小？（　　）

    A. fontFace　　　B. fontScale　　　C. Thickness　　　D. color

9. 使用cv2.circle()函数绘制一个实心的圆时，thickness参数应该设置为（　　）。

    A. 任意正整数　　B. -1　　　　　C. 0　　　　　　D. 任意负整数

10. 在OpenCV中，要在图像上绘制一个红色的矩形，需要使用的函数和指定的颜色参数分别是什么？（　　）

    A. cv2.line()，(0, 0, 255)　　　　　　B. cv2.rectangle()，(0, 0, 255)

    C. cv2.circle()，(255, 0, 0)　　　　　D. cv2.ellipse()，(0, 255, 0)

任务3.3　人脸关键点检测

任务描述

人脸的关键点检测，也称为人脸关键点定位或者人脸对齐，是在人脸检测获取到人脸在图像中具体位置的基础上，进一步定位人脸器官，例如眼睛、鼻子、嘴巴等的位置。人脸关键点检测具有广泛的应用场景。在美颜与娱乐应用中，它可实现实时美颜、虚拟试妆、年龄识别等。在身份验证与安防监控领域，人脸关键点检测可助力身份核实与异常行为识别，提高安全性。此外，该技术还可用于人脸表情识别，实现情感分析与智能交互。同时，基于人脸关键点的虚拟角色创建技术，为游戏和社交应用提供了更丰富的个性化选项。随着技术不断进步，人脸关键点检测将在更多领域展现其应用价值。

> ⚠ 注意：人脸关键点检测的应用需要在合法、合规的前提下进行，并应尊重用户的隐私和权益。同时，也需要关注技术的安全性和可靠性，防止因技术缺陷导致的信息泄露和误判等问题。

相关知识点

3.3.1　人脸关键点的基本知识

人脸关键点能够反映各个部位的脸部特征，随着技术的发展和对精度要求的增加，人脸关键点的数量经历了从最初的5个点到如今超过200个点的发展历程。

从图3-13中可看出6个关键点通常只包括眼睛、鼻子和嘴巴的位置，例如左右两个眼睛的中心点、鼻子的最下端以及左右两个嘴角和嘴中间位置。这种方案主要用于简单的表情识别或者人脸对齐等任务，精度相对较低。

图3-14中21个关键点则相对更详细一些，通常包括眼睛、眉毛、鼻子、嘴巴、耳朵等部位的多个关键点，例如眼睛的内外角和中间点、眉毛的起始点、中点和终止点、鼻子的底部和鼻尖等。这种方案可以提供更精确的人脸描述和分析结果，适用于一些需要较高精度的任务，如人脸识别、人脸美化等。

图3-15中68个关键点则更加详细，包括了人脸的轮廓、眉毛、眼睛、鼻子、嘴巴等部位的多个关键点。这种方案可以提供非常精细的人脸描述和分析结果，适用于一些需要极高精度的任务，如3D人脸识别、人脸动画制作等。68个关键点在人脸上的详细分布情况如图3-16所示。

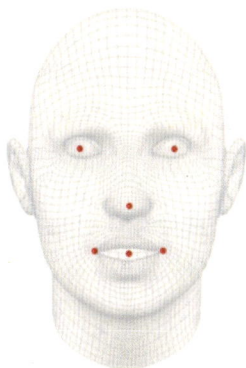

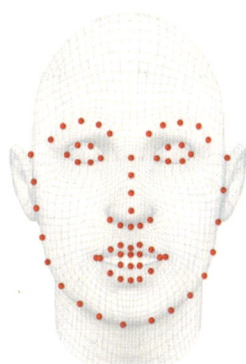

图3-13 6个关键点标注　　　图3-14 21个关键点标注　　　图3-15 68个关键点标注

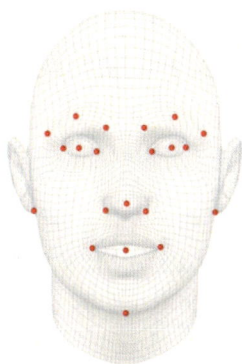

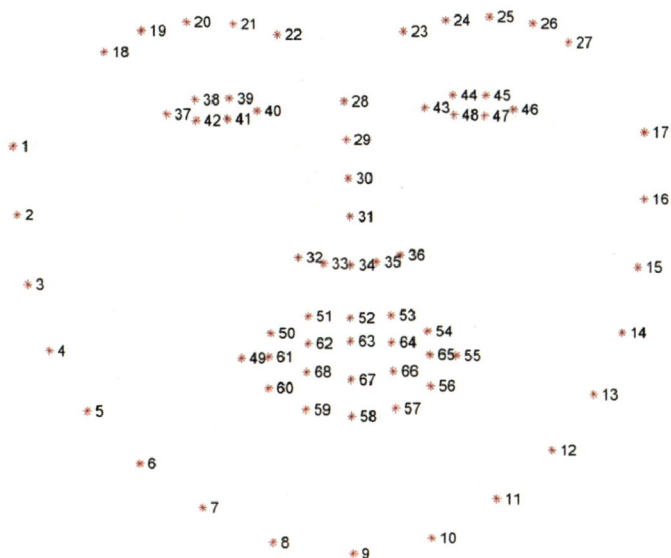

图3-16　68个关键点在人脸上的分布情况

总之，不同数量的人脸关键点可以提供不同精度的人脸描述和分析结果，具体选择哪种方案取决于实际应用场景和需求。

3.3.2　基于 dlib 的人脸检测

dlib模块提供了人脸检测器函数和人脸关键点相关模型，可实现人脸检测和人脸关键点检测。

1. 人脸检测器创建

dlib库提供的get_frontal_face_detector()函数用于检测图像中的正面人脸，返回一个预训练的正面人脸检测器模型，这个模型经过训练后，可以在输入的图像中检测正面的人脸。函数语法格式如下：

```
face_detector = dlib.get_frontal_face_detector()
```

⚠️ 注意：这个检测器主要针对正面的人脸，并且可能在处理侧面或倾斜的人脸时效果不佳。如果你需要更高级的人脸检测功能（例如，处理不同角度的人脸），可能需要考虑使用其他方法或工具，如CNN等。

2. 人脸检测

通过上面创建的人脸检测器face_detector对象检测输入图像中的人脸，它返回一个包含图像中所有人脸矩形框的列表，每个矩形框都表示图像中检测到的一个正面人脸，每个矩形框都是一个四元组，表示人脸的左上角和右下角的坐标，可以调用left()、top()、right()、bottom()来获取坐标值。其语法格式如下：

```
faces = face_detector(img_rgb, upsample_num_times)
```

参数说明：

◆ img_rgb——输入图像，预期是RGB格式的。

◆ upsample_num_times——该参数指定在检测之前，图像应该被上采样的次数，以提高人脸检测的精度。通常设置为1。

【实例 3.9】基于 dlib 对图像中的人脸进行检测。

示例代码如下：

```
import dlib
import cv2
# 步骤1 创建一个正脸的人脸检测器
face_detector = dlib.get_frontal_face_detector()
# 步骤2 加载图像
img = cv2.imread('image/xiaoming.png')
# 步骤3 将图像转换为RGB图像
img_rgb = cv2.cvtColor(img, cv2.COLOR_BGR2RGB) # dlib需要RGB图像
# 步骤4 使用检测器检测人脸
faces = face_detector(img_rgb, 1)
# 第二个参数是图像的上采样次数，增加它可以提高检测的准确性，但也会增加计算时间
# 步骤5 在图像上绘制人脸矩形框
for rect in faces:
```

```
    x1, y1,x2,y2 = rect.left(), rect.top(), rect.right(), rect.bottom()
    cv2.rectangle(img, (x1, y1), (x2 , y2 ), (0, 255, 0), 2)
# 步骤6 显示结果
cv2.imshow('Faces', img)
cv2.waitKey(0)
cv2.destroyAllWindows()
```

运行结果如图3-17所示。

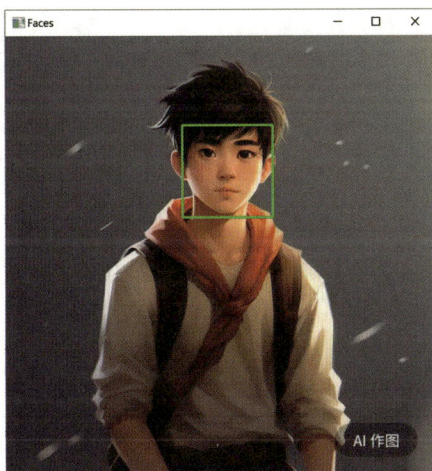

图3-17　实例3.9运行结果

> 提示：与深度学习模型相比，dlib的正面人脸检测器可能不是最先进的人脸检测器，但对于许多应用来说，它足够快且准确。

3.3.3　基于 dlib 的人脸关键点检测

1.人脸关键点检测器创建

dlib库提供了dlib.shape_predictor()函数来进行关键点检测，在计算机视觉和机器学习领域，这个函数通常用于预测图像中目标对象的关键点位置。这些关键点可以是人脸的68个标准点，也可以是其他任何对象的关键点。

当使用 dlib.shape_predictor() 函数时，用户需要为其提供一个训练好的模型文件参数，通常是一个.dat 文件。例如，对于人脸关键点检测，需要使用shape_predictor_68_face_landmarks.dat.bz2 这个模型文件，模型文件可以从dlib的官方网站（http://dlib.net/files/）下载，如图3-18所示。函数声明格式如下：

```
face_landmarks = dlib.shape_predictor("shape_predictor_68_face_
landmarks.dat")
```

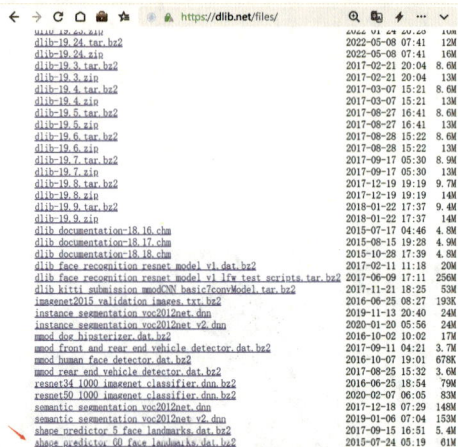

图3-18　下载.dat文件

2. 人脸关键点检测

通过上面创建的关键点检测器face_landmarks对输入图像中检测到的人脸进行关键点检测，返回68个关键点坐标的列表。对列表进行遍历可以绘制出人脸。该函数通常和人脸检测函数一起使用。语法格式如下：

```
landmarks = face_landmarks(img_rgb,face)
```

任务实施

本次任务实现一张图片中所有人脸的检测并标出人脸中的关键点。

步骤1：加载 dlib 人脸检测器模型。

示例代码如下：

```
face_detector = dlib.get_frontal_face_detector()
```

步骤2：加载 dlib 关键点预测器模型。

示例代码如下：

```
face_predictor = dlib.shape_predictor("shape_predictor_68_face_landmarks.dat")
```

步骤3：读取图像，并对图像进行预处理。

示例代码如下：

```
img = cv2.imread("image/xiaoming.jpg")
img_gray = cv2.cvtColor(img, cv2.COLOR_BGR2GRAY)
```

步骤 4：使用人脸检测器检测图像中的人脸。

示例代码如下：

```
faces = face_detector(img_gray)
```

步骤 5：获取所有人脸的关键点位置。

示例代码如下：

```
for face in faces:
    shape = face_predictor(img_gray, face)
    print(shape.parts())
```

步骤 6：在关键点绘制实心圆并显示。

示例代码如下：

```
for point in shape.parts():
    point_pos = (point.x, point.y)
    cv2.circle(img, point_pos, 1, (0, 255, 0), -1)
cv2.imshow("Face Landmarks", img)
cv2.waitKey(0)
cv2.destroyAllWindows()
```

运行结果如图3-19所示。

图3-19　运行结果

任务测试

单选题

1. 在使用dlib库进行人脸关键点检测时，通常会用到哪个预训练模型？（　　）

    A. shape_predictor_68_face_landmarks.dat

    B. dlib_face_recognition_resnet_model_v1.dat

    C. mmod_human_face_detector.dat

    D. hog_face_detector.dat

2. 在dlib中，shape_predictor类用于做什么？（　　）

    A. 人脸检测　　　　　　　　　　B. 人脸识别

    C. 人脸关键点定位　　　　　　　D. 人脸属性识别

3. 使用dlib的shape_predictor加载模型时，需要传入哪个参数？（　　）

    A. 人脸检测器的路径　　　　　　B. 关键点检测器的路径

    C. 人脸图像　　　　　　　　　　D. 人脸矩形框

4. 在dlib的人脸关键点检测中，get_landmark_points方法返回的是什么？（　　）

    A. 一个包含所有关键点坐标的列表

    B. 一个表示人脸边界的矩形框

    C. 一个表示人脸区域的灰度图像

    D. 一个表示人脸识别结果的向量

5. 当你想要绘制dlib检测到的人脸关键点时，可能需要用到以下哪个库？（　　）

    A. OpenCV　　　　　B. PIL　　　　　C. numpy　　　　　D. matplotlib

6. 在dlib库中，用于加载预训练人脸检测器的函数是（　　）。

    A. dlib.get_frontal_face_detector()　　　B. dlib.shape_predictor()

    C. dlib.face_recognition_model_v1()　　　D. dlib.load_image()

7. dlib的人脸检测器返回的边界框列表中的每个元素代表什么？（　　）

    A. 单个人脸的坐标和大小　　　　B. 所有人脸的坐标和大小

    C. 人脸的特征点坐标　　　　　　D. 人脸区域的灰度图像

8. 在使用dlib进行人脸检测时，以下哪个步骤不是必需的？（　　）

    A. 安装dlib库　　　　　　　　　B. 加载预训练的人脸检测器

    C. 读取图像　　　　　　　　　　D. 转换图像到灰度模式

9. 以下哪项不是人脸关键点检测的应用场景？（　　）

    A. 人脸表情分析　　　B. 人脸识别　　　C. 指纹识别　　　　D. 人脸动画制作

10. 人脸关键点检测中，68点标注法通常指的是什么？（　　）

    A. 标注人脸的68个重要区域　　　B. 标注人脸的68个边界点

    C. 标注人脸的68个关键特征点　　D. 标注人脸的68个像素点

任务3.4　人脸添加墨镜

任务描述

随着图像处理技术的发展，为人脸添加墨镜已成为一种常见的图像处理需求。这不仅可以用于娱乐性质的图片编辑，还可以用于保护个人隐私或满足特定场景下的视觉需求。本任务的目标是在给定的包含人脸的图像中，通过技术手段为人脸添加墨镜效果。

相关知识点

3.4.1　图像的几何变换

在生活中，我们经常需要对采集到的图像进行再次处理，比如翻转、缩小或放大等，以满足实际的需求。在深度学习中，不能获得足够多的图像时，通常需要对原图像进行变换以达到扩充图像数量的目的，通过随机改变训练集和测试集样本，降低模型对某些属性的依赖，从而提高模型的泛化能力。

1. 图像的几何变换的概念

如果一个平面图形的每一个点，都与该平面内某个新图形的一个点相对应，并且新图形中的每一个点只对应于原图形中的一个点，这样的对应就叫作变换。

图像的几何变换是指对图像的几何信息进行平移、比例缩放、旋转等变换后产生新的图形，是图像在方向、尺寸和形状方面的变化。

2. 图像缩放

图像的缩放即改变图像的大小，在OpenCV中可以使用cv2.resize()函数来实现，可以指定目标图像的大小，也可以指定缩放比例。

resize()函数声明格式如下：

```
dist=resize(src, dsize[, fx = Noe[, fy = None[, interpolation = INTER_LINEAR ]]])
```

dist返回值为缩放后的图像。

参数说明：

◆ src——原图像路径。

◆ dsize——定义输出图像大小，类型为元组，指定缩放后图形的宽度和高度。

◆ fx——double类型，宽度的缩放比例，默认值为0。

◆ fy——double类型，高度的缩放比例，默认值为0。

◆ interpolation——插值方法。图像缩放之后，需要对像素进行重新计算，这个参数用来指定重新计算像素的方式。interpolation 选项值有5种，具体见表3-7。

表3-7　interpolation的选项值和含义

interpolation 选项值	含义
cv2.INTER_NEAREST	最近邻插值。在一维空间中，最近邻插值就相当于四舍五入取整。在二维图像中，像素点的坐标都是整数，该方法就是选取离目标点最近的点的颜色
cv2.INTER_LINEAR	双线性插值，是默认值，用于图像放大
cv2.INTER_AREA	使用像素区域关系进行重采样，用于图像缩小
cv2.INTER_CUBIC	4×4像素邻域的双立方插值
cv2.INTER_LANCZOS4	8×8像素邻域的Lanczos插值

注意：
（1）dsize和fx、fy不能同时为0。
（2）对于插值方法，正常情况下使用默认的双线性插值。

【实例 3.10】改变给定图像 opencv.png 的大小。

要求如下：使用INTER_LINEAR双线性插值法，将图像放大到原来的2倍；使用INTER_AREA插值法，将图像缩小为原来的1/2；将图片缩放到固定大小（100，100）。

示例代码如下：

```
import cv2
import matplotlib. pyplot as plt
# 读入原图片
img = cv2.imread('image/opencv.png')
# 输出图片尺寸
print(img.shape)
#将图片高和宽分别赋值给height、width变量，获取图片的高度和宽度
height, width = img.shape[0:2]
# （1）双线性插值法,将图片放大到原来的2倍
img1 = cv2.resize(img, (0, 0), fx = 2, fy = 2, interpolation = cv2.INTER_
LINEAR)
print(img1.shape[0:2])

# （2）使用INTER_AREA，将图片缩小到原来的1/2
img2 = cv2.resize(img, (int(width / 2), int(height / 2)))
```

```
#显示缩小后的图像大小
print(img2.shape[0:2])

#（3）将图片缩放到固定大小（100，100）
img3 = cv2.resize(img,(100,100))
print(img2.shape[0:2])
#显示图片
fig, axes = plt.subplots(1,4, figsize=(10,5))
axes[0].imshow(img[:,:,::-1]), axes[1].imshow(img1[:,:,::-1]), axes[2].
imshow(img2[:,:,::-1]),axes[3].imshow(img3[:,:,::-1])
axes[0].set_title("origin"),axes[1].set_title("1"),axes[2].set_title("2"),axes[3].
set_title("3")
plt.show()
#保存图像
cv2.imwrite("./img1.png",img1)
```

运行结果如图3-20所示。

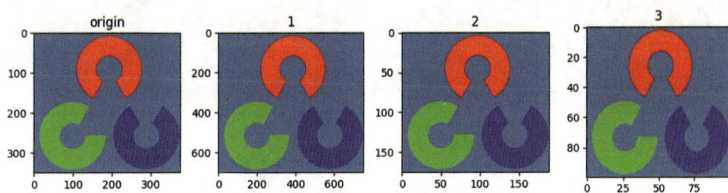

图3-20　实例3.10运行结果

3. 图像翻转

对图像进行水平或者垂直方向上的翻转，可以使用flip()函数，函数的声明如下：

```
cv2.flip(src,flipcode)
```

参数说明：

◆ src——原始图像。

◆ flipcode——0为垂直翻转；1为水平翻转；-1为水平垂直翻转。

【实例 3.11】将 opencv.png 图像进行各个方向的翻转。

```
import cv2
import matplotlib.pyplot as plt

image=cv2.imread(r"img\opencv.png")
image1=cv2.flip(image,0)  # 垂直翻转
image2=cv2.flip(image,1)  # 水平翻转
```

```
image3=cv2.flip(image,-1)  # 水平垂直翻转

plt.rcParams['font.sans-serif']=['SimHei']
fig,axes=plt.subplots(1,4,figsize=(12,3),dpi=100)
axes[0].set_title('原图')
axes[0].imshow(cv2.cvtColor(image,cv2.COLOR_BGR2RGB))
axes[1].set_title('垂直翻转')
axes[1].imshow(cv2.cvtColor(image1,cv2.COLOR_BGR2RGB))
axes[2].set_title('水平翻转')
axes[2].imshow(cv2.cvtColor(image2,cv2.COLOR_BGR2RGB))
axes[3].set_title('水平垂直翻转')
axes[3].imshow(cv2.cvtColor(image3,cv2.COLOR_BGR2RGB))
plt.show()
```

运行结果如图3-21所示。

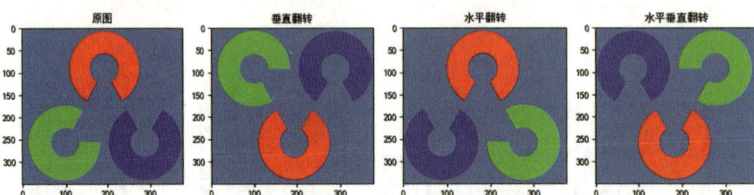

图3-21　实例3.11运行结果

4. 图像平移

图像平移就是要将图像中像素的原坐标(v, w)按照$x=v+t_x$，$y=w+t_y$的规则，转换到新的坐标(x, y)。该规则的简化形式可由以下公式表示：

$$\begin{bmatrix} x \\ y \end{bmatrix} = \begin{bmatrix} 1 & 0 & t_x \\ 0 & 1 & t_y \end{bmatrix} \begin{bmatrix} v \\ w \\ 1 \end{bmatrix}$$

在OpenCV中提供的仿射函数cv2.warpAffine(src,M,dsize)可实现平移图像，它将图像沿着X、Y轴移动指定的像素。此时需要构建平移矩阵M，公式如下，其中t_x为X轴的偏移量，t_y是Y轴的偏移量，单位为像素。

$$\mathbf{M} = \begin{bmatrix} 1 & 0 & t_x \\ 0 & 1 & t_y \end{bmatrix}$$

warpAffine()函数的声明如下：

```
warpAffine(src, M, dsize)
```

参数说明：

◆ src——图像矩阵。

◆ M——图像的变换矩阵；t_x 为正值表示向右移动，为负值表示向左移动；t_y 为正值表示向下移动，为负值表示向上移动。

◆ dsize——输出后的图像大小。

【实例 3.12】读取一幅图像，将图像分别沿 X 轴向右移动 80 像素，沿 Y 轴向下移动 50 像素。

示例代码如下：

```
import cv2
import matplotlib.pyplot as plt
import numpy as np

image=cv2.imread(r"img\opencv.png")
height,width,_=image.shape
M=np.float32([[1,0,80],[0,1,50]])
image1=cv2.warpAffine(image,M,(width,height))
image2=cv2.warpAffine(image,M,(width+80,height+50))

plt.rcParams['font.sans-serif']=['SimHei']
fig,axes=plt.subplots(1,3,figsize=(12,3),dpi=100)
axes[0].set_title('原图')
axes[0].imshow(cv2.cvtColor(image,cv2.COLOR_BGR2RGB))
axes[1].set_title('平移后')
axes[1].imshow(cv2.cvtColor(image1,cv2.COLOR_BGR2RGB))
axes[2].set_title('平移后改变宽高')
axes[2].imshow(cv2.cvtColor(image2,cv2.COLOR_BGR2RGB))
plt.show()
```

运行结果如图3-22所示。

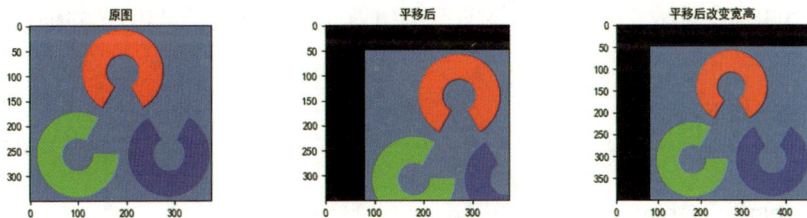

图3-22　实例3.12运行结果

图像平移后，由于输出图像的大小不变，部分内容移出了图像区域，不能显示出来，需要增加图像的大小来显示图像。

思考：向上平移或向左平移如何设置？

5. 图像旋转

图像旋转是以图像的中心为原点，将图像上的所有像素都旋转一个相同的角度。旋转后图像的位置一般会发生改变，因此要把转出显示区域的图像截去，或者扩大图像范围来显示所有的图像。

图像旋转一定角度θ，就是要将原图像中像素的原坐标(v,w)，按照$x=v\cos\theta-w\sin\theta$，$y=v\sin\theta+w\cos\theta$的规则，转换到新的坐标$(x,y)$，它的简化形式可由下面的公式表示：

$$\begin{bmatrix} x \\ y \end{bmatrix} = \begin{bmatrix} \cos\theta & -\sin\theta & t_x \\ \sin\theta & \cos\theta & t_y \end{bmatrix} \begin{bmatrix} v \\ w \\ 1 \end{bmatrix}$$

因此需要创建旋转转换矩阵：

$$\begin{bmatrix} \cos\theta & -\sin\theta & t_x \\ \sin\theta & \cos\theta & t_y \end{bmatrix}$$

OpenCV提供cv2.getRotationMatrix2D( )函数用于获取旋转变换矩阵。获取后再通过cv2.warpAffine()函数进行变换。

getRotationMatrix2D()函数的声明格式如下：

getRotationMatrix2D(center, angle, scale)

参数说明：

◆ center——图像旋转的中心点。

◆ angle——旋转的角度。正数为逆时针旋转，负数为顺时针旋转。

◆ scale——图像缩放比例。

【实例3.13】读取一幅图像，将图像按照逆时针方向旋转45°，并缩小到80%，顺时针方向旋转45°，并缩小到50%。

示例代码如下：

```
import cv2
import matplotlib.pyplot as plt
image=cv2.imread(r"img\opencv.png")
height,width,_=image.shape
# 计算图像中心点坐标
```

```
center=(width/2,height/2)
# 获取移动矩阵，沿着中心点逆时针旋转45度，大小缩放80%
M1=cv2.getRotationMatrix2D(center,45,0.8)
# 获取移动矩阵，沿着中心点顺时针旋转45度，大小缩放50%
M2=cv2.getRotationMatrix2D(center,-45,0.5)
# 用warpAffine方法
image1=cv2.warpAffine(image,M1,(width,height))
image2=cv2.warpAffine(image,M2,(width,height))

plt.rcParams['font.sans-serif']=['SimHei']
fig,axes=plt.subplots(1,3,figsize=(12,3),dpi=100)
axes[0].set_title('原图')
axes[0].imshow(cv2.cvtColor(image,cv2.COLOR_BGR2RGB))
axes[1].set_title('逆时针旋转并缩小为原图80%大小')
axes[1].imshow(cv2.cvtColor(image1,cv2.COLOR_BGR2RGB))
axes[2].set_title('顺时针旋转并缩小为原图一半大小')
axes[2].imshow(cv2.cvtColor(image2,cv2.COLOR_BGR2RGB))
plt.show()
```

运行结果如图3-23所示。

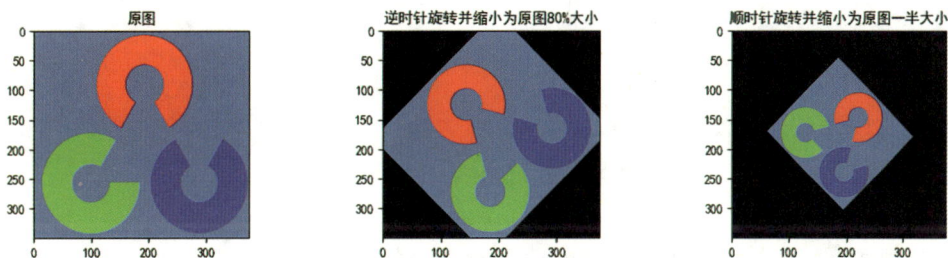

图3-23　实例3.13运行结果

6. 三点仿射变换

仿射变换是一种二维坐标变换，可以保持图像的"平直性"，即原始图像中的直线和平行线在输出图像中仍然保持笔直和平行。

在OpenCV中，可以通过cv2.getAffineTransform()函数获取变换矩阵，再通过cv2.warpAffine()函数进行变换。要获取变换矩阵，只需要输入图像中的3个点及其在输出图像中的3个点的位置即可。

etAffineTransform()函数的声明格式如下：

```
cv2.getAffineTransform(src,dst)
```

参数说明：

◆ src——原图像的三个坐标点；类型为2×3的矩阵。

◆ dst——仿射后图像的三个坐标点。

函数返回值为根据三个对应点求出的仿射变换矩阵。

【实例 3.14】对图片 opencv.png 实现仿射变换。

示例代码如下：

```python
import cv2
import matplotlib.pyplot as plt
import numpy as np

image=cv2.imread(r"img\opencv.png")
height,width,_=image.shape
print(height,width)  # 350,376
# 设置原图三个点坐标
pts1=np.float32([[0,0],[376,0],[0,350]])
# 设置目标图三个点坐标
pts2=np.float32([[50,100],[376,50],[0,350]])
# 设置转换矩阵
M=cv2.getAffineTransform(pts1,pts2)
# 用warpAffine方法
image1=cv2.warpAffine(image,M,(width,height))

plt.rcParams['font.sans-serif']=['SimHei']
fig,axes=plt.subplots(1,2,figsize=(12,6),dpi=100)
axes[0].set_title('原图')
axes[0].imshow(cv2.cvtColor(image,cv2.COLOR_BGR2RGB))
axes[1].set_title('三点仿射变换结果')
axes[1].imshow(cv2.cvtColor(image1,cv2.COLOR_BGR2RGB))
plt.show()
```

运行结果如图3-24所示，通过仿射变换，可以将一个方方正正的图像变换成一个平行四边形或不规则的四边形的图片。

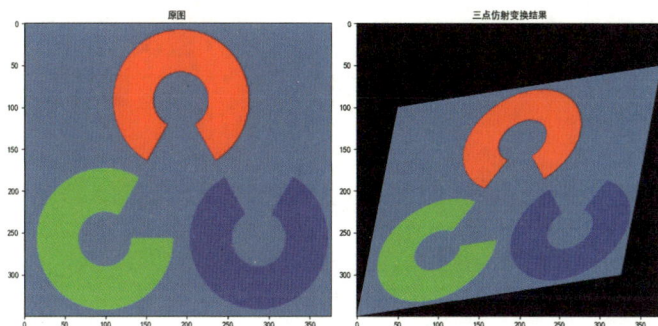

图3-24　实例3.14运行结果

7.透视变换

图像的透视变换（perspective transformation）主要指的是按照物体成像投影规律进行变换，是将图片投影到一个新的视角和平面，通常用于文档扫描后矫正、车牌拍照后矫正以及道路矫正等。

透视变换需要一个3×3的变换矩阵，为了找到这个变换矩阵，需要提供原图和投影图对应的4个坐标，然后通过cv2.getPerspectiveTransform()函数得到对应的变换矩阵，并用cv2.warpPerspective()函数完成透视变换。透视变换可保持直线不变形，但是平行线可能不再平行，因此使用cv2.warpPerspective()函数解决cv2.warpAffine()函数不能处理视场和图像不平行的问题。

（1）getPerspectiveTransform()函数的声明格式如下：

cv2.getPerspectiveTransform(src,dst)

参数说明：
◆ src——原图像的4个坐标点。
◆ dst——变换后的4个坐标点。
（2）warpPerspective()函数的声明格式如下：

cv2.warpPerspective(src, M, dsize)

参数说明：
◆ src——输入图像。
◆ M——变换矩阵。
◆ dsize——输出图片的大小。

【实例 3.15】对 opencv.png 图像进行透视变换。

opencv.png图片的分辨率为376×350，图片的四个角的坐标分别为左上角(0,0)、右上角(376,0)、左下角(0,350)、右下角(376, 350)。为了让程序具有一般性，在本实例中可用图片的height和width属性进行表示。示例代码如下：

```
import cv2
import matplotlib.pyplot as plt
import numpy as np

image=cv2.imread(r"img\opencv.png")
height,width,_=image.shape
# 设置原图四个点坐标：左上角、右上角、左下角、右下角
pts1=np.float32([[0,0],[width,0],[0,height],[width,height]])
# 设置目标图四个点坐标
pts2=np.float32([[50,80],[width-20,20],[50,height-80],[width-20,height-20]])
# 设置转换矩阵
M=cv2.getPerspectiveTransform(pts1,pts2)
# 用warpAffine方法
image1=cv2.warpPerspective(image,M,(width,height))

plt.rcParams['font.sans-serif']=['SimHei']
fig,axes=plt.subplots(1,2,figsize=(12,6),dpi=100)
axes[0].set_title('原图')
axes[0].imshow(cv2.cvtColor(image,cv2.COLOR_BGR2RGB))
axes[1].set_title('透视变换')
axes[1].imshow(cv2.cvtColor(image1,cv2.COLOR_BGR2RGB))
plt.show()
```

运行结果如图3-25所示。

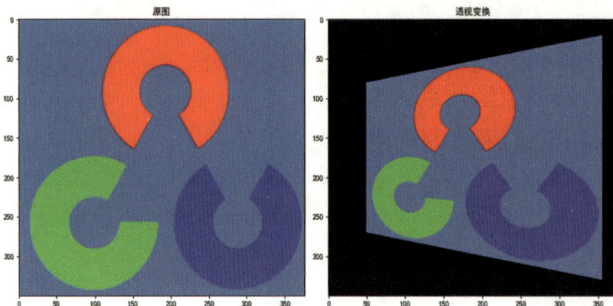

图3-25　实例3.15运行结果

3.4.2　图像运算

1. 图像的加法运算

OpenCV提供了cv2.add()函数，用于两个图像的逐像素相加，函数声明格式如下：

cv2.add(src1, src2, dst = None, mask = None, dtype = -1)

参数说明：

◆ src1——第一个输入数组或标量。

◆ src2——第二个输入数组或标量，其大小和类型与src1相同。

◆ dst——输出数组，大小和类型与src1相同。

◆ mask——可选的操作掩码，用于指定哪些元素应该被添加。

◆ dtype——输出数组的深度，当参数为负数时，输出数组将具有与原图像相同的深度。

◆ 返回值——函数返回相加后的结果。

【实例 3.16】实现两幅图像的加法运算。

示例代码如下：

```python
import cv2
import numpy as np
import matplotlib.pyplot as plt
image1=cv2.imread(r"img\robot.png")
image2=cv2.imread(r"img\kongzi.png")
# 如果两幅图像尺寸不同，需要调整为相同尺寸再相加
width = image1.shape[1]
height = image1.shape[0]
if image1.shape!= image2.shape:
    image2 = cv2.resize(image2, (width, height))
result=cv2.add(image1,image2)

plt.rcParams['font.sans-serif']=['SimHei']
fig,axes=plt.subplots(1,3,figsize=(12,3),dpi=100)
axes[0].set_title('image1')
axes[0].imshow(cv2.cvtColor(image1,cv2.COLOR_BGR2RGB))
axes[1].set_title('image2')
axes[1].imshow(cv2.cvtColor(image2,cv2.COLOR_BGR2RGB))
axes[2].set_title('result')
axes[2].imshow(cv2.cvtColor(result,cv2.COLOR_BGR2RGB))
plt.show()
```

程序运行结果如图3-26所示。

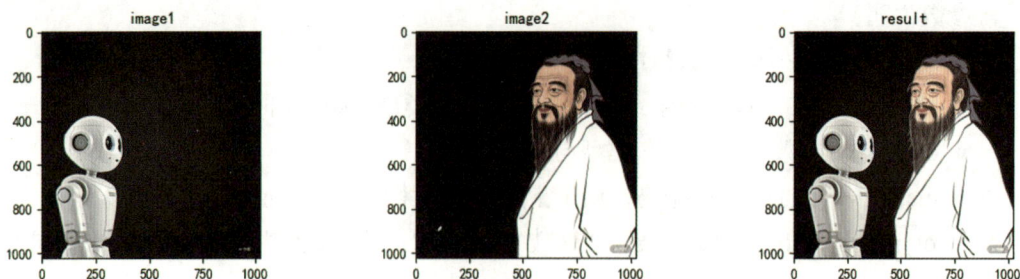

图3-26　实例3.16运行结果

图像的减法运算可用于图像融合，以用于将两个或多个图像合并成一个，用于创建全景图像、图像拼接、图像增强等任务。例如增加图像亮度，可以通过将一张全白的图像与原始图像相加来实现，这在图像预处理或增强阶段可能很有用，尤其是在处理光线不足的图像时；在图像修复或去噪任务中，将修复后的图像与原始图像相加，以获得一个融合的结果等。

cv2.add() 函数与简单的"+"运算符在图像加法上有所不同。使用cv2.add() 函数可以确保在像素值溢出时执行饱和运算，这意味着结果图像中的每个像素值将限制在有效范围内。而简单的 "+"运算符在加法操作中可能导致溢出，从而产生不可预测的结果。

> ⚠️ 注意：当处理图像时，确保两张图像的大小和类型相同，否则可能会产生错误。

2. 图像的减法运算

OpenCV提供了cv2.subtract()函数，可用于两个图像的逐像素相减，以得到它们之间的差异，函数的声明格式如下：

```
cv2.subtract(src1, src2, dst = None, dtype = cv2.CV_32F)
```

参数说明：

◆ src1——第一个输入数组或图像。

◆ src2——第二个输入数组或图像，大小和类型应与 src1相同。

◆ dst——输出数组或图像，大小和类型与输入相同。

◆ dtype——输出数组的深度。默认值是cv2.CV_32F，表示 32 位浮点数。

【实例3.17】实现两幅图像的减法运算。

示例代码如下：

```
import cv2
import matplotlib.pyplot as plt
image1=cv2.imread(r"img\robot.png")
image2=cv2.imread(r"img\heart2.png")
# 如果两幅图像尺寸不同，需要调整为相同尺寸再相减
width = image1.shape[1]
height = image1.shape[0]
if image1.shape!= image2.shape:
    image2 = cv2.resize(image2, (width, height))
result=cv2.subtract(image1,image2)


plt.rcParams['font.sans-serif']=['SimHei']
fig,axes=plt.subplots(1,3,figsize=(12,3),dpi=100)
axes[0].set_title('image1')
axes[0].imshow(cv2.cvtColor(image1,cv2.COLOR_BGR2RGB))
axes[1].set_title('image2')
axes[1].imshow(cv2.cvtColor(image2,cv2.COLOR_BGR2RGB))
axes[2].set_title('result')
axes[2].imshow(cv2.cvtColor(result,cv2.COLOR_BGR2RGB))
plt.show()
```

程序运行结果如图3-27所示。

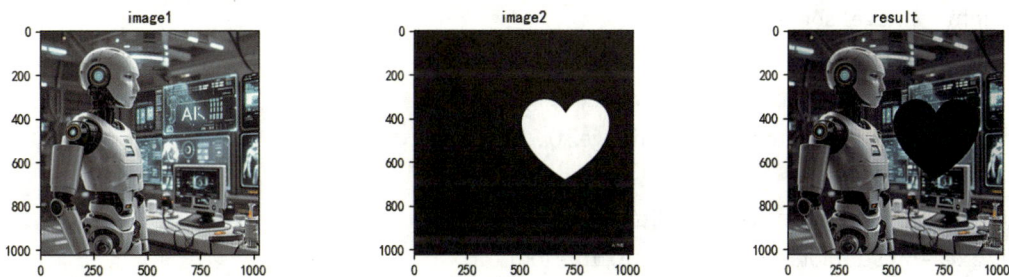

图3-27　实例3.17运行结果

图像的减法运算可以用于监控系统中的异常，将当前帧与上一帧进行比较，通过检测出差异区域来判断是否有异常事件发生。例如用于医学影像中的病变检测，将正常组织与病变组织的影像进行比较，找出不同之处以便进行诊断。在某些情况下，可能还需要减小图像的动态范围，即减小图像中最亮和最暗像素之间的差异。这可以通过将图像减去一个常数或从图像中减去其平均值来实现。

3. 加权求和运算

OpenCV提供了cv2.addWeighted()函数用于将两个图像按照指定的权重进行加权求和。这个函数在处理图像融合、透明度调整等任务时非常有用。addWeighted()函数的语法格式如下：

```
dst = cv2.addWeighted(src1, alpha, src2, beta, gamma)
```

参数说明：

◆ src1——第一个输入数组或标量。

◆ alpha——第一个输入数组或标量的权重。

◆ src2——第二个输入数组或标量。

◆ beta——第二个输入数组或标量的权重。

◆ gamma——一个可选的标量，添加到加权和后的值。

函数将src1和src2两个图像按照alpha和beta的权重进行加权求和，然后加上gamma。如果 src1 和 src2都是图像，那么它们必须具有相同的大小和类型。

【实例 3.18】有两个图像 img1 和 img2，将 img2 以 50% 的透明度覆盖在 img1 上。

示例代码如下：

```python
import cv2
import matplotlib.pyplot as plt
image1=cv2.imread(r"img\robot2.png")
image2=cv2.imread(r"img\kongzi2.png")
# 如果两幅图像尺寸不同，需要调整为相同尺寸再相加
width = image1.shape[1]
height = image1.shape[0]
if image1.shape!= image2.shape:
    image2 = cv2.resize(image2, (width, height))
result=cv2.addWeighted(image1,1,image2,0.5,0)

plt.rcParams['font.sans-serif']=['SimHei']
fig,axes=plt.subplots(1,3,figsize=(12,3),dpi=100)
axes[0].set_title('image1')
axes[0].imshow(cv2.cvtColor(image1,cv2.COLOR_BGR2RGB))
axes[1].set_title('image2')
axes[1].imshow(cv2.cvtColor(image2,cv2.COLOR_BGR2RGB))
axes[2].set_title('result')
axes[2].imshow(cv2.cvtColor(result,cv2.COLOR_BGR2RGB))
plt.show()
```

程序运行结果如图3-28所示。

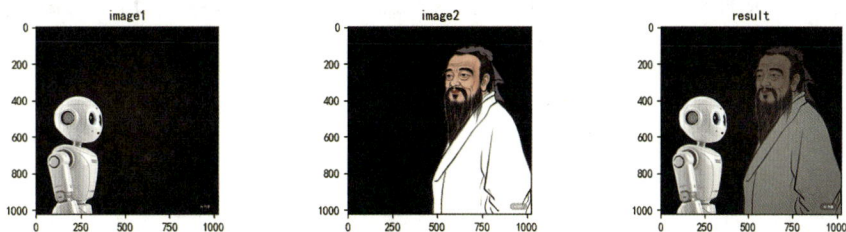

图3.28　实例3.18运行结果

> 提示：在大多数情况下，为了保持输出图像的像素值在合理范围内（对于8位无符号整数类型的图像，通常为0～255），会设置alpha + beta = 1。但是，这并不是一个强制的要求，只是一个常见的做法。如果alpha + beta的值大于1，输出图像的像素值可能会超过其数据类型所能表示的最大值；如果和小于1，输出图像的像素值可能会小于其数据类型所能表示的最小值。

4. 泊松克隆

OpenCV提供了cv2.seamlessClone()泊松克隆函数，用于在一个图像中无缝克隆另一个图像。这通常用于将一个图像的一部分无缝地放入另一个图像中，使其看起来自然融入。这个函数基于混合图像技术，并尝试使克隆的区域与目标图像混合，以减少明显的边界和过渡。seamlessClone()函数语法格式如下：

```
cv2.seamlessClone(src, dst, mask, p, blend, flags)
```

参数说明：

◆ src——源图像，需要克隆到目标图像中的部分。

◆ dst——目标图像。

◆ mask——输入8位1通道或3通道图像（目标掩码区域图像）。这个掩码用于指示源图像中哪些部分应该被克隆到目标图像中。掩码中的非零值区域表示感兴趣区域。

◆ p——src对象被放置在目标图像 dst 中的位置。它是一个点，表示源图像中心点在目标图像中的位置。

◆ blend——输出图像，即无缝克隆的结果图像，与 dst 具有相同大小和类型。

◆ flags——克隆方法，有CV2.NORMAL_CLONE、CV2.MIXED_CLONE、CV2.MONOCHROME_TRANSFER三个值可以选择。

cv2.NORMAL_CLONE表示不保留目标图像的纹理细节，目标区域的梯度只由源图像决定。

cv2.MIXED_CLONE表示保留目标图像的纹理细节。

cv2.MONOCHROME_TRANSFER表示不保留源图像的颜色细节，只保留源图像的质地，颜色与目标图像一样，可以用于皮肤质地填充等场景。

【实例3-19】实现两幅图像的泊松克隆。

示例代码如下：

```
import cv2
import matplotlib.pyplot as plt
import numpy as np
image1=cv2.imread(r"img\opencv.png")
image2=cv2.imread(r"img\person.jpg")
mask=np.ones((image1.shape[0],image1.shape[1]),image1.dtype)*255
result=cv2.seamlessClone(image1,image2,mask,(int(image2.shape[1]*0.6),int(image2.
shape[0]*0.7)),cv2.MIXED_CLONE)
plt.rcParams['font.sans-serif']=['SimHei']
fig,axes=plt.subplots(1,3,figsize=(12,3),dpi=100)
axes[0].set_title('image1')
axes[0].imshow(cv2.cvtColor(image1,cv2.COLOR_BGR2RGB))
axes[1].set_title('image2')
axes[1].imshow(cv2.cvtColor(image2,cv2.COLOR_BGR2RGB))
axes[2].set_title('result')
axes[2].imshow(cv2.cvtColor(result,cv2.COLOR_BGR2RGB))
plt.show()
```

程序运行结果如图3-29所示。

图3.29　实例3-19运行结果

任务实施

本次任务的目标是根据人脸检测关键点，为人脸添加墨镜效果。

步骤1：从图像中检测人脸关键点。

示例代码如下：

```
detector = dlib.get_frontal_face_detector()
```

```
predictor = dlib.shape_predictor("shape_predictor_68_face_landmarks.
dat")
img = cv.imread("image/xiaoming.png")
gray = cv.cvtColor(img, cv.COLOR_BGR2GRAY)
faces = detector(gray, 0)
for i in range(len(faces)):
    # 获取人脸关键点位置
    shape = predictor(img, faces[i]).parts()
    # 将关键点位置转化为68行2列的矩阵landmarks
    landmarks = np.matrix([[p.x, p.y] for p in shape ])
    print(landmarks.shape)
```

步骤 2：计算左眼角位置。

参考图3-16，获取1号关键点的*x*坐标和18号关键点的*y*坐标，可以得到左眼角的位置。示例代码如下：

```
pos_left = (landmarks[0][0, 0], landmarks[17][0, 1])
```

步骤 3：计算右眼角位置。

参考图3-16所示，获取17号关键点的*x*坐标和46号的*y*坐标可以得到右眼角的位置。示例代码如下：

```
pos_right = (landmarks[16][0, 0], landmarks[45][0, 1])
```

步骤 4：获得眼睛中心位置。

参考图3-16所示，获取人脸28号关键点的坐标，可以获得人脸双眼中间关键点的位置。示例代码如下：

```
face_center = (landmarks[27][0, 0], landmarks[27][0, 1])
```

步骤 5：读取墨镜图片，并获取墨镜的大小。

示例代码如下：

```
src = cv.imread('image/glasses.png')
#获取src的大小
gwidth, gheight = src.shape[1], src.shape[0]
```

步骤 6：将墨镜图片缩放到和人脸大小相同。

示例代码如下：

```
#获取人脸的长度，根据人脸长度等比例计算墨镜长度
length = pos_right[0] - pos_left[0]
```

```
# 根据人脸的宽度等比例计算墨镜宽度
width = int(gheight/ (gwidth / length))
#将墨镜缩放成人脸大小
src = cv.resize(src, (length, width), interpolation=cv.INTER_CUBIC)
```

步骤7：调用泊松融合函数，将眼镜克隆到人脸并显示。

示例代码如下：

```
#创建一个掩码图像，指示要克隆的区域，设置为全白，也就是255
src_mask = 255 * np.ones(src.shape, src.dtype)
# 泊松融合
img = cv.seamlessClone(src, img, src_mask, face_center, cv.MIXED_CLONE)
cv.imshow('detect', img)
cv.waitKey()
cv.destroyAllWindows()
```

程序运行结果如图3-30所示。

图3-30　运行结果

读者可以尝试更换不同的墨镜来查看效果。

思考：通过对任务3和任务4的学习，你能否完成在视频流中检测人脸并添加墨镜？试一试吧！

任务测试

单选题

1. 在OpenCV中，用于对图像进行仿射变换的函数是（　　）。

　　A. cv2.warpAffine()　　　　　　　　　　B. cv2.getRotationMatrix2D()

　　C. cv2.remap()　　　　　　　　　　　　D. cv2.transpose()

2. 如果想要对图像进行90°旋转，应该使用以下哪个函数或方法？（　　）

　　A. cv2.flip()　　　　　　　　　　　　　B. cv2.rotate()

　　C. cv2.getRotationMatrix2D()　　　　　　D. cv2.transpose()

3. OpenCV中的透视变换函数是（　　）。

　　A. cv2.warpAffine()　　　　　　　　　　B. cv2.warpPerspective()

　　C. cv2.getRotationMatrix2D()　　　　　　D. cv2.getPerspectiveTransform()

4. 如果想要对图像进行水平翻转，应该使用函数是（　　）。

　　A. cv2.flip(image, 1)　　　　　　　　　B. cv2.flip(image, 0)

　　C. cv2.flip(image, −1)　　　　　　　　 D. cv2.rotate(image, 180)

5. 在OpenCV中，以下哪个函数用于将两个图像进行加法运算？（　　）

　　A. cv2.add()　　　　　　　　　　　　　B. cv2.addWeighted()

　　C. cv2.bitwise_and()　　　　　　　　　 D. cv2.multiply()

6. cv2.addWeighted()函数用于执行什么操作？（　　）

　　A. 图像减法　　　　B. 图像加权和　　　　C. 图像逻辑与　　　　D. 图像乘法

7. 当使用cv2.add()函数对两个图像进行加法运算时，如果结果图像的像素值超过其数据类型可以表示的最大值（例如，对于8位无符号整数，最大值为255），会发生什么？（　　）

　　A. 结果图像将自动转换为更高位数的数据类型

　　B. 结果图像的像素值将被截断为数据类型可以表示的最大值

　　C. OpenCV会抛出一个错误

　　D. 结果图像的像素值将被设置为一个负值

8. 在OpenCV中，用于实现泊松融合的函数是（　　）。

　　A. cv2.seamlessClone()　　　　　　　　B. cv2.warpAffine()

　　C. cv2.add()　　　　　　　　　　　　　D. cv2.addWeighted()

9. cv2.seamlessClone()函数的原型中，哪个参数指定了源图像中需要进行融合的区域？（　　）

　　A. src　　　　　　B. dst　　　　　　C. mask　　　　　　　D. p

10. 泊松融合相比传统图像融合的优势在于（　　）。

　　A. 需要精确选择融合区域　　　　　　B. 融合过程复杂且耗时

　　C. 可以实现无缝融合的结果　　　　　 D. 对图像数据类型有严格要求

项目总结

　　本项目检测视频或图像中的人脸并给人脸添加墨镜，用到了计算机视觉处理OpenCV库中的视频采集、图像变换和图像运算等相关函数，用到了dlib库的人脸检测模型和人脸关键点模型来检测人脸和人脸不同部位，最后使用图像泊松融合技术将墨镜图像与原始人脸图像进行融合，以达到自然的效果。该项目是一个用于帮助初学者深入理解人脸检测与图像处理技术的项目实战，可以为读者将来在相关领域的研究和应用奠定基础。此外，该项目还具有广泛的应用前景，如广告制作、虚拟现实、安全监控、直播等。

项目评价

项目自我评价表

（在□中打√，A 通过，B 基本通过，C 未通过）

任务能力指标	评价标准	自测结果		
配置dlib库开发环境	（1）能够识别不同Python版本对应的dlib库的版本	□ A	□ B	□ C
	（2）能够下载和安装dlib库	□ A	□ B	□ C
	（3）dlib库测试成功	□ A	□ B	□ C
视频流的处理能力	（1）能够从摄像头获取视频	□ A	□ B	□ C
	（2）能够打开视频文件，并分析文件的相关属性	□ A	□ B	□ C
	（3）能够保存视频文件	□ A	□ B	□ C
图像绘制能力	（1）能够理解图像坐标系	□ A	□ B	□ C
	（2）掌握在图像中绘制直线的方法	□ A	□ B	□ C
	（3）掌握在图像中绘制矩形的方法	□ A	□ B	□ C
	（4）掌握在图像中绘制圆形的方法	□ A	□ B	□ C
	（5）掌握在图像中绘制文字的方法	□ A	□ B	□ C
人脸检测能力	（1）掌握基于OpenCV的人脸检测方法	□ A	□ B	□ C
	（2）掌握基于dlib的人脸检测方法	□ A	□ B	□ C
图像变换能力	（1）理解图像变换的概念	□ A	□ B	□ C
	（2）掌握图像缩放的方法	□ A	□ B	□ C
	（3）掌握图像翻转的方法	□ A	□ B	□ C
	（4）掌握图像平移的方法	□ A	□ B	□ C
	（5）掌握图像旋转的方法	□ A	□ B	□ C
	（6）掌握图像仿射变换的方法	□ A	□ B	□ C
	（7）掌握图像透视变换的方法	□ A	□ B	□ C
图像运算的能力	（1）掌握图像加法运算的方法	□ A	□ B	□ C
	（2）掌握图像减法运算的方法	□ A	□ B	□ C
	（3）掌握图像加权求和运算的方法	□ A	□ B	□ C
	（4）掌握图像泊松克隆的方法	□ A	□ B	□ C
给人脸添加墨镜的能力	能够从摄像头中获取人脸，能够获取人脸关键点，并根据关键点计算墨镜的位置，为人脸添加墨镜	□ A	□ B	□ C
学生签字：　　　　　　　教师签字：		年　　　　月　　　　日		

银行卡信息识别

项目情境

　　OCR（optical character recognition，光学字符识别）是一种能够将图像文件中的文字资料转化为电子文本的技术。它利用光学设备（如扫描仪或数码相机）获取纸质文档或图像上的文字信息，通过检测暗、亮的模式确定字符的形状，然后利用字符识别方法将形状翻译成计算机可读的文字。OCR 技术广泛应用于数字化文档管理、自动化数据录入、智能识别等多个领域，是计算机视觉和人工智能领域的重要应用之一。

　　银行卡号识别是 OCR 技术的一种应用，可以从银行卡图像中识别出卡号信息，如图 4-1 所示。基于 OpenCV 的银行卡号识别主要包括图像预处理、卡号区域定位、字符分割和字符识别等关键步骤。

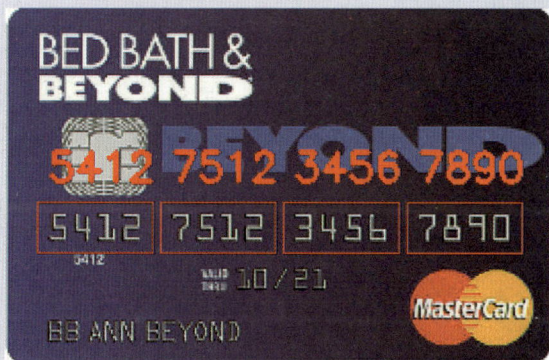

图4-1　银行卡号识别结果

学习目标

【知识目标】

◆ 掌握轮廓拟合的方法。

◆ 理解图像的礼帽运算、黑帽运算等形态学操作的含义。

◆ 掌握边缘检测的原理及方法，重点掌握Sobel边缘检测方法。

◆ 掌握图像模板匹配的方法。

【能力目标】

◆ 能运用OpenCV的方法完成银行卡号信息识别。

【素质目标】

◆ 培养知识的综合运用能力。

◆ 培养自主探究、团结协作的精神。

学习导图

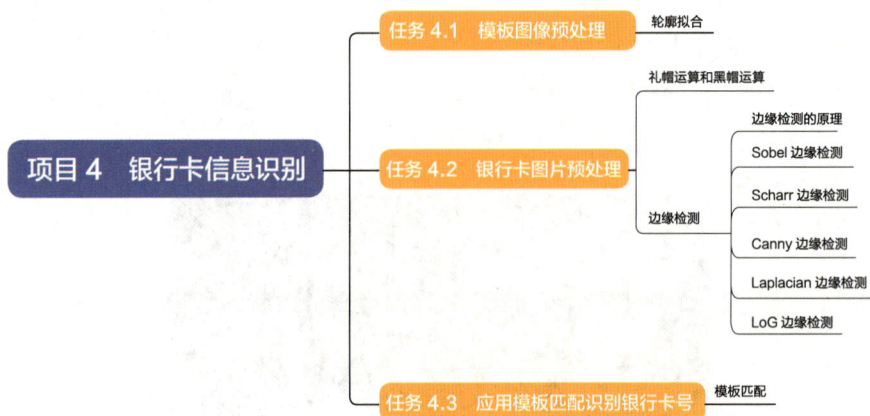

任务4.1 模板图像预处理

任务描述

银行卡号信息识别时需要在银行卡图像中查找和模板最相似的区域，因此要确定好模板。本项目中，银行卡信息识别过程中的模板就是银行卡号所涉及的数字0～9，需要事先对数字进行识别切割，并存成模板。因此我们首先要做的就是完成模板数字的预处理工作。

相关知识点

制作数字模板时不需要特别准确的轮廓，而是需要一个接近于轮廓的近似多边形。OpenCV提供了多种计算轮廓近似多边形的方法。

1. 轮廓的正外包矩形

OpenCV提供boundingRect()方法计算并返回灰度图像的指定点集或非零像素的最小上边界矩形，该函数声明如下：

```
retval = cv2.boundingRect(array)
```

参数说明：

◆ array——输入灰度图像或二维点集。

◆ retval——返回由矩形左上角x坐标、y坐标、矩形长、矩形宽组成的元组。

【实例 4.1】绘制图片中轮廓的正外接矩形。

示例代码如下：

```
import cv2
img = cv2.imread("../images/hand.png")#读入图像
gray_img = cv2.cvtColor(img,cv2.COLOR_BGR2GRAY) # 并转换成为灰度图像
ret,binary_img = cv2.threshold(gray_img,125,255,cv2.THRESH_BINARY)
 #二值化阈值处理
c,h = cv2.findContours(binary_img,cv2.RETR_TREE,cv2.CHAIN_APPROX_
SIMPLE) # 查找轮廓
x,y,w,h = cv2.boundingRect(c[0]) # 生成轮廓的正外接矩形:x和y是矩形左上角点的坐标,
                    #w是矩形的宽, h是矩形的高
cv2.rectangle(img,(x,y),(x+w,y+h),(0,0,255),2)# 绘制矩形框
# 可视化
cv2.namedWindow('img',cv2.WINDOW_NORMAL)
```

```
cv2.resizeWindow('img',400,500)
cv2.imshow('img',img)
cv2.waitKey(0)
cv2.destroyAllWindows()
```

示例代码的运行结果如图4-2所示。

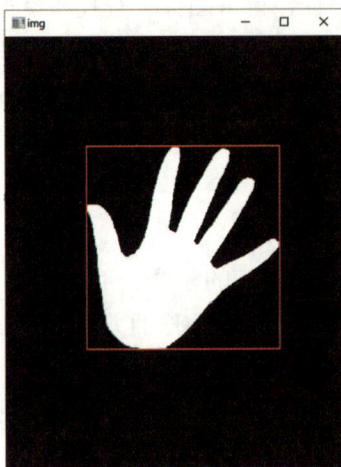

图4-2　实例4.1运行结果

2. 轮廓的最小外包矩形

OpenCV提供minAreaRect()方法计算并返回指定点集的最小面积边界矩形（可能已旋转），该函数声明如下：

```
retval = cv2.minAreaRect(points)
```

参数说明：

◆ points——输入灰度图像或二维点集。

◆ retval——返回元组(最小外接矩形的中心点坐标(x,y),(宽度,高度),旋转角度)。

【实例4.2】绘制图片中轮廓的最小外接矩形。

示例代码如下：

```
import cv2
img = cv2.imread("img/hand.png") # 读入图像
gray_img = cv2.cvtColor(img,cv2.COLOR_BGR2GRAY) # 并转换成为灰度图像
ret,binary_img = cv2.threshold(gray_img,125,255,cv2.THRESH_BINARY)
 # 二值化阈值处理
c,h = cv2.findContours(binary_img,cv2.RETR_TREE,cv2.CHAIN_APPROX_SIMPLE)
```

```
# 查找轮廓
x,y,w,h = cv2.boundingRect(c[0])
 # 生成轮廓的正外接矩形:x和y是矩形左上角点的坐标，w是矩形的宽，h是矩形的高
cv2.rectangle(img,(x,y),(x+w,y+h),(0,0,255),2)  # 绘制矩形框
# 可视化
cv2.namedWindow('img',cv2.WINDOW_NORMAL)
cv2.resizeWindow('img',400,500)
cv2.imshow('img',img)
cv2.waitKey(0)
cv2.destroyAllWindows()
```

示例代码的运行结果如图4-3所示。

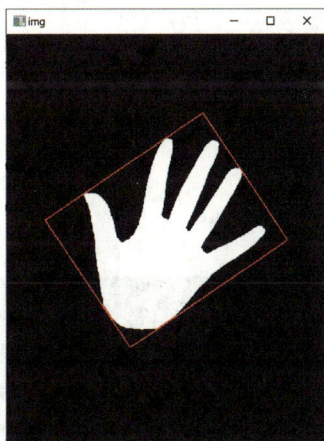

图4-3　实例4.2运行结果

3. 轮廓的最小外包圆

OpenCV提供minEnclosingCircle()方法查找包含 2D 点集的最小面积的圆，该函数声明如下：

```
center, radius = cv2.minEnclosingCircle(points)
```

参数说明：

◆ points——输入灰度图像或二维点集。

◆ center——输出的圆心。

◆ radius——输出的圆的半径。

【实例 4.3】绘制图片中轮廓的最小外接圆形。

示例代码如下：

```
import cv2
```

143

```
import numpy as np
img = cv2.imread("img/hand.png") # 读入图像
gray_img=cv2.cvtColor(img,cv2.COLOR_BGR2GRAY) # 转换成为灰度图像
ret,binary_img=cv2.threshold(gray_img,125,255,cv2.THRESH_BINARY)
 # 二值化阈值处理
c,h = cv2.findContours(binary_img,cv2.RETR_TREE,cv2.CHAIN_APPROX_SIMPLE)
# 查找轮廓
circle = cv2.minEnclosingCircle(c[0])
# 生成轮廓的最小外接圆形：（圆心坐标（x,y）,圆半径）
cv2.circle(img,np.int0(circle[0]),np.int0(circle[1]),(0,0,255),2)
# 绘制最小外接圆形
# 可视化
cv2.namedWindow('img',cv2.WINDOW_NORMAL)
cv2.imshow('img',img)
cv2.waitKey(0)
cv2.destroyAllWindows()
```

示例代码的运行结果如图4-4所示。

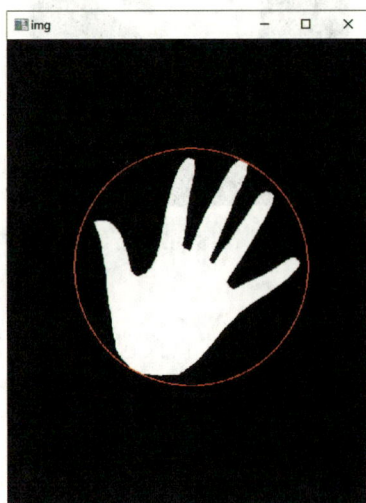

图4-4　实例4.3运行结果

4. 轮廓的椭圆拟合

OpenCV提供fitEllipse()方法计算最适合（在最小二乘意义上）一组 2D 点的椭圆。该函数声明如下：

```
retval = cv.fitEllipse(points)
```

参数说明：

◆ points——输入灰度图像或二维点集。

◆ retval——返回椭圆的中心点(x,y)、椭圆的宽高(w,h)，也就是椭圆的轴长、椭圆的旋转角度，要可视化这个结果还得需要转化函数cv2.ellipse()。

【实例 4.4】绘制图片中轮廓的最小外接椭圆。

示例代码如下：

```python
import cv2
import numpy as np

img = cv2.imread("img/hand.png") # 读入图像
gray_img = cv2.cvtColor(img,cv2.COLOR_BGR2GRAY) # 转换成为灰度图像
ret,binary_img = cv2.threshold(gray_img,125,255,cv2.THRESH_BINARY)
# 二值化阈值处理
c,h = cv2.findContours(binary_img,cv2.RETR_TREE,cv2.CHAIN_APPROX_
SIMPLE) # 查找轮廓
ellipse = cv2.fitEllipse(c[0])
# 生成轮廓的椭圆拟合：（椭圆的中心点(x,y)、椭圆的宽高(w,h)，椭圆的旋转角度）
cv2.ellipse(img,ellipse,(0,0,255),2) # 绘制椭圆
# 可视化
cv2.namedWindow('img',cv2.WINDOW_NORMAL)
cv2.imshow('img',img)
cv2.waitKey(0)
cv2.destroyAllWindows()
```

示例代码的运行结果如图4-5所示。

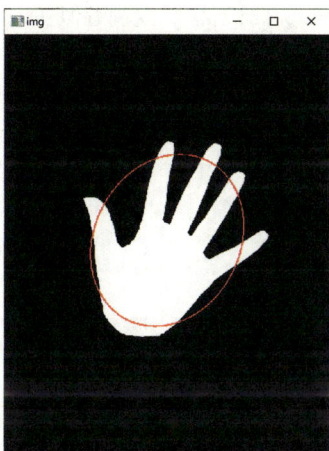

图4-5　实例4.4运行结果

5. 轮廓的近似多边形拟合

OpenCV提供approxPolyDP()方法用另一个具有较少顶点的曲线/多边形来逼近一条曲线或一个多边形，以使它们之间的距离小于或等于指定的精度，该函数声明如下：

```
approxCurve = cv2.approxPolyDP(curve, epsilon, closed)
```

参数说明：

◆ curve——2D 点的输入向量。

◆ epsilon——指定近似精度的参数。这是原始曲线与其近似值之间的最大距离。该参数一般设为轮廓周长的百分比形式。

◆ closed——布尔型值，若为True，则逼近多边形是封闭的；若为False，则不封闭。

◆ approxCurve——近似的结果，为逼近的多边形的点集。该类型应与输入曲线的类型相匹配。

【实例 4.5】绘制图片中轮廓的近似多边形。

示例代码如下：

```python
import cv2
img = cv2.imread("img/hand.png") # 读入图像
gray_img = cv2.cvtColor(img,cv2.COLOR_BGR2GRAY) # 转换成为灰度图像
ret,binary_img = cv2.threshold(gray_img,125,255,cv2.THRESH_BINARY)
# 二值化阈值处理
c,h = cv2.findContours(binary_img,cv2.RETR_TREE,cv2.CHAIN_APPROX_SIMPLE)
# 查找轮廓
ellipse = cv2.approxPolyDP(c[0],cv2.arcLength(c[0],True)*0.003,True)
# 生成轮廓的近似多边形：点的集合
cv2.drawContours(img,[ellipse],-1,(0,0,255),2) # 绘制近似多边形
# 可视化
cv2.namedWindow('img',cv2.WINDOW_NORMAL)
cv2.imshow('img',img)
cv2.waitKey(0)
cv2.destroyAllWindows()
```

示例代码的运行结果如图4-6所示。

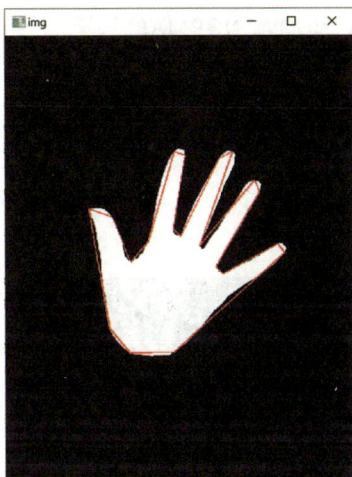

图4-6 实例4.5运行结果

6. 轮廓的凸包

OpenCV提供convexHull()方法找到 2D 点集的凸包，该函数声明如下：

```
hull = cv2.convexHull(points[,clockwise[, returnPoints]])
```

参数说明：

◆ points——2D 点的输入向量。

◆ clockwise——方向标志。如果为True，则输出凸包为顺时针方向。否则，为逆时针方向。假设坐标系的X轴指向右侧，Y轴指向上方。

◆ returnPoints——默认值是True，返回凸包角点的坐标，否则返回轮廓中凸包角点的索引。

◆ hull——返回的是凸包角点。

【实例 4.6】绘制图片中轮廓的凸包。

示例代码如下：

```
import cv2
img = cv2.imread("img/hand.png") # 读入图像
gray_img=cv2.cvtColor(img,cv2.COLOR_BGR2GRAY) # 转换成为灰度图像
ret,binary_img=cv2.threshold(gray_img,125,255,cv2.THRESH_BINARY)
# 二值化阈值处理
c,h=cv2.findContours(binary_img,cv2.RETR_TREE,cv2.CHAIN_APPROX_
SIMPLE) # 查找轮廓
hull=cv2.convexHull(c[0]) # 生成轮廓的凸包：点集
cv2.drawContours(img,[hull],-1,(0,0,255),2) # 绘制凸包
# 可视化
```

```
cv2.namedWindow('img',cv2.WINDOW_NORMAL)
cv2.imshow('img',img)
cv2.waitKey(0)
cv2.destroyAllWindows()
```

示例代码的运行结果如图4-7所示。

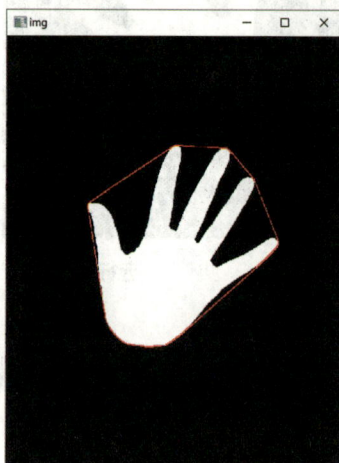

图4-7　实例4.6运行结果

任务实施

步骤1：定义显示图像的函数 ShowImage()。

示例代码如下：

```
def ShowImage(name, image):
    cv2.imshow(name, image)
    cv2.waitKey(0)# 设置等待时间，单位是ms，0代表任意键终止
    cv2.destroyAllWindows()# 关闭窗口
```

步骤2：读入图像模板。

示例代码如下：

```
template = cv2.imread('img/template.png')
ShowImage('template_img', template)
```

步骤3：将图像转化为灰度图。

示例代码如下：

```
image_Gray = cv2.cvtColor(template, cv2.COLOR_RGB2GRAY)
ShowImage('gray', image_Gray)
```

步骤 4：将图像转化为二值化图像。

示例代码如下：

```
binary = cv2.threshold(gray, 10, 255, cv2.THRESH_BINARY_INV)[1]
ShowImage('binary', binary)
```

步骤 5：检测数字轮廓。

示例代码如下：

```
refCnts, hierarchy = cv2.findContours(binary, cv2.RETR_EXTERNAL, cv2.
CHAIN_APPROX_SIMPLE)
template1=template.copy()
cv2.drawContours(template1, refCnts, -1, (0,0,255), 2)
ShowImage('template_contour_img', template1)
```

步骤 6：根据数字轮廓拟合的外接矩形，保存每个数字模板图像。

示例代码如下：

```
refCnts = sorted(refCnts, key=lambda b: b[0][0][0])  # 按轮廓中第一个点的x坐标
进行升序排序
digits = {}
# 遍历每一个轮廓
for (i, c) in enumerate(refCnts):
    # 计算外接矩形并且resize成合适大小
    (x, y, w, h) = cv2.boundingRect(c)
    cv2.rectangle(template1,(x,y),(x+w,y+h),(255,0,0),2)
    ShowImage('boundingRect', template1)
    roi = binary[y:y + h, x:x + w]
    roi = cv2.resize(roi, (57, 88))
    # 每一个数字对应每一个模板，此时模板中的10个数字分别被保存到了字典中
    digits[i] = roi
    cv2.imwrite(f"img\\templates\\outline{i}.png",roi)
```

运行结果如图4-8所示。

（a）原图

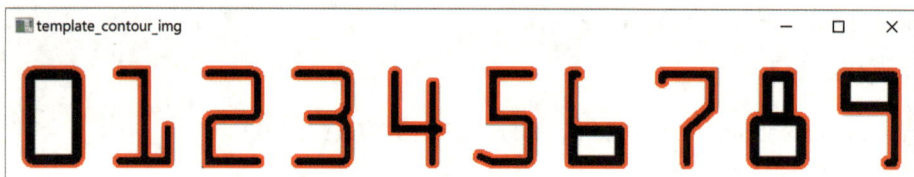

（b）轮廓检测结果

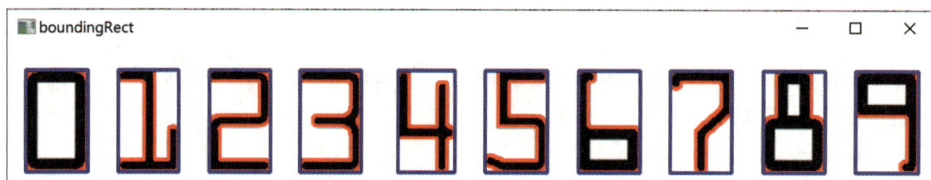

（c）轮廓拟合后得到的数字模板

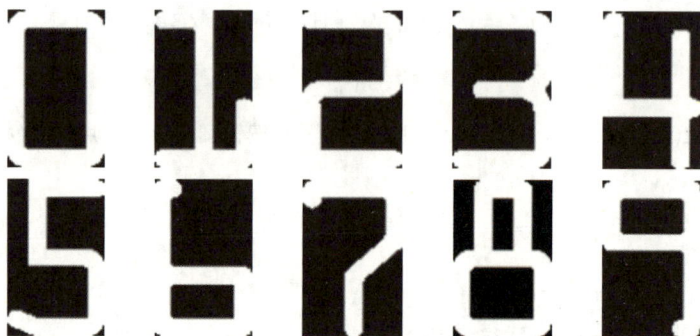

（d）分割后的数字模板

图4-8　模板图像预处理结果

任务测试

一、选择题

1. 轮廓拟合的主要目的是什么？（　　）

　　A. 简化复杂轮廓　　　　　　　　B. 提取图像中的颜色信息

　　C. 识别图像中的文字　　　　　　D. 放大图像中的细节

2. 在OpenCV中，用于计算图像轮廓的正外包矩形的函数是？（　　）

　　A. fitLine()　　　　B. minAreaRect()　　　　C. approxPolyDP()　　　　D. boundingRect()

3. 在OpenCV中，boundingRect()函数的返回值包括哪些？（　　）

　　A. 矩形的左上角坐标(x, y)　　　　B. 矩形的宽度w

　　C. 矩形的高度h　　　　　　　　D. 以上都是

二、判断题

1. boundingRect函数返回的矩形总是水平的，不会考虑对象的旋转。（　　）

2. 轮廓拟合是通过数学模型（如直线、圆、椭圆或多边形）来逼近或描述轮廓的形状。（　　）

三、简答题

请简述boundingRect()函数的主要作用和使用方法。

任务4.2　银行卡图片预处理

任务描述

在识别银行卡号时，由于银行卡中除了银行卡号，还有很多的其他信息，或者说干扰信息，因此在识别银行卡号前，需要对银行卡图像进行预处理，去除干扰信息，得到有效的数字区域。

本次任务将综合运用灰度转换、二值化处理、形态学操作对银行卡图像进行预处理，以减少颜色信息对匹配过程的干扰。然后通过边缘检测、轮廓检测、轮廓拟合等技术筛选出可能是数字的区域。

相关知识点

4.2.1　礼帽运算和黑帽运算

礼帽运算（top hat transformation）和黑帽运算（black hat transformation）是形态学图像处理中的两种重要操作，它们各自具有独特的作用和应用场景。

1. 礼帽运算

礼帽运算又称之为顶帽运算，顶帽图像=原始图像－开运算图像（原始图像先腐蚀再膨胀后的图像）。

顶帽运算对于增强阴影部分的细节信息很有用。开运算将消去图像中部分灰度值较高的部分，用原图减去开运算的结果，将得到被消去的部分。如果图像存在光照不均的情况，采用顶帽运算可以消除部分光照的影响，凸显背景下的前景目标对象。

OpenCV中礼帽运算通过函数morphologyEx()实现，礼帽运算的语法结构如下：

```
dst = cv2.morphologyEx(src, cv2.MORPH_TOPHAT, kernel)
```

参数说明：

◆ src——表示原图像。

◆ cv2.MORPH_TOPHAT——表示顶帽运算。

◆ kernel——表示卷积核。

◆ dst——返回值，表示礼帽运算的结果。

【实例4.7】图像的顶帽运算。

示例代码如下：

```
import cv2
```

```
import numpy as np
AI_image = cv2.imread("testPicture\\AI_image.png", cv2.IMREAD_
UNCHANGED)
kernel = np.ones((5, 5), np.uint8)  # 定义核，5行5列
TopHatResult = cv2.morphologyEx(AI_image, cv2.MORPH_TOPHAT,
kernel)  # 顶帽运算
cv2.imshow("AI_image", AI_image)
cv2.imshow("TopHatResult", TopHatResult)
cv2.waitKey()
cv2.destroyAllWindows()
```

　　实例4.7中原始图像如图4-9所示，礼帽运算后的结果图像如图4-10所示。

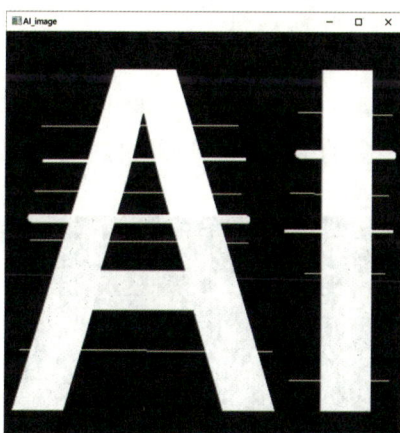

图4-9　顶帽运算原图

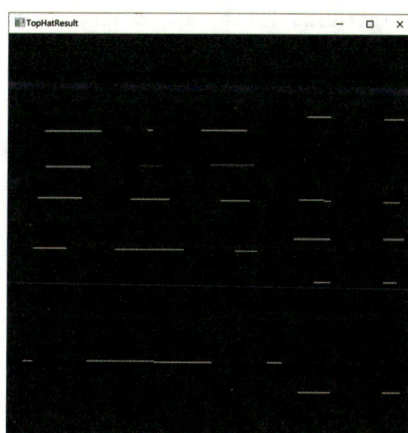

图4-10　顶帽运算结果

2. 黑帽运算

　　黑帽运算又称底帽运算。黑帽图像=闭运算图像（原始图像先膨胀再腐蚀后的图像）-原始图像。

　　与顶帽运算类似，黑帽运算也是用于增强图像中的细节。黑帽变化用于消去图像中较暗的部分，也叫黑色底帽。该运算同样可以消除图像中的光照不均。

　　OpenCV中黑帽运算也是通过函数morphologyEx()实现，黑帽运算的语法结构如下：

```
dst = cv2.morphologyEx(src, cv2.MORPH_BLACKHAT, kernel)
```

　　参数说明：

　　◆ src——表示原图像。

　　◆ cv2.MORPH_BLACKHAT——表示黑帽运算。

　　◆ kernel——表示卷积核。

◆ dst ——返回值，表示黑帽运算处理的结果。

【实例 4.8】图像的黑帽运算。

示例代码如下：

```
import cv2
import numpy as np
close_src = cv2.imread("testPicture\\close_src.png", cv2.IMREAD_
UNCHANGED)
kernel = np.ones((5, 5), np.uint8)  # 定义核，5行5列
BlackHatResult = cv2.morphologyEx(close_src, cv2.MORPH_BLACKHAT,
kernel) # 黑帽运算
cv2.imshow("close_src", close_src)
cv2.imshow("BlackHatResult", BlackHatResult)
cv2.waitKey()
cv2.destroyAllWindows()
```

实例4.8中原始图像如图4-11所示，黑帽运算后的结果图像如图4-12所示。

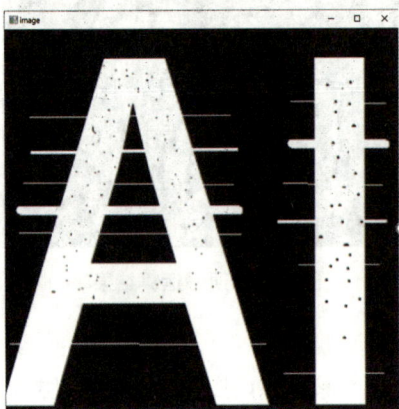

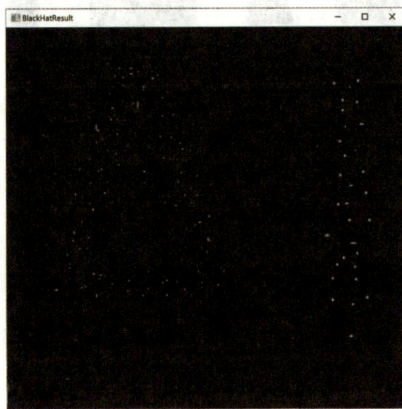

图4-11　原始图像　　　　　　　　　　图4-12　黑帽运算结果

4.2.2　边缘检测

1. 边缘检测的原理

边缘检测的目的是标识数字图像中亮度变化明显的点。图像属性中的显著变化通常反映了属性的重要事件和变化。这些包括：深度上的不连续（物体处在不同的平面上）、表面方向不连续（如正方体的两个不同的面）、物质属性变化（会导致光的反射系数不同）、场景照明变化（阴影）。

边缘检测的实质是采用某种算法来提取出图像中对象与背景间的交界线。我们将边缘定义为图像中灰度发生急剧变化的区域边界。

如图4-13所示，这幅图像，按照从左向右的方向，灰度变化曲线大致如图4-14所示。

图4-13　边缘示例图

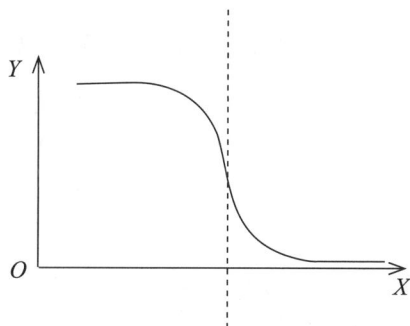

图4-14　灰度变化曲线

如果对上述灰度曲线求一阶导数，一阶导数取极值处就是图像边缘。一阶导数图像如图4-15所示。

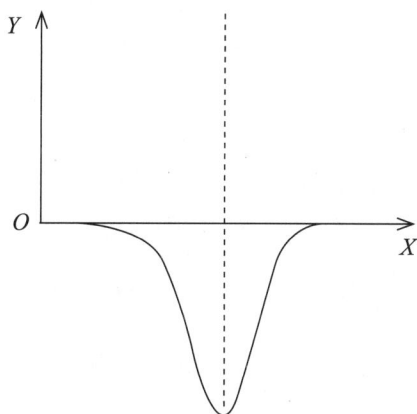

图4-15　灰度曲线对应的一阶导数图像

如果对灰度曲线求二阶导数，边缘在二阶导数值为0的位置。二阶导数图像如图4-16所示。

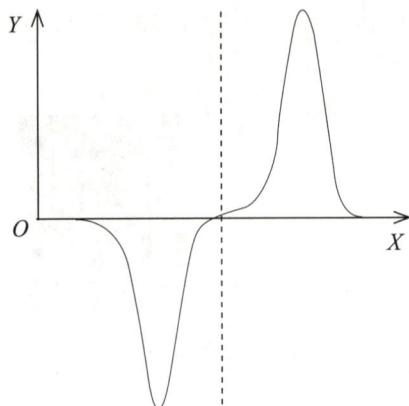

图4-16　灰度曲线对应的二阶导数图像

经典的边缘检测方法，是通过对原始图像中像素的某小邻域构造边缘检测算子来达到检测边缘这一目的的。常用的边缘检测方法包括基于一阶导数的Sobel边缘检测、Scharr边缘检测；基于二阶导数的Canny边缘检测、Laplacian边缘检测、LoG边缘检测等。

对于一元连续函数的导数，直接用公式求导就可以；对于多元连续函数的导数，需要求各个方向的偏导数。比如对于一个二元函数 $f(x, y)$，需要求解X方向和Y方向的偏导数，公式如下：

$$\frac{\partial f(x, y)}{\partial x} = \lim_{\varepsilon \to 0} \frac{f(x+\varepsilon, y) - f(x, y)}{\varepsilon}$$

$$\frac{\partial f(x, y)}{\partial y} = \lim_{\varepsilon \to 0} \frac{f(x, y+\varepsilon) - f(x, y)}{\varepsilon}$$

但是对于存储在计算机中的图像来说，像素值是离散的，不能使用公式求解导数，因此只能够使用导数的定义来求解X和Y方向的导数。在图像处理过程中，x和y分别对应像素点的位置坐标(x, y)，对于像素，最小单位是1像素，因此令（$\varepsilon=1$），使用这种近似来作为像素点在水平方向和垂直方向的导数：

$$\frac{\partial f(x, y)}{\partial x} \approx \frac{f(x+1, y) - f(x, y)}{\varepsilon}$$

$$\frac{\partial f(x, y)}{\partial y} \approx \frac{f(x, y+1) - f(x, y)}{\varepsilon}$$

由 $\frac{\partial f(x, y)}{\partial x} \approx \frac{f(x+1, y) - f(x, y)}{\varepsilon}$ 这个公式可以看出，对图像求X方向的导数，就是分别用右面一个像素的像素值减去左面一个像素的像素值，结果作为当前位置的导数值。可以把这个过程使用卷积代替，即用这样的卷积核与图像进行卷积运算，图像卷积运算即将图像对应位置卷积核相乘相加。卷积核如图4-17所示。

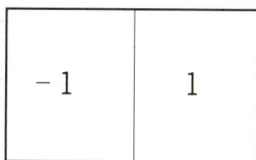

图4-17　X方向上的卷积核

　　一幅图像与 X 方向上的卷积核进行卷积运算，可以得到垂直方向上的边缘，如图4-18所示。

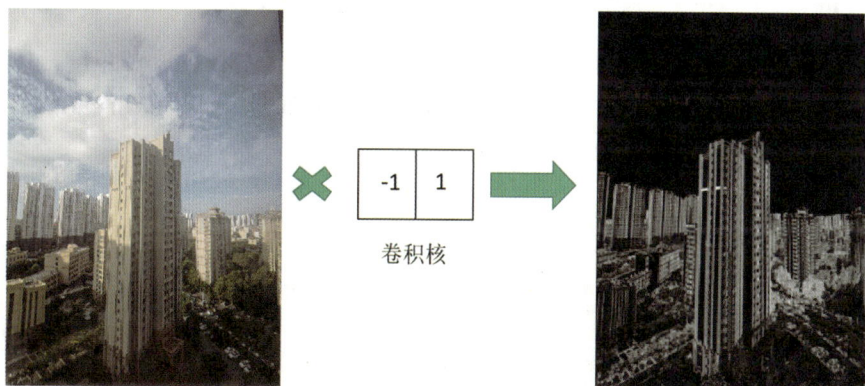

卷积核

图4-18　卷积运算得到垂直方向边缘

　　由 $\dfrac{\partial f(x,y)}{\partial y} \approx \dfrac{f(x,y+1)-f(x,y)}{\varepsilon}$ 这个公式可以看出，对图像求 Y 方向的导数，就是分别用下面一个像素的像素值减去上面一个像素的像素值，结果作为当前位置的导数值。可以把这个过程使用卷积代替，即用这样的卷积核与图像进行卷积运算，即对应位置相乘相加。卷积核如图4-19所示。

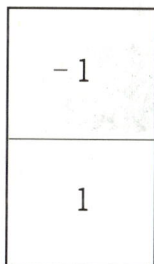

图4-19　Y方向上的卷积核

　　一幅图像与 Y 方向上的卷积核进行卷积运算，结果可以得到水平方向上的边缘，如图4-20所示。

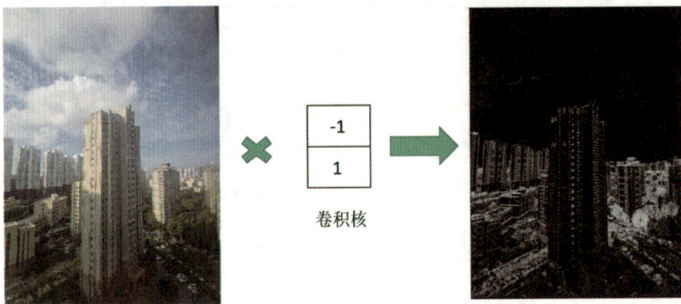

图4-20 卷积运算得到水平方向边缘

图像的一阶导数可以检测图像的边缘，而判断该边缘变化的剧烈程度，以及确定边缘的过渡是从亮到暗还是从暗到亮，则需要通过二阶导数。

对于一幅图像的一个像素点，梯度为 $\nabla f = \left(\dfrac{\partial f}{\partial x}, \dfrac{\partial f}{\partial y} \right)$，夹角的计算方式：

$$\theta = tan^{-1}\left(\dfrac{\partial f}{\partial y} \Big/ \dfrac{\partial f}{\partial x} \right),$$

而梯度的幅值：$\|\nabla\| = \sqrt{\left(\dfrac{\partial f}{\partial x}\right)^2 + \left(\dfrac{\partial f}{\partial x}\right)^2}$

这个幅值越大说明该点附近像素值变化越剧烈，该点越有可能是边缘。梯度对于一幅图像来说就是图像变化剧烈的方向。而且梯度方向与边缘是垂直的，如图4-21所示。

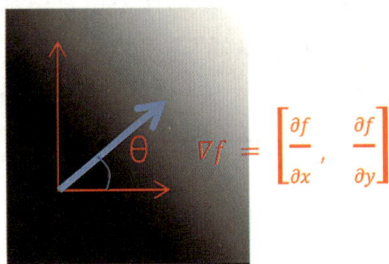

图4-21 梯度的计算及标识

2. Sobel 边缘检测

（1）Sobel算子。Sobel边缘检测是通过Sobel算子，对二维灰度图像在水平和垂直两个方向上求导，得到图像在 X 方向和 Y 方向的梯度图像。

例如，以下是3×3的Sobel算子：

$$S_x = \begin{bmatrix} -1 & 0 & 1 \\ -2 & 0 & 2 \\ -1 & 0 & 1 \end{bmatrix} \quad S_y = \begin{bmatrix} -1 & -2 & -1 \\ 0 & 0 & 0 \\ 1 & 2 & 1 \end{bmatrix}$$

将原始图像矩阵与Sobel水平核S_x，竖直核S_y进行卷积可得到两个新的矩阵，它们分别反映了每一个像素点在水平方向上的亮度变化情况和在垂直方向上的亮度变化情况。最后使用最终图像梯度G综合这两个方向的变化，计算方式如下：

$$G=\sqrt{G_x{}^2+G_y{}^2}$$

或：

$$G=|G_x|+|G_y|$$

例如，计算图像中某像素点P5在 X 方向的梯度，将卷积核S_x与P_5及其8邻域进行卷积运算，即可求出中心点 X 方向的梯度，计算方式如下：

$$\nabla P_{5x}=\begin{bmatrix}-1 & 0 & 1\\-2 & 0 & 2\\-1 & 0 & 1\end{bmatrix}*\begin{bmatrix}P_1 & P_2 & P_3\\P_4 & P_5 & P_6\\P_7 & P_8 & P_9\end{bmatrix}$$

$$=(P_3-P_1)+2\times(P_6-P_4)+(P_9-P_7)$$

同理，计算P_5在Y 方向的梯度，将卷积核S_y与P_5及其8邻域进行卷积运算，即可求出中心点Y方向的梯度，计算方式如下：

$$\nabla P_{5y}=\begin{bmatrix}-1 & -2 & -1\\0 & 0 & 0\\1 & 2 & 1\end{bmatrix}*\begin{bmatrix}P_1 & P_2 & P_3\\P_4 & P_5 & P_6\\P_7 & P_8 & P_9\end{bmatrix}$$

$$=(P_7-P_1)+2\times(P_8-P_2)+(P_9-P_3)$$

求得中心点P5的梯度为$\nabla P_5=[\nabla P_{5x},\ \nabla P_{5y}]$，梯度的幅值为$G_{P5}=|P_{5x}|+|P_{5y}|$。

需要注意的是，Sobel函数在求 X 或者Y 方向的导数时，使用的核是不一样的，得到的导数可能小于0，或者大于255，因此为了保护细节，最好使用16位（CV_16S）的输出图像的深度，并且调用convertScaleAbs（输出图像为8位），将所得结果尽可能地保护下来。

（2）Sobel边缘检测函数

其中函数声明格式为：

```
dst=cv2.Sobel(src, ddepth, dx, dy[, ksize[, scale[, delta[, borderType]]]])
```

参数说明：

◆ src——输入的图像。

◆ ddepth——图像的深度。取值-1，表示处理结果图像dst的深度与src一样。如果图像是CV_8U类型，在求梯度过程中，结果是负数将存储为0。为了不丢失边缘信息，通常使用CV_16S类型。

◆ dx——计算 X 方向梯度，0表示这个方向不求导，1表示这个方向求导。

◆ dy——计算Y方向梯度，0表示这个方向不求导，1表示这个方向求导。

◆ ksize——Sobel算子（卷积核）的大小，必须为奇数。默认值为3，即3×3的Sobel算子。

◆ scale——缩放导数的比例常数，默认为None，表示没有伸缩系数。

◆ delta——在将结果存储到 dst 之前添加到结果中的可选增量值。

◆ borderType——判断图像边界的模式，默认值为cv2.BORDER_DEFAULT。

【实例4.9】读取一幅图像，用Sobel算子计算并显示 X 方向梯度、Y 方向梯度、最终梯度的图像。比较分别以CV_8U和CV_16S的类型进行Sobel边缘检测结果的不同。

示例代码如下：

```
import cv2
import matplotlib.pyplot as plt
img = cv2.imread('8.1.png')
# 计算X方向的梯度，用8位无符号图，如果出现负数，直接让负数等于0
img_sobel_x1 = cv2.Sobel(img, cv2.CV_8U, 1, 0)
# 计算X方向的梯度，用16位有符号图，这样可以存储梯度值为负数的情况
img_sobel_x11 = cv2.Sobel(img, cv2.CV_16S, 1, 0)
# X方向梯度取绝对值
img_sobel_x11 = cv2.convertScaleAbs(img_sobel_x11)
# 计算Y方向的梯度，用8位无符号图，如果出现负数，直接让负数等于0
img_sobel_y1 = cv2.Sobel(img, cv2.CV_8U, 0, 1)
# 计算Y方向的梯度，用16位有符号图，这样可以存储梯度值为负数的情况
img_sobel_y11 = cv2.Sobel(img, cv2.CV_16S, 0, 1)
# Y方向梯度取绝对值
img_sobel_y11 = cv2.convertScaleAbs(img_sobel_y11)
# 计算X方向梯度绝对值和Y方向梯度绝对值之和
img_sobel_x_y = cv2.addWeighted(img_sobel_x11, 1, img_sobel_y11, 1, 0)

# 解决中文标题乱码问题
plt.rcParams['font.sans-serif']=['SimHei']
fig, axes = plt.subplots(1,6,figsize=(18,6),dpi=100)
axes[0].set_title('原图')
axes[0].imshow(img)
axes[1].set_title('CV_8U图像X方向梯度')
axes[1].imshow(img_sobel_x1)
axes[2].set_title('CV_16S图像X方向梯度')
axes[2].imshow(img_sobel_x11)
```

```
axes[3].set_title('CV_8U图像Y方向梯度')
axes[3].imshow(img_sobel_y1)
axes[4].set_title('CV_16S图像Y方向梯度')
axes[4].imshow(img_sobel_y11)
axes[5].set_title('CV_16S图像梯度幅度')
axes[5].imshow(img_sobel_x_y)
plt.show()
```

实例4.9运行结果如图4-22所示，可以看出，利用Sobel算子计算 X 方向和 Y 方向的梯度图像时，如果图像是CV_8U类型，则会丢失一些梯度值为负数的边缘。而CV_16S可以保留更多的边缘信息。利用Sobel算子计算 X 方向梯度可以获得图像中的纵向边缘，计算 Y 方向梯度可以获得图像中的横向边缘，通过将 X 方向和 Y 方向的梯度绝对值进行累加，可以得到最终的边缘图像。

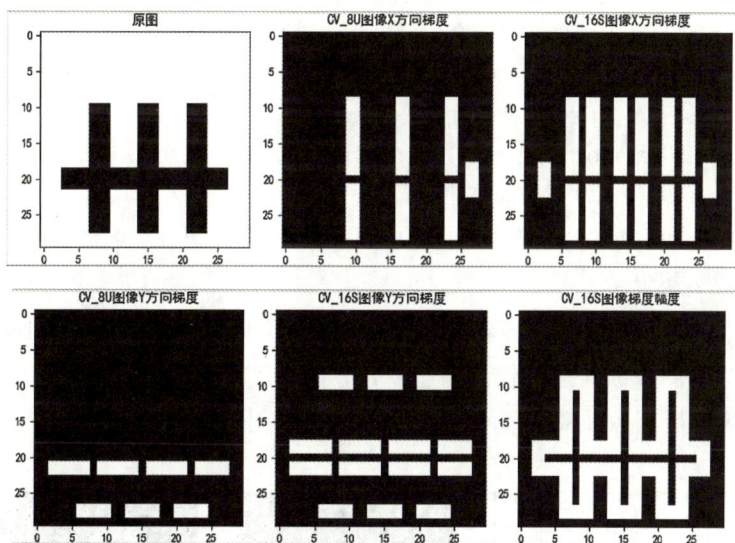

图4-22　实例4.9运行结果

【实例4.10】读取指定目录下的一幅彩色图像，转换为灰度图像，并用 Sobel 算子计算并显示 X 方向梯度、Y 方向梯度、最终梯度的图像。

示例代码如下：

```
import cv2
import matplotlib.pyplot as plt
img=cv2.imread(r"img\building.png")
img_gray=cv2.cvtColor(img,cv2.COLOR_BGR2GRAY)
# 16位有符号类型在x方向的梯度
img_sobel_x=cv2.Sobel(img_gray,cv2.CV_16S,1,0)
img_sobel_x=cv2.convertScaleAbs(img_sobel_x)
# 16位有符号类型在y方向的梯度
```

```
img_sobel_y=cv2.Sobel(img_gray,cv2.CV_16S,0,1)
img_sobel_y=cv2.convertScaleAbs(img_sobel_y)
# 16位有符号类型在x和y方向的梯度和
img_sobel_xy=cv2.add(img_sobel_x,img_sobel_y)
plt.rcParams['font.sans-serif']=['SimHei']
fig, axes = plt.subplots(1,4,figsize=(24,6),dpi=100)
axes[0].set_title('原图')
axes[0].imshow(cv2.cvtColor(img,cv2.COLOR_BGR2RGB))
axes[1].set_title('x方向梯度')
axes[1].imshow(img_sobel_x,cmap='gray',vmin=0,vmax=255)
axes[2].set_title('y方向梯度')
axes[2].imshow(img_sobel_y,cmap='gray',vmin=0,vmax=255)
axes[3].set_title('xy方向梯度')
axes[3].imshow(img_sobel_xy,cmap='gray',vmin=0,vmax=255)
plt.show()
```

实例4.10运行结果如图4-23所示，可以看出，利用Sobel算子计算得到的 X 方向的梯度图像纵向边缘较为明显，Y 方向梯度图像横向边缘较为明显，综合两个方向的结果梯度图像即Sobel算子边缘检测的结果图像。

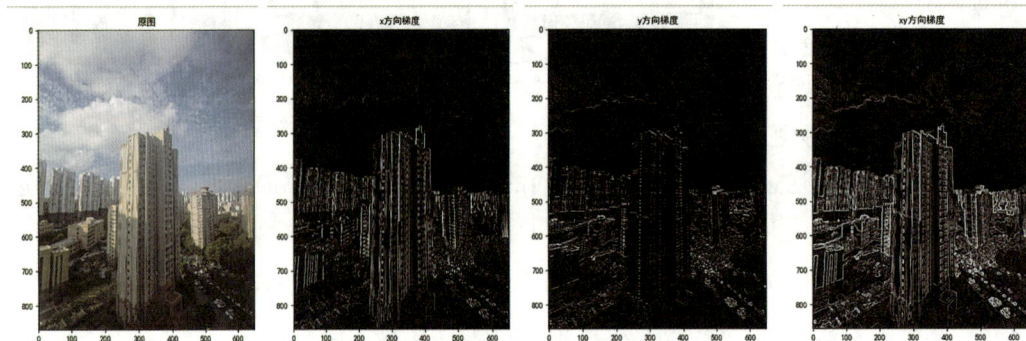

图4-23　实例4.10运行结果

Sobel算子检测方法对灰度渐变和噪声较多的图像处理效果较好，但对边缘的定位不够准确，图像的边缘不止一个像素。因此，当对边缘精度要求不高时，Sobel算子检测方法是一种较为常用的边缘检测方法。

3. Scharr 边缘检测

Scharr算子是Sobel算子的改进，检测的原理相同，但系数不太一样。

例如，以下是3×3的Scharr算子：

$$S_x = \begin{bmatrix} -3 & 0 & 3 \\ -10 & 0 & 10 \\ -3 & 0 & 3 \end{bmatrix} \quad S_y = \begin{bmatrix} -3 & -10 & -3 \\ 0 & 0 & 0 \\ 3 & 10 & 3 \end{bmatrix}$$

【实例 4.11】读取指定目录下的一幅彩色图像，转换为灰度图像，并用 Scharr 算子计算并显示 X 方向梯度、Y 方向梯度、最终梯度的图像。

示例代码如下：

```python
import cv2
import matplotlib.pyplot as plt
img=cv2.imread(r"img\building.png")
img_gray=cv2.cvtColor(img,cv2.COLOR_BGR2GRAY)
# 16位有符号类型在x方向的梯度
img_Scharr_x=cv2.Scharr(img_gray,cv2.CV_16S,1,0)
img_Scharr_x=cv2.convertScaleAbs(img_Scharr_x)
# 16位有符号类型在y方向梯度
img_Scharr_y=cv2.Scharr(img_gray,cv2.CV_16S,0,1)
img_Scharr_y=cv2.convertScaleAbs(img_Scharr_y)
# 16位有符号类型在x和y方向的梯度和
img_Scharr_xy=cv2.add(img_Scharr_x,img_Scharr_y)
plt.rcParams['font.sans-serif']=['SimHei']
fig, axes = plt.subplots(1,4,figsize=(24,6),dpi=100)
axes[0].set_title('原图')
axes[0].imshow(cv2.cvtColor(img,cv2.COLOR_BGR2RGB))
axes[1].set_title('x方向梯度')
axes[1].imshow(img_Scharr_x,cmap='gray',vmin=0,vmax=255)
axes[2].set_title('y方向梯度')
axes[2].imshow(img_Scharr_y,cmap='gray',vmin=0,vmax=255)
axes[3].set_title('xy方向梯度')
axes[3].imshow(img_Scharr_xy,cmap='gray',vmin=0,vmax=255)
plt.show()
```

实例4-11运行结果如图4-24所示。可以看出，scharr算子运算准确度更高，效果更好。

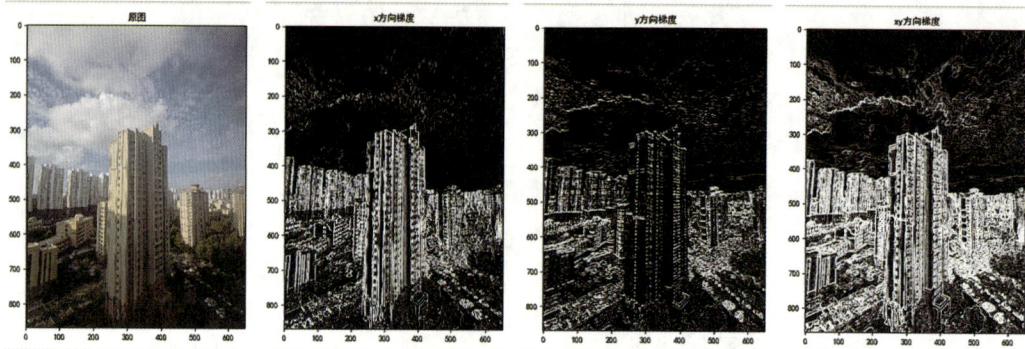

图4-24　实例4-11运行结果

4. Canny 边缘检测

（1）Canny边缘检测过程。Canny边缘检测方法是一种先平滑后求导数的方法。其处理过程大体上分为下面五个步骤。

① 对原始图像进行灰度化。Canny算法通常用于处理灰度图，因此如果原图像是彩色图像，需要首先进行灰度化。

② 对图像进行高斯滤波。对图像进行高斯滤波就是将待滤波的像素点及其邻域点的灰度值按照一定的参数规则进行加权平均，从而有效过滤掉理想图像中叠加的高频噪声，如图4-25所示。

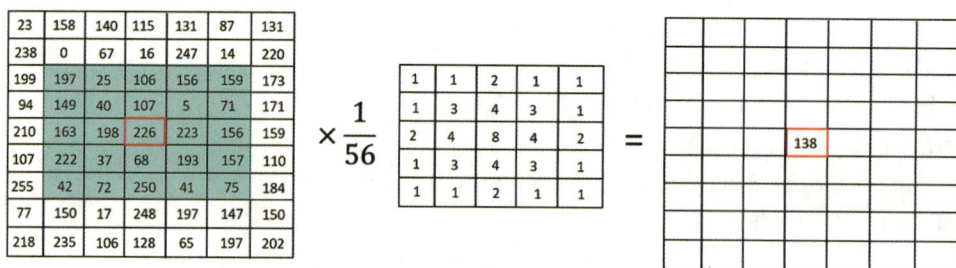

图4-25　高斯滤波示例

通常滤波和边缘检测是相互矛盾的，抑制了噪声会使得图像边缘模糊，这会增加边缘定位的不确定性；而如果要提高边缘检测的灵敏度，同时对噪声也提高了灵敏度。实际工程经验表明，高斯函数确定的核可以在抗噪声干扰和边缘检测精确定位之间提供较好的折中方案。

③ 计算梯度的幅值和方向。使用Sobel算子计算图像灰度值的梯度，得到图像在 X 和 Y 方向的梯度矩阵。

Sobel算子的 X 方向卷积模板、Y 方向卷积模板以及待处理点的邻域点标记矩阵如下：

$$S_x = \begin{bmatrix} -1 & 0 & 1 \\ -2 & 0 & 2 \\ -1 & 0 & 1 \end{bmatrix} \quad S_y = \begin{bmatrix} -1 & -2 & -1 \\ 0 & 0 & 0 \\ 1 & 2 & 1 \end{bmatrix} \quad K = \begin{bmatrix} a_0 & a_1 & a_2 \\ a_7 & (i,j) & a_3 \\ a_6 & a_5 & a_4 \end{bmatrix}$$

据此可用以下公式计算每个点的梯度幅值：

$$G = \sqrt{G_x{}^2 + G_y{}^2} \text{ 或 } G = |G_x| + |G_y|$$

$$G_x = (a_2 + 2a_3 + a_4) - (a_0 + 2a_7 + a_6)$$

$$G_y = (a_0 + 2a_1 + a_2) - (a_6 + 2a_5 + a_4)$$

梯度方向θ为：

$$\theta = \arctan\left(\frac{G_x}{G_y}\right)$$

梯度的方向总是与边缘垂直的，可以将其近似地分为水平（左、右）、垂直（上、下）、对角线（右上、左上、左下、右下）共8个不同的方向，如图4-26所示，要进行非极大值抑制，就首先要确定像素点P的灰度值在其8值邻域内是否为最大。红色的线条方向为P点的梯度方向，这样就可以确定其局部的最大值肯定分布在这条线上，即除了P点外，梯度方向的交点P_1和P_2这两个点的值也可能会是局部最大值。如果经过判断，P点灰度值小于这两个点中的任一个，那就说明P点不是局部极大值，那么则可以排除P点为边缘。

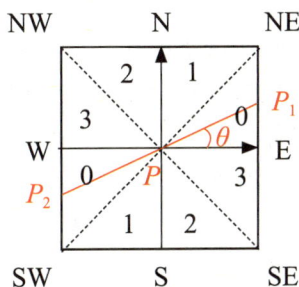

图4-26　梯度方向

为了方便观察梯度的幅值和角度，可以使用如图4-27所示可视化表示方法，例如，左上角顶点的值"2↑"表示该点处图像灰度梯度的幅值为2，角度为90°。

2 ↑	3 ↑	2 ↑	2 ↑	5 ↑
3 ↓	2 ↓	9 ↑	6 ↑	2 ↑
4 ↑	8 ↓	6 ↓	3 ↓	3 ↓
7 ↑	2 ↑	2 ↑	2 →	4 ↗
6 ↑	2 ↑	2 ←	1 →	2 →

图4-27　梯度幅值和角度

④对梯度幅值进行非极大值抑制。

获得了梯度的幅值和方向后，可以进一步去除所有非边缘的点。具体做法是，逐一遍历像素点，判断当前像素点的梯度幅度是否是该梯度方向的最大值，梯度方向分为正和负两个方向，如果该点是正/负梯度方向上的局部最大值，则保留该点，如果不是，则抑制该点（归零）。

如图4-28所示，黑色背景的像素点都是垂直梯度（向上、向下）方向上的局部最大值。这些点最终会被处理为边缘点。由于梯度方向与边缘方向垂直，因此，保留垂直方向梯度幅值的最大点，即得到水平边缘。

2 ↑	3 ↑	2 ↑	2 ↑	5 ↑
3 ↓	2 ↓	9 ↑	6 ↑	2 ↑
4 ↑	8 ↓	6 ↓	3 ↓	3 ↓
7 ↑	2 ↑	2 ↑	2 →	4 ↗
6 ↑	2 ↑	2 ←	1 →	2 →

图4-28　非极大值抑制

经过以上处理后，同一个方向的若干个边缘点，基本上仅保留了一个，实现了边缘细化。

⑤用双阈值算法检测和连接边缘。

完成上述步骤后，图像内的强边缘已经在当前获取的边缘图像内。但是，一些虚边缘可能也在边缘图像内。这些虚边缘可能是真实图像产生的，也可能是由于噪声所产生的。对于后者，必须将其剔除。

设置两个阈值，其中一个为高阈值 maxVal，另一个为低阈值 minVal。根据当前边缘像素的梯度值（即梯度幅度，下同）与这两个阈值之间的关系，判断边缘的属性。具体步骤为：

◆ 如果当前边缘像素的梯度值大于或等于 maxVal，则将该缘像素标记为强边缘。

◆ 如果当前边缘像素的梯度值介于 maxVal 与 minVal 之间，则将该像素标记为虚边缘（需要保留）。

◆ 如果当前边缘像素的梯度值小于或等于 minVal，则抑制当前边缘像素。

在上述过程中得到的虚边缘，需要对其做进一步处理。一般通过判断虚边缘与强边缘是否连接，来确定虚边缘是否抑制。通常情况下，如果一个虚边缘与强边缘连接，则将该边缘处理为边缘，如果与强边缘无连接，则将其抑制，如图4-29、图4-30所示。

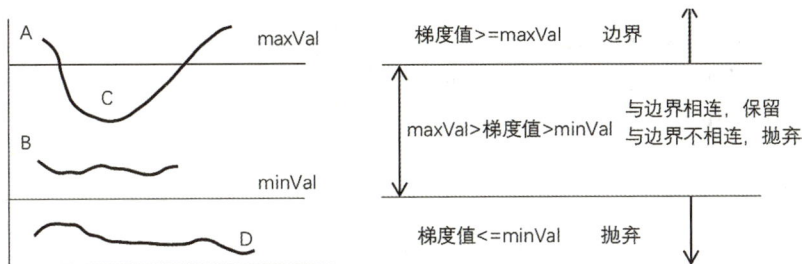

图4-29　边缘分类示意图

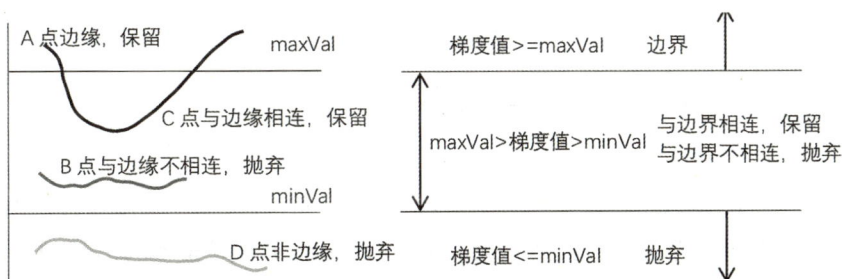

图4-30　边缘分类处理结果示意图

（2）Canny边缘检测函数。

OpenCV提供Canny()方法用于使用Canny算子检测图像边缘，该函数声明如下：

```
edges = cv2.Canny(image, threshold1, threshold2[, apertureSize[, L2gradient]])
```

参数说明：

◆ edges——输出边缘图，单通道8位图像，其大小与image相同。

◆ image——8位输入图像。

◆ threshold1——处理过程中的第一个阈值。

◆ threshold2——处理过程中的第二个阈值。

◆ apertureSize——Sobel算子的大小，默认值为3。

◆ L2gradient——计算图像梯度幅度（gradient magnitude）的标识。其默认值为False。如果为True，则使用更精确的L2范数进行计算（即两个方向的导数的平方和再开方），否则使用L1范数（直接将两个方向导数的绝对值相加）。

【实例4.12】读取指定目录下的一幅彩色图像，转换为灰度图像，并用Canny边缘检测算法得到边缘图像，对比不同阈值下边缘检测结果的不同。

示例代码如下：

```
import cv2
import matplotlib.pyplot as plt
```

```
img=cv2.imread(r"img\building.png")
img_gray=cv2.cvtColor(img,cv2.COLOR_BGR2GRAY)
canny1=cv2.Canny(img_gray,128,200)
canny2=cv2.Canny(img_gray,32,128)
plt.rcParams['font.sans-serif']=['SimHei']
fig, axes = plt.subplots(1,3,figsize=(18,6),dpi=100)
axes[0].set_title('原图')
axes[0].imshow(cv2.cvtColor(img,cv2.COLOR_BGR2RGB))
axes[1].set_title('canny1')
axes[1].imshow(canny1,cmap='gray',vmin=0,vmax=255)
axes[2].set_title('canny2')
axes[2].imshow(canny2,cmap='gray',vmin=0,vmax=255)
plt.show()
```

实例4.12运行结果如图4-31所示，可以看出，canny_1将梯度幅度超过阈值60的梯度幅度以255的灰度值存储，作为强边缘，对于梯度幅度在阈值60到150之间的弱边缘，保留与强边缘连通的部分，其余都设置为0。同理，canny_2设定双阈值为32和96，得到的边缘检测结果明显要比canny_1的边缘细节要多。

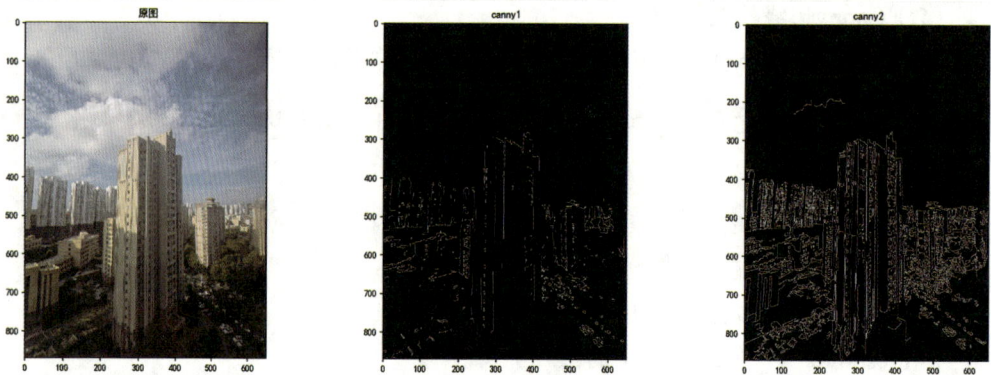

图4-31　实例4.12运行结果

5. Laplacian 边缘检测

（1）Laplacian算子。

Sobel和Scharr算子都是通过一阶导数计算边缘，而Laplacian算子是利用二阶导数计算边缘的。Laplacian算子推导公式：

$$\nabla^2 f = \frac{\partial^2 f}{\partial x^2} + \frac{\partial^2 f}{\partial y^2}$$

$$\frac{\partial^2 f}{\partial x^2} = f(x+1,y) - 2f(x,y) + f(x-1,y)$$

$$\frac{\partial^2 f}{\partial y^2} = f(x,y+1) - 2f(x,y) + f(x,y-1)$$

$$\nabla^2 f(x,y) = f(x+1,y) + f(x-1,y) + f(x,y+1) + f(x,y-1) - 4f(x,y)$$

常用的Laplacian卷积核如下：

$$\begin{bmatrix} 0 & 1 & 0 \\ 1 & -4 & 1 \\ 0 & 1 & 0 \end{bmatrix}$$

例如，计算图像中某像素点P_5的梯度，就是将卷积核与P_5及其8邻域进行卷积运算，如图4-34所示：

$$\nabla P_5 = \begin{bmatrix} 0 & 1 & 0 \\ 1 & -4 & 1 \\ 0 & 1 & 0 \end{bmatrix} * \begin{bmatrix} P_1 & P_2 & P_3 \\ P_4 & P_5 & P_6 \\ P_7 & P_8 & P_9 \end{bmatrix}$$

$$= (P_2 + P_4 + P_6 + P_8) - 4 \times P_5$$

（2）Laplacian边缘检测函数。

OpenCV提供Laplacian()方法用于使用Laplacian算子检测图像边缘，该函数声明如下：

```
dst=cv2.Laplacian(src, ddepth, dx, dy[, ksize[, scale[, delta[, borderType]]]])
```

参数说明：

◆ src——输入的图像。

◆ ddepth——图像的深度，同Sobel函数中的ddepth。

◆ ksize——计算二阶导数滤波器的孔径大小，必须为正奇数，ksize=1时，即3×3的Laplacian算子。

◆ scale——缩放导数的比例常数，默认情况为没有伸缩系数。

◆ delta——在将结果存储到 dst 之前添加到结果中的可选增量值。

◆ borderType——判断图像边界的模式，默认值为cv2.BORDER_DEFAULT。

【实例 4.13】读取指定目录下的一幅彩色图像，转换为灰度图像，并用 Laplacian 边缘检测算法得到边缘图像。

示例代码如下：

```
import cv2
import matplotlib.pyplot as plt
```

```
img=cv2.imread(r"img\building.png")
img_gray=cv2.cvtColor(img,cv2.COLOR_BGR2GRAY)
laplacian_img=cv2.Laplacian(img_gray,cv2.CV_16S,scale=10)
laplacian_img=cv2.convertScaleAbs(laplacian_img)
plt.rcParams['font.sans-serif']=['SimHei']
fig, axes = plt.subplots(1,2,figsize=(12,6),dpi=100)
axes[0].set_title('原图')
axes[0].imshow(cv2.cvtColor(img,cv2.COLOR_BGR2RGB))
axes[1].set_title('laplacian_img')
axes[1].imshow(laplacian_img,cmap='gray',vmin=0,vmax=255)
plt.show()
```

示例代码的运行结果如图4-32所示，Laplacian算子对噪声比较敏感，由于其算法可能会出现双像素边界，常用来判断边缘像素位于图像的明区或暗区，很少用于边缘检测。

图4-32　example4.13.py运行结果

6. LoG 边缘检测

Laplacian边缘检测在进行二阶微分运算时，会把图像中的噪声扩大。在实际应用中，通常都要先用高斯函数将图像进行平滑处理，然后再用Laplacian边缘检测找出图像中的陡峭边缘。

LoG边缘检测算法步骤如下：

① 平滑，利用高斯滤波器进行平滑滤波。

② 增强，利用Laplacian算子计算二阶导数。

③ 检测，根据二阶导数零交叉点（对应于一阶导数的较大峰值）检测边缘。

④ 定位，使用线性内插方法在子像素分辨率水平上估计边缘的位置。

【实例 4.14】读取指定目录下的一幅彩色图像，转换为灰度图像，并用 LoG 边缘检测算法得到边缘图像。

示例代码如下：

```
import cv2
import matplotlib.pyplot as plt
# 读入图像，并转换成为灰度图像
img=cv2.imread(r"img\building.png")
gray_img=cv2.cvtColor(img,cv2.COLOR_BGR2GRAY)
# 利用3*3的高斯滤波器进行平滑滤波
gaussian_img=cv2.GaussianBlur(gray_img,(3,3),0)
# 对滤波后的图像，运用Laplacian算子计算图像梯度
laplacian_img=cv2.Laplacian(gaussian_img,cv2.CV_16S,scale=10)
# 转回uint8类型
LoG = cv2.convertScaleAbs(laplacian_img)
plt.rcParams['font.sans-serif']=['SimHei']
# 显示原图灰度图、LoG边缘检测计算的梯度图像
fig, axes = plt.subplots(1,2,figsize=(16,8),dpi=100)
axes[0].set_title('原图')
axes[0].imshow(cv2.cvtColor(img,cv2.COLOR_BGR2RGB))
axes[1].set_title('LoG')
axes[1].imshow(LoG,cmap=plt.get_cmap('gray'))
plt.show()
```

示例代码的运行结果如图4-33所示，可以看出，检测结果明显比Laplacian算子检测结果噪声点要少。LoG 算子实际上是把 Gauss 滤波和 Laplacian 滤波结合了起来，先平滑掉噪声，再进行边缘检测。它具有抗干扰能力强、边界定位精度高、边缘连续性好、能有效提取对比度弱的边界等特点。

图4-33　实例4.14运行结果

根据以上实验和算法分析可知，Sobel、Scharr算子的算法较为简单，容易实现，运算速度较快，对噪声敏感，可用于车牌号码识别、流水线上产品检测、电视节目字幕检测等对识别速度要求较高而对精度要求不高的地方。

Canny算子算法最为复杂，但其检测效果最好，可用于医学识别、遥测等对速度要求不高而对精度要求较高的地方。

Laplacian算子算法对噪声比较敏感，所以很少用该算子检测边缘，而是用来判断边缘像素是位于图像的明区还是暗区。

LoG算子的算法稍微复杂一些，但其检测效果较好，可用于答卷识别、邮政分拣等对识别速度和精度都有一定要求的地方。

在应用中，应根据实际情况选择不同的微分算子。

任务实施

步骤1：读入银行卡图像。

示例代码如下：

```
credit_card_img=cv2.imread(r"img\credit_card.png")
h,w,_=credit_card_img.shape
ratio=300/w
height=int(h*ratio)
credit_card_img=cv2.resize(credit_card_img,(300,height))
ShowImage('credit_card_img',credit_card_img)
```

示例代码的运行结果如图4-34所示。

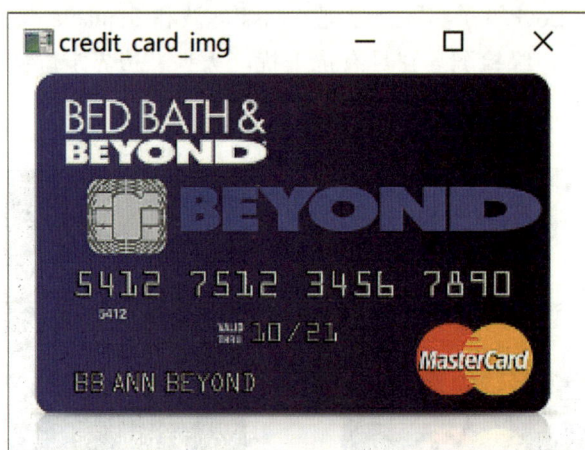

图4-34　信用卡原图像

步骤 2：将图像转化为灰度图，去除颜色的干扰。

示例代码如下：

```
gray_credit_img=cv2.cvtColor(credit_card_img,cv2.COLOR_BGR2GRAY)
ShowImage('CreditCard_GrayImg',gray_credit_img)
```

示例代码的运行结果如图4-35所示。

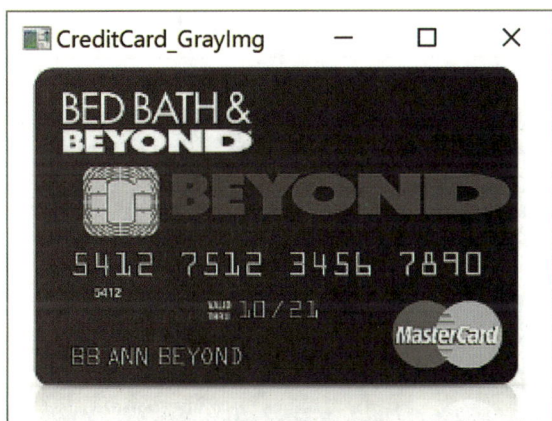

图4-35　信用卡灰度图像

步骤 3：应用顶帽操作完成图像增强，便于特征的提取。

示例代码如下：

```
kernel=np.ones((3,9),np.uint8)
tophat=cv2.morphologyEx(gray_credit_img,cv2.MORPH_TOPHAT,kernel)
ShowImage('tophat_Img',tophat)
```

示例代码的运行结果如图4-36所示。

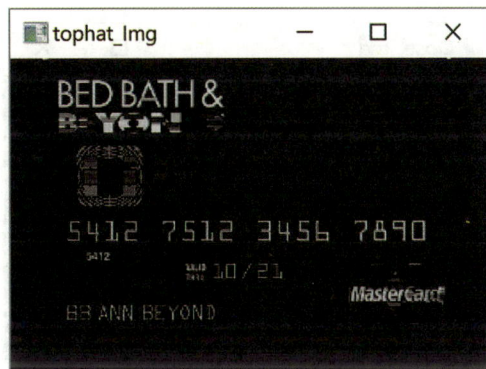

图4-36　顶帽操作后的图像

步骤4：应用边缘检测，突出银行卡中信息的边缘信息。

示例代码如下：

```
gradX=cv2.Sobel(tophat,cv2.CV_16S,1,0)
gradX=cv2.convertScaleAbs(gradX)
ShowImage('gradeX_Img',gradX)
```

示例代码的运行结果如图4-37所示。

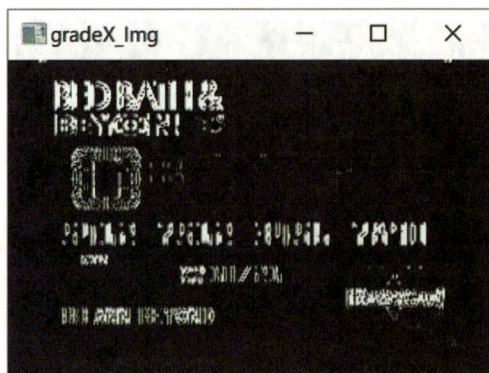

图4-37　梯度运算后的图像

步骤5：通过形态学处理的闭操作（先膨胀，再腐蚀）填充数字内部的孔洞、连接断裂的数字。

示例代码如下：

```
close_Img = cv2.morphologyEx(gradX, cv2.MORPH_CLOSE, kernel)
ShowImage('Close_Img', close_Img)
```

示例代码的运行结果如图4-38所示。

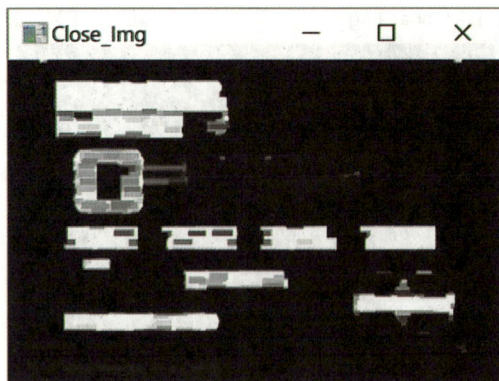

图4-38　闭操作处理后的图像

步骤 6：通过图像的二值化处理，突出关键信息。

```
thresh=cv2.threshold(close_Img,0,255,cv2.THRESH_BINARY | cv2.THRESH_OTSU)[1]
ShowImage('thresh_cardImg',thresh)
```

示例代码的运行结果如图4-39所示。

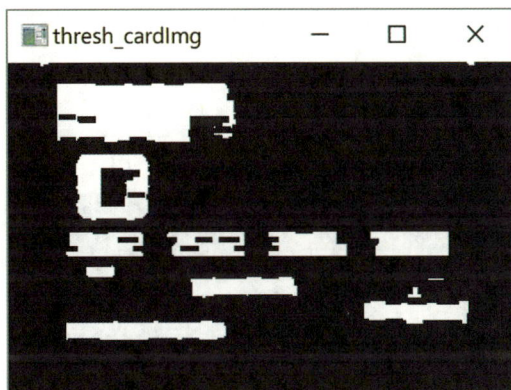

图4-39　二值化处理后的图像

步骤 7：再次通过闭运算操作，填充数字内部的孔洞、连接断裂的数字。

示例代码如下：

```
kernel=np.ones((3,3),np.uint8)
ReClose_cardImg=cv2.morphologyEx(thresh,cv2.MORPH_CLOSE,kernel)
ShowImage('ReClose_cardImg',ReClose_cardImg)
```

示例代码的运行结果如图4-40所示。

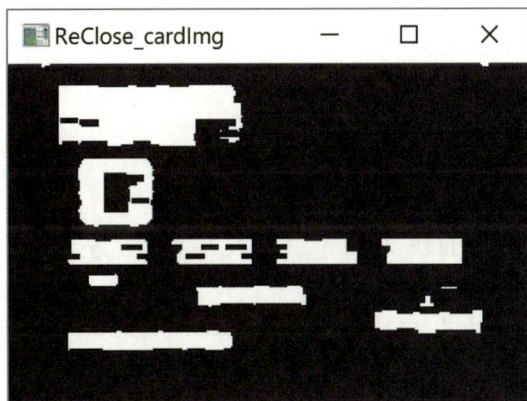

图4-40　再次闭操作后的图像

步骤8：应用轮廓检测，获取银行卡中的信息区域。

```
contours,h=cv2.findContours(ReClose_cardImg,cv2.RETR_EXTERNAL,cv2.CHAIN_
APPROX_SIMPLE)
CreditCard_Contours_img=credit_card_img.copy()
cv2.drawContours(CreditCard_Contours_img,contours,-1,(0,0,255),2)
ShowImage('CreditCard_Contours_img',CreditCard_Contours_img)
```

示例代码的运行结果如图4-41所示。

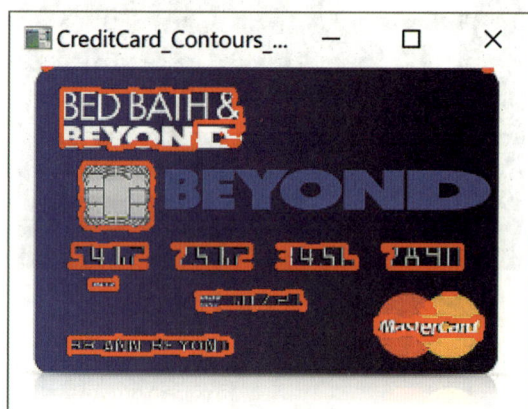

图4-41　轮廓检测后的图像

步骤9：计算每个轮廓的外接矩形，并筛选符合条件的有效的数字区域轮廓。

示例代码如下：

```
locs=[]
for c in contours:
    x,y,w,h=cv2.boundingRect(c)
    ar=w/float(h)
    if ar>3.0 and ar<4.0:
        if w>40 and w<55 and h>10 and h<20:
            locs.append((x,y,w,h))
locs = sorted(locs, key=lambda b: b[0])
for loc in locs:
    cv2.rectangle(credit_card_img,(loc[0],loc[1]),(loc[0]+loc[2],loc[1]+loc[3]),(0,0,255),2)
    ShowImage('result',credit_card_img)
```

示例代码的运行结果如图4-42所示。

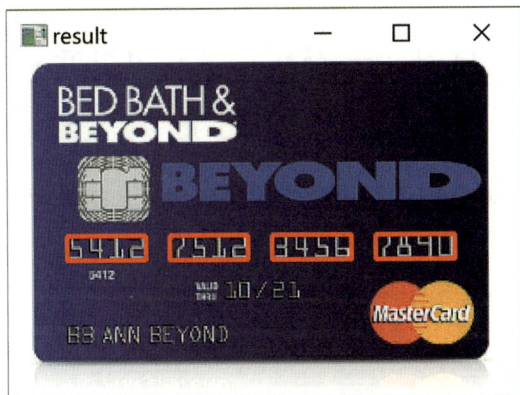

图4-42　筛选后的轮廓

任务测试

一、选择题

1. 图像的形态学操作——顶帽运算都是基于什么操作而来？（　）

　　A.开操作　　　　　　　B.闭操作　　　　　　　C.膨胀　　　　　　　D.缩小操作

2. 顶帽运算定义为以下哪种图像减去对其进行开运算的结果？（　）

　　A.原灰度图像　　　　B.原二值图像　　　　C.原彩色图像　　　　D.原图像的反色

3. 黑帽运算是指原图减去以下哪个运算后的结果图像？（　）

　　A.闭运算　　　　　　B.开运算　　　　　　C.形态学梯度　　　　D.膨胀运算

4. 在边缘检测中，哪个属性描述了边缘的强度和方向？（　）

　　A.梯度　　　　　　　B.直方图　　　　　　C.对比度　　　　　　D.亮度

二、判断题

1. 顶帽运算常用于增强图像中的亮区域。（　）

2. 顶帽运算和黑帽运算都可以用于图像的边缘检测。（　）

3. 边缘检测是将边缘像素标识出来的一种图像分割技术。（　）

任务4.3　应用模板匹配识别银行卡号

任务描述

在任务4.2中，已经筛选出银行卡中的数字区域，本任务中，将对数字区域进行数字分割，并应用模板匹配技术，通过比对预定义的数字模板与银行卡图像中的数字区域，识别出银行卡号。

相关知识点

模板匹配是一项在一幅图像中寻找与另一幅模板图像最匹配（相似）部分的技术。其原理是在要检测的图像上，从左到右、从上到下遍历整幅图像，计算模板与重叠子图像的像素匹配度。匹配的程度越大，说明相同的可能性越大。这种算法通过比较模板和图像或数据中的各个部分，寻找最相似的匹配项。

在 OpenCV 中，可以使用 cv2.matchTemplate() 函数进行模板匹配。

该函数将模板图像与输入图像进行比较，并输出一个匹配度矩阵。在矩阵中，每个元素都表示模板在该位置的匹配度得分。在此矩阵中找到最大值，可以确定模板在输入图像中的位置。函数的声明如下：

```
cv2.matchTemplate(image, templ, method[, result[, mask]])
```

参数说明：

◆ image——源图像，即待匹配的图像。

◆ templ——模板图像，即用来匹配的图像。

◆ method——匹配方法，用来指定匹配算法，常见的有 6 种（cv2.TM_CCOEFF、cv2.TM_CCOEFF_NORMED、cv2.TM_CCORR、cv2.TM_CCORR_NORMED、cv2.TM_SQDIFF、cv2.TM_SQDIFF_NORMED）。在这些匹配方法中，cv2.TM_CCOEFF 和 cv2.TM_CCOEFF_NORMED 方法是最常用的，其中 cv2.TM_CCOEFF 方法会计算源图像和模板图像的相关系数，即两个图像的相似度；cv2.TM_CCOEFF_NORMED 方法则是将相关系数进行了归一化，使得到的值在区间 [-1, 1] 中，越接近 1 表示匹配度越高。

◆ mask——可选参数，用来指定在源图像和模板图像上进行匹配的区域

【实例 4.15】模板匹配案例。

示例代码如下：

```
import cv2
image=cv2.imread(r"img\template_test.png")
```

```
template=cv2.imread(r"img\template.png")
result=cv2.matchTemplate(image,template,cv2.TM_CCOEFF_NORMED)
print(result)
minValue,maxValue,minLoc,maxLoc=cv2.minMaxLoc(result)
print(maxValue)
print(maxLoc)
h,w,_=template.shape
leftTop=(maxLoc[0],maxLoc[1])
rightTop=(maxLoc[0]+w,maxLoc[1]+h)
cv2.rectangle(image,leftTop,rightTop,(0,0,255),2)
cv2.namedWindow('image',cv2.WINDOW_NORMAL)
cv2.resizeWindow('image',(500,400))
cv2.imshow("image",image)
cv2.waitKey()
cv2.destroyAllWindows()
```

示例代码的运行结果如图4-43所示。

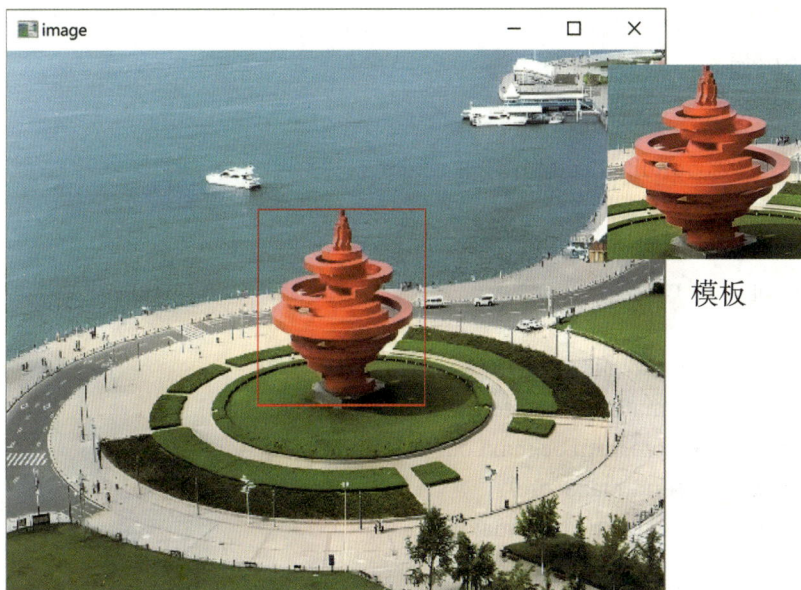

模板

图4-43　模板匹配结果

任务实施

步骤 1：在任务 4.2 的基础上，对筛选得到的银行卡的每个数字区域进行数字分割。

示例代码如下：

```
output=[]
for (i,(gX,gY,gW,gH)) in enumerate(locs):
    cv2.rectangle(credit_card_img, (gX - 5, gY - 5), (gX + gW + 5, gY + gH + 5), (0, 0, 255), 1)
    ShowImage("OCR_Result_Image", credit_card_img)
    groupOutput=[]
    group=gray_credit_img[gY-5:gY+gH+5,gX-5:gX+gW+5]
    ShowImage('group',group)
    group=cv2.threshold(group,0,255,cv2.THRESH_BINARY | cv2.THRESH_OTSU)[1]
    ShowImage('group',group)
    contours,_=cv2.findContours(group,cv2.RETR_EXTERNAL,cv2.CHAIN_
    APPROX_SIMPLE)
    contours = sorted(contours, key=lambda b: b[0][0][0])
```

步骤 2：遍历分割后的每个数字区域，按任务 4.1 处理得到的模板进行匹配。

示例代码如下：

```
for c in contours:
    (x,y,w,h)=cv2.boundingRect(c)
    roi=group[y:y+h,x:x+w]
    roi=cv2.resize(roi,(57,88))
    ShowImage('roi',roi)
    scores=[]
    for digit,difitROI in digits.items():
            result=cv2.matchTemplate(roi,difitROI,cv2.TM_CCOEFF)
            min,maxScore,minLoc,maxLoc=cv2.minMaxLoc(result)
            scores.append(maxScore)
    groupOutput.append(str(np.argmax(scores)))
```

步骤 3：输出匹配结果。

示例代码如下：

```
cv2.putText(credit_card_img,"".join(groupOutput),(gX,gY-15),cv2.FONT_HERSHEY_
SIMPLEX,0.65,(0,0,255),2)
ShowImage("OCR_Result_Image",credit_card_img)
output.extend(groupOutput)
print(f"识别的银行卡账号：{''.join(output)}")
```

上述代码运行结果如图4-44所示，可以看到银行卡通过模板匹配后的识别效果。

图4-44　银行卡号识别结果

任务测试

一、选择题

1.在计算机视觉中，模板匹配的主要目的是什么？（　　）

　A.图像分割　　　　B.特征提取　　　C.物体定位　　　D.噪声消除

二、判断题

1.模板匹配是一种基于相似度的图像匹配方法。（　　）

2.模板匹配的结果通常是一个二维数组，其中每个值表示对应位置的匹配度。（　　）

三、简答题

请简述银行卡信息识别的基本步骤。

项目总结

在本项目中，我们通过计算机视觉的相关技术，成功实现了对银行卡号的信息识别。通过轮廓拟合，精确提取了数字模板图像中的0—9十个数字。通过图像形态学操作中的顶帽运算和黑帽操作，有效增强了卡号区域的对比度，从而提升了卡号区域与背景的分离效果，为后续的边缘检测和字符分割提供了高质量的输入图像。通过边缘检测，成功提取了银行卡的卡号区域的边界，为轮廓拟合和字符分割提供了清晰的边缘信息。在字符识别阶段，采用了模板匹配技术。通过将分割出的字符与预定义的0—9数字模板进行匹配，从而准确识别了卡号区域中的具体数字。

项目评价

项目自我评价表

（在□中打√，A 通过，B 基本通过，C 未通过）

任务能力指标	评价标准	自测结果
图像模板的预处理	（1）能够理解和掌握图像轮廓拟合的方法	□ A □ B □ C
	（2）能够绘制检测出来的对象轮廓	□ A □ B □ C
银行卡的图像预处理	（1）能够理解顶帽运算，并能够对图像进行顶帽运算的处理	□ A □ B □ C
	（2）能够使用Sobel函数操作对图像进行边缘检测	□ A □ B □ C
模板匹配	（1）理解模板匹配的基本含义	□ A □ B □ C
	（2）能够使用OpenCV提供的模板匹配方法进行操作	□ A □ B □ C
学生签字：　　　　　　　教师签字：		年　　　月　　　日

农作物病害识别与诊断

　　现如今随着农业和现代化信息技术的交互、联结和碰撞，农业逐渐趋于现代化、智能化和数字化。植物病害识别与诊断的传统方法是由有经验的植物研究专家进行人工观察和检测，需要专业人员在特定区域进行检测，耗费大量人力资源且产生巨大经济开销。利用人工智能取代传统人工鉴别方式，在节省人力资源的同时，极大地提高了农作物病害识别速度，可以快速准确诊断农作物发病原因，有效促进农作物的智能化管理，对于智慧农业的发展有重要的意义。

　　在这一项目中，将通过人工智能计算机视觉相关技术，实现根据农作物病叶图片，进行农作物病害识别与诊断，项目应用效果如图5-1所示。

图5-1　农作物病叶识别

　　在开发一个人工智能计算机视觉项目时，为了缩短开发周期、节约成本，通常不会从零开始搭建算法模型。计算机视觉相关行业发展至今，已经形成了相对完备的模型库，业务开发人员只需要抽取相关模型，用特定的数据进行训练优化即可。从开发阶段划分来看，人工智能计算机视觉项目大致可以划分为四个阶段：环境搭建、数据采集与处理、模型训练与评估、模型应用与部署。

学习目标

【知识目标】

◆ 掌握YOLOv5开源算法的下载、PyTorch等依赖的下载与安装。
◆ 掌握数据采集的方法。
◆ 理解数据标注的概念。
◆ 掌握YOLOv5训练模型、评估模型、模型推理的方法。
◆ 掌握ONNX Runtime的概念，理解.pt模型与.onnx模型的区别。
◆ 了解.onnx模型的部署与应用。

【能力目标】

◆ 能够完成目标检测开源算法YOLOv5的环境搭建。
◆ 能够根据计算机视觉项目需求完成数据采集。
◆ 能够应用LabelImg等标注工具完成图像标注。
◆ 能够应用YOLOv5训练模型，并对训练得到的模型进行评估与推理测试。
◆ 能够将.pt模型转换成.onnx模型。
◆ 能够完成.onnx模型的部署与应用。

【素质目标】

◆ 培养协同合作的团队精神。
◆ 培养自主学习、自主探索精神。
◆ 培养专业实践能力。
◆ 培养精益求精的职业态度。
◆ 培养工程思维，拥有基本的调试、测试、优化能力。

学习导图

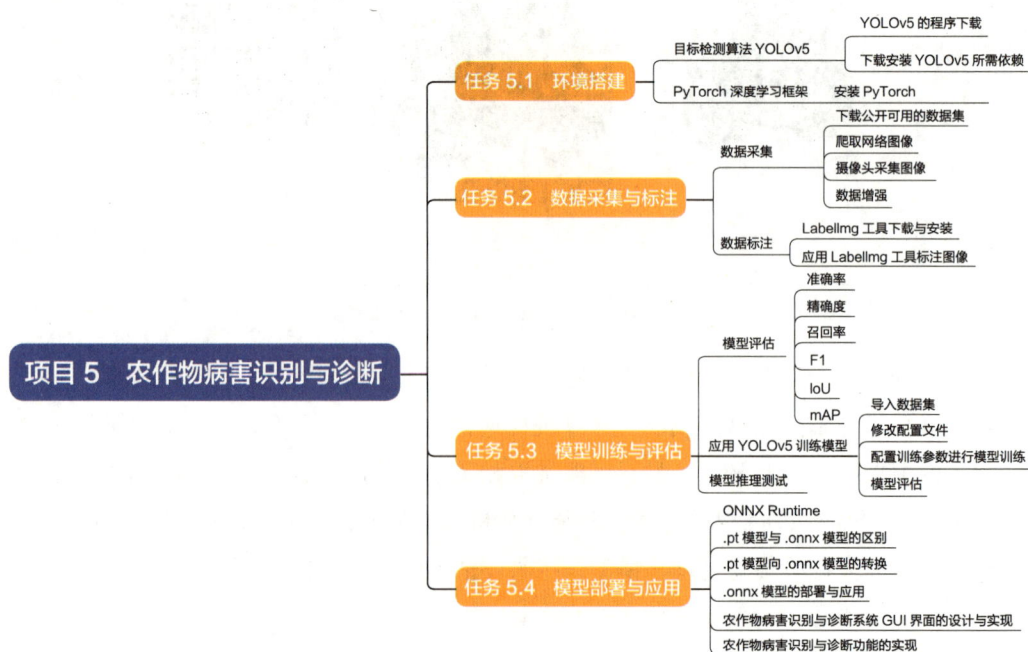

任务5.1 环境搭建

任务描述

目标检测（object detection）的任务是找出图像中所有感兴趣的目标，确定它们的类别和位置。例如，确定某张给定图像中是否存在给定类别（例如，人、车、自行车、猫和狗等）的目标实例，如果存在，就返回每个目标实例的空间位置和覆盖范围。

目标检测具有巨大的使用价值和应用前景，在农业场景、医学场景、智能安防、自动驾驶等众多领域都有着广泛的应用。

为了实现农业场景中农作物病害识别与诊断项目，本次任务以Windows操作系统为例，完成目标检测算法的环境搭建。

相关知识点

5.1.1 目标检测算法 YOLOv5

YOLO是"You Only Look Once"的缩写，意为"你只看一次"，是一种目标检测算法的名字，最初是由华盛顿大学博士研究生Joseph Redmon等人在2016年的一篇论文（You Only Look Once：Unified，Real-Time Object Detection）中提出。自此，Joseph Redmon开始不断推出YOLO的新版本，YOLO也在不断迭代中越来越强。

YOLO的核心理念是：把目标检测问题转换为直接从图像中提取边界框和类别概率，即一次就可检测出目标的类别和位置，运行速度非常快，可以满足实时性应用要求。

YOLOv5 模型由 Ultralytics 公司于 2020 年 6 月 9 日公开发布。YOLOv5是一种端到端的深度学习模型，用于在视频或图像中识别和定位物体。它使用卷积神经网络（CNN）来学习图像中物体的特征，并使用多尺度预测和网格分割来检测和定位目标。YOLOv5的优势在于它可以高速运行，并且可以在不同的图像分辨率上很好地工作，因此可以应用于许多不同的场景，包括自动驾驶、机器人感知、图像分析等。

5.1.2 PyTorch 深度学习框架

YOLOv5是基于PyTorch框架的目标检测算法。

PyTorch是一个开源的Python机器学习库，它的前身是Torch，其底层和Torch框架一样。PyTorch由Torch7团队开发，是一个Python优先的深度学习框架，不仅能够实现强大的GPU加速，同时还支持动态神经网络。常用的深度学习框架还包括TensorFlow、

Keras、Caffe、Theano、MXNet、PaddlePaddle等。

PyTorch已兼容Windows(CUDA、CPU)、MacOS(CPU)、Linux(CUDA、ROCm、CPU)。

在选择PyTorch CPU和GPU版本时，需要参考以下两个方面：

（1）算力。如果计算机具备高性能显卡，并已经安装适用于PyTorch的CUDA工具包和NVIDIA驱动程序，可以选择PyTorch GPU版本。GPU版本可以充分利用显卡的并行计算能力，加速神经网络训练和推理过程，极大地提高计算效率。如果不具备高性能显卡，可以选择PyTorch CPU版本。

（2）需求。如果项目需要做大规模深度学习训练，处理大规模数据集，那么选择PyTorch GPU版本是明智的选择。如果项目只做小规模的数据处理或实验，那么选择PyTorch CPU版本即可满足需求。

任务实施

步骤1：YOLOv5程序下载。

通过浏览器打开链接：https://github.com/ultralytics/yolov5，如图5-2所示，点击Code，选择Download ZIP。将下载好的yolov5-master.zip文件解压到指定目录，例如，解压到D盘，如图5-3所示。

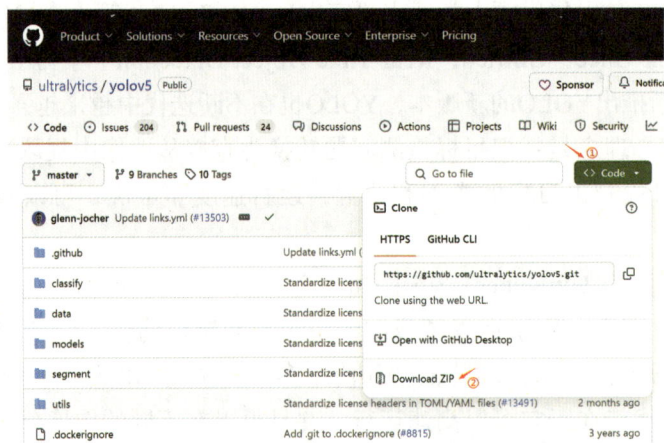

图5-2　YOLOv5下载界面

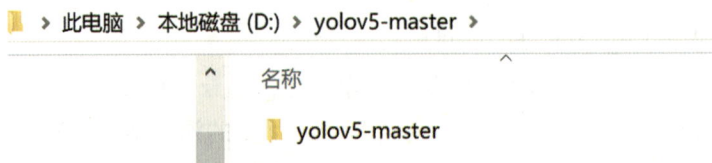

图5-3　解压后的yolov5-master

表5-1是yolov5-master中相关目录和文件的简介。

表5-1　yolov5-master目录/文件简介

目录/文件	简介
data	主要存放一些扩展名为.yaml的超参数配置文件，用来配置训练集和测试集的路径；还包括官方提供测试的图片。如果要用YOLOv5训练自己的数据集，就需要修改其中的.yaml文件
models	主要存放一些网络构建的配置文件和模块，其中包含了该项目的四个不同的版本，分别为s、m、l、x，检测速度由快到慢，精度由低到高。如果要用YOLOv5训练自己的数据集，就需要修改这里面对应的.yaml文件
utils	存放工具类的目录，包括loss模块、metrics模块、plots模块等
detect.py	利用训练好的权重参数进行目标检测，可以进行图像、视频和摄像头的检测
train.py	训练自己的数据集的模块
val.py	测试训练的结果的模块
requirements.txt	这个文本文件中记录YOLOv5项目的环境依赖，可以利用该文本下载安装相应版本的包

步骤 2：创建项目虚拟环境。

打开Anaconda命令行，如图5-4所示。

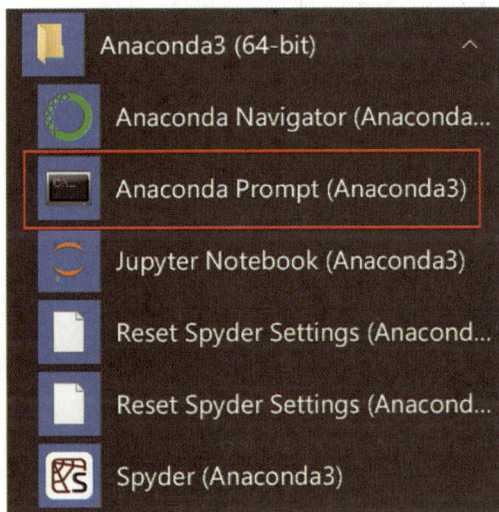

图5-4　Anaconda命令行

在命令行中输入以下命令，创建虚拟环境cropDisease，并指定Python解释器为3.9版本。创建过程中需要输入"y"继续，等待创建完成。

```
conda create -n cropDisease python=3.9
```

虚拟环境创建完成后，输入以下命令，激活虚拟环境。

```
conda activate cropDisease
```

步骤3：下载YOLOv5所需依赖。

在上一步骤基础上，进入yolov5-master所在目录，如图5-5所示。

```
(cropDisease) C:\Users\Jane>d:
(cropDisease) D:\>cd yolov5-master\yolov5-master
(cropDisease) D:\yolov5-master\yolov5-master>
```

图5-5　进入yolov5-master目录

在yolov5-master目录下有一个文件requirements.txt，这里是YOLOv5所需依赖，通过以下命令进行安装，安装过程中需要等待一段时间。以下命令中的-i参数是指定从清华镜像中下载依赖包，这样速度比较快。

```
pip install -r requirements.txt -i https://pypi.tuna.tsinghua.edu.cn/simple
```

步骤4：运行detect.py测试程序。

（1）对指定目录下的图像进行目标检测。

启动PyCharm，打开yolov5-master项目，如图5-6所示。

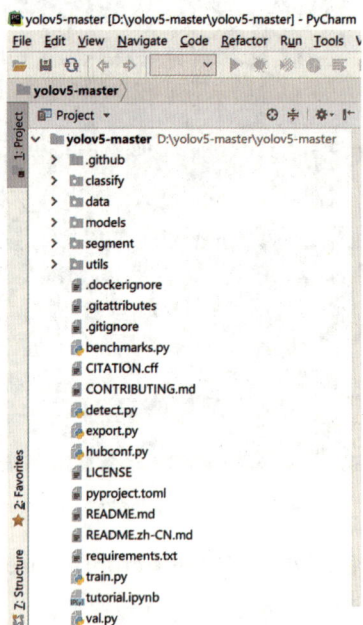

图5-6　PyCharm中打开yolov5-master

选择菜单File，选择Settings，打开Settings窗口，如图5-7所示，选择Project Interpreter，在右侧窗口选择Add添加Python解释器。

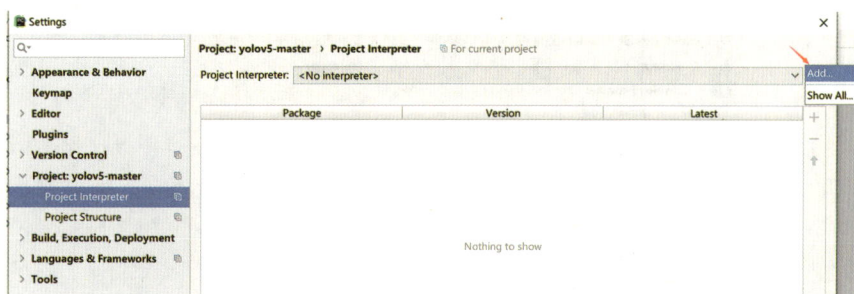

图5-7　添加Python解释器

在打开的Add Python Interpreter窗口中选择System Interpreter，如图5-8所示，在Interpreter后选择虚拟环境cropDisease所在目录下的python.exe。（虚拟环境所在路径可以通过在Anaconda命令行中输入conda env list命令查看，如图5-9所示。）

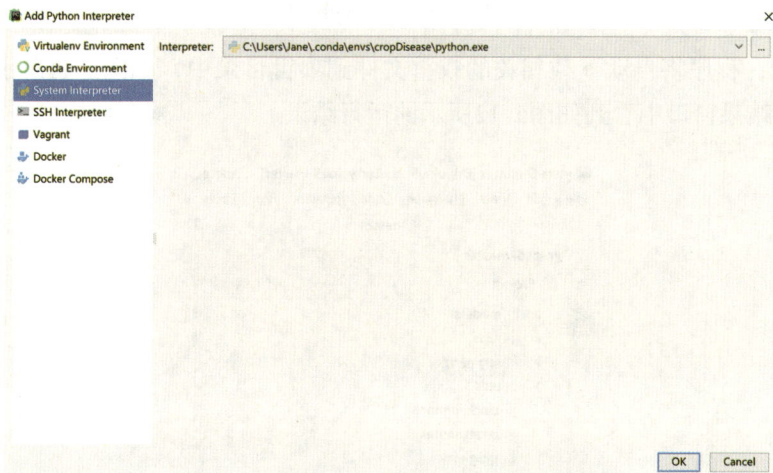

图5-8　配置虚拟环境下的Python解释器

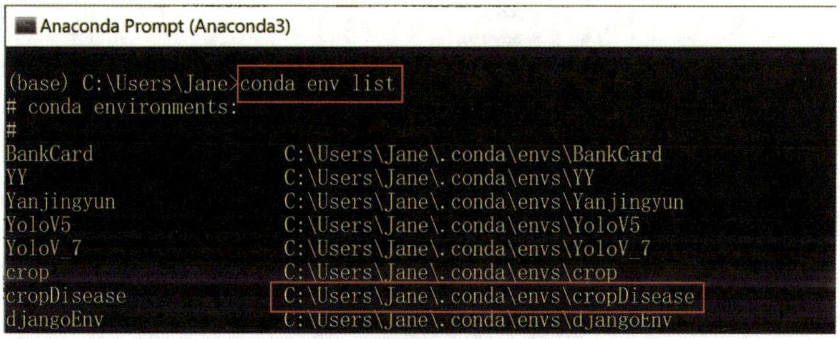

图5-9　查看虚拟环境所在路径

189

在PyCharm中运行yolov5-master中的detect.py测试程序，如图5-10所示。

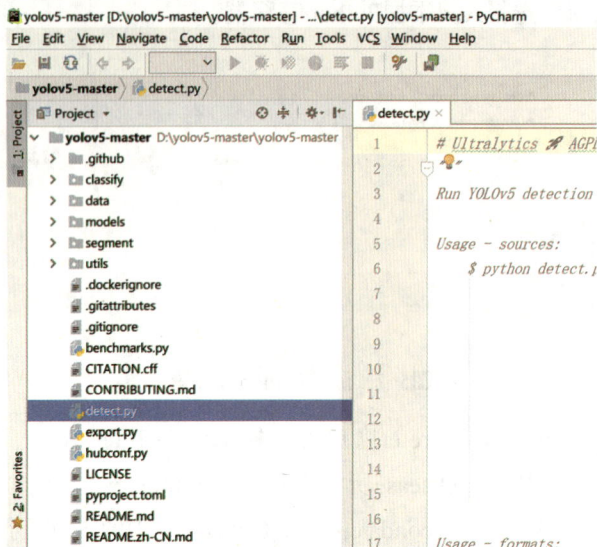

图5-10 运行detect.py测试程序

运行后，程序将自动下载相关的权重文件到项目目录中，如图5-11所示。同时，可以在运行结果窗口中看到如图5-12所示的运行结果。

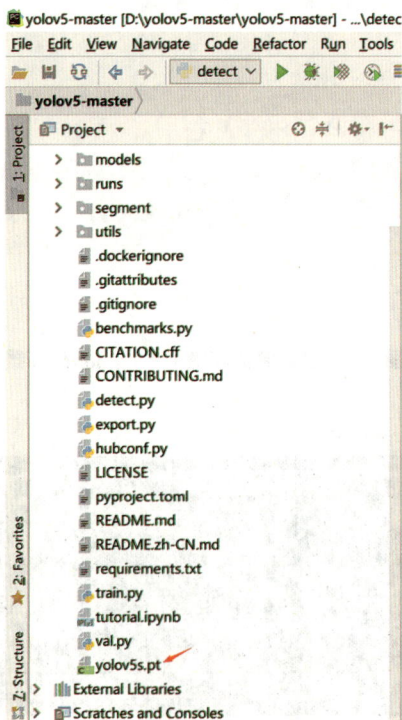

5-11 权重文件

```
Run:    detect ×
        requirements: ⚠    Restart runtime or rerun command for updates to take effect

        YOLOv5  2025-1-31 Python-3.9.18 torch-2.2.1+cu121 CPU

        Fusing layers...
        YOLOv5s summary: 213 layers, 7225885 parameters, 0 gradients, 16.4 GFLOPs
        image 1/2 D:\yolov5-master\yolov5-master\data\images\bus.jpg: 640x480 4 persons, 1 bus, 344.1ms
        image 2/2 D:\yolov5-master\yolov5-master\data\images\zidane.jpg: 384x640 2 persons, 2 ties, 350.3ms
        Speed: 1.5ms pre-process, 347.2ms inference, 10.5ms NMS per image at shape (1, 3, 640, 640)
        Results saved to runs\detect\exp4
```

图5-12　运行结果

通过运行结果可以看到，这里安装的是PyTorch CPU版本，如果电脑支持GPU，可以安装PyTorch GPU版本，具体步骤可参考步骤5。

detect.py程序运行后，对images目录下的两张图片bus.jpg和zidane.jpg完成了目标检测，结果图片保存到了runs\detect\exp目录下，打开该目录，可以看到目标检测结果，如图5-13所示。可以看到，结果图像中矩形框标识检测到的目标及概率，例如绿色矩形左上角文字bus标识识别目标的类别，0.85表示识别为bus这一类别的概率值。

图5-13　目标检测结果图像

（2）对视频流进行目标检测。

可以通过调用本地摄像头进行实时视频流的目标检测。首先需要打开detect.py程序，修改parse_opt()方法中的代码，修改后如图5-14所示。运行detect.py,可以启动本地摄像头，即可看到实时目标检测画面，如图5-15所示。如果要退出程序，首先确保输入法是英文小写状态，然后按"Q"键结束检测。检测后的视频将保存到run目录下，如图5-16所示。

```
def parse_opt():
    parser = argparse.ArgumentParser()
    parser.add_argument("--weights", nargs="+", type=str, default=ROOT / "yolov5s.pt", help="model path or triton URL")
    # parser.add_argument("--source", type=str, default=ROOT / "data/images", help="file/dir/URL/glob/screen/0(webcam)")
    parser.add_argument("--source", type=str, default=0, help="source")
    parser.add_argument("--data", type=str, default=ROOT / "data/coco128.yaml", help="(optional) dataset.yaml path")
    parser.add_argument("--imgsz", "--img", "--img-size", nargs="+", type=int, default=[640], help="inference size h,w")
    parser.add_argument("--conf-thres", type=float, default=0.25, help="confidence threshold")
    parser.add_argument("--iou-thres", type=float, default=0.45, help="NMS IoU threshold")
    parser.add_argument("--max-det", type=int, default=1000, help="maximum detections per image")
    parser.add_argument("--device", default="", help="cuda device, i.e. 0 or 0,1,2,3 or cpu")
```

图5-14　修改配置项

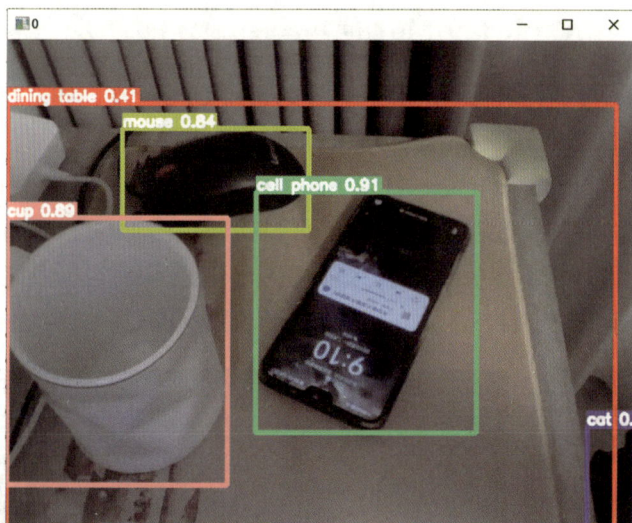

图5-15　实时视频流目标检测

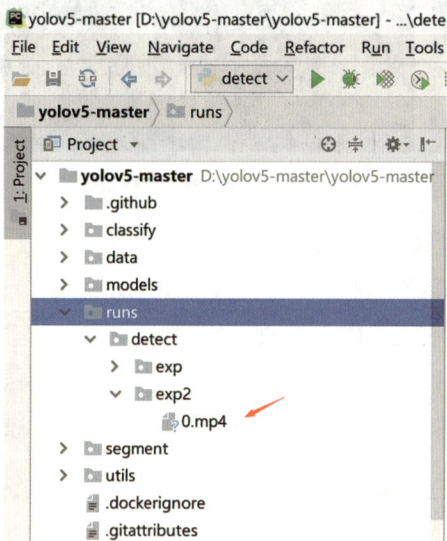

图5-16　检测结果视频存储位置

至此，看到上述结果，表明YOLOv5程序相关环境的搭建和依赖的下载已经成功完成。

如果计算机具备高性能显卡，可以参考步骤5安装PyTorch GPU版本。

步骤 5：安装 PyTorch GPU 版本。

以Windows10操作系统为例，首先，通过Ctrl+Shift+Esc快捷键打开任务管理器，查看性能，如图5-17所示，如果能看到GPU，说明计算机是有GPU的。

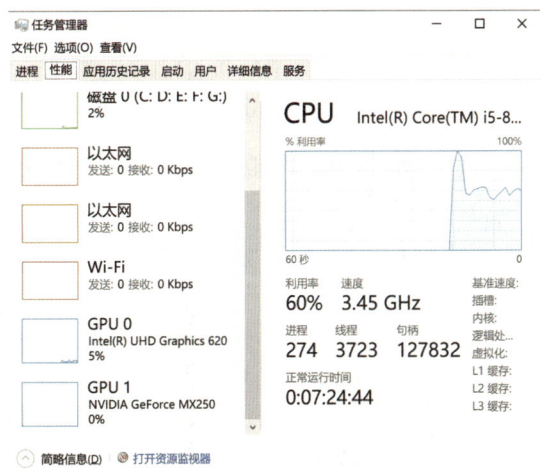

图5-17   查看性能

在虚拟环境cropDisease下，输入nvidia-smi命令查看CUDA（computer unified device architecture）版本。nvidia-smi是一个命令行工具，用于监控和管理NVIDIA GPU（图形处理器）的状态和性能。如图5-18所示，可以看到CUDA版本为12.4版本。

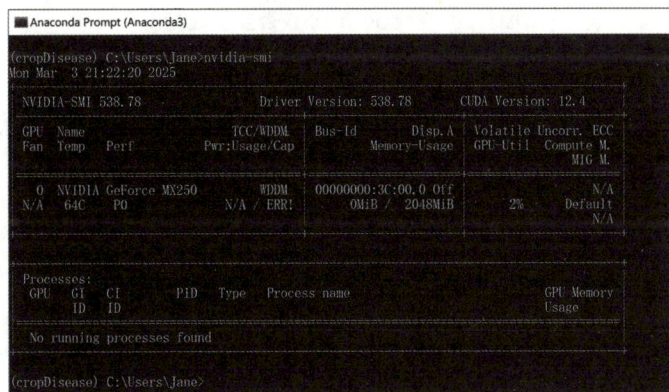

图5-18   查看CUDA版本

确定CUDA版本后，可以到PyTorch官网查找适合版本的PyTorch安装命令，在浏览器地址栏输入https://pytorch.org/get-started/locally/，如图5-19所示，选择对应的操作系统、语言、CUDA版本，如图5-19所示，可以看到最下面会生成对应的PyTorch安装命令。

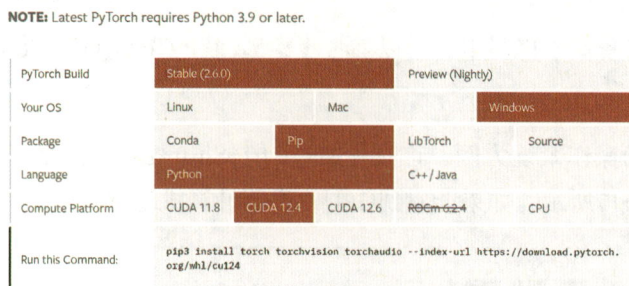

图5-19　生成PyTorch安装命令

在Anaconda命令行，进入cropDisease虚拟环境，输入上述PyTorch安装命令，进行安装。

安装后，在cropDisease虚拟环境中输入"python"调用Python解释器，然后输入以下代码：

```
import torch
torch.cuda.is_available()
```

如果输出结果为True，表示安装成功，如图5-20所示。

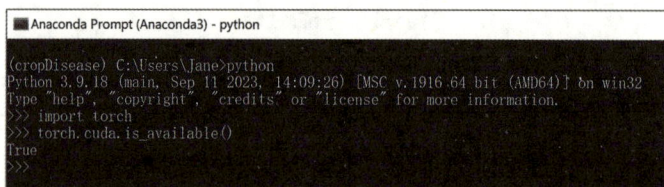

图5-20　检验PyTorch是否安装成功

到PyCharm中再次运行yolov5-master项目中的detect.py程序，运行结果如图5-21所示，可以看到应用PyTorch GPU，与应用PyTorch CPU相比，完成目标检测的时间效率明显提高。

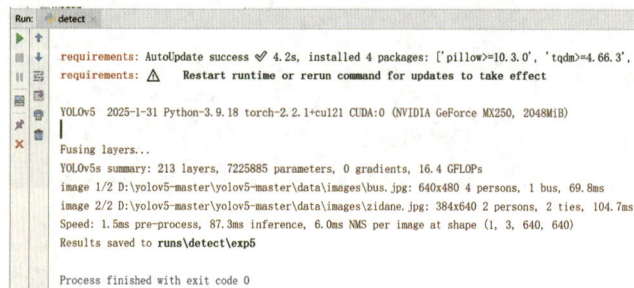

图5-21　运行结果

任务测试

单选题

1. YOLOv5是哪种类型的算法？（　　）

    A. 分类算法　　　　B. 目标检测算法　　　　C. 聚类算法　　　　D. 语音识别算法

2. YOLOv5是在哪个版本的基础上进行了改进？（　　）

    A. YOLOv1　　　　B. YOLOv2　　　　C. YOLOv3　　　　D. YOLOv4

3. YOLOv5在哪些场景下应用广泛？（　　）

    A. 视频监控　　　　B. 语音识别　　　　C. 文本翻译　　　　D. 音乐制作

4. YOLOv5是否支持自定义数据集的训练？（　　）

    A. 是　　　　B. 否

5. YOLOv5是否是一个开源项目？（　　）

    A. 是　　　　B. 否

任务5.2　数据采集与标注

任务描述

随着人工智能技术的快速发展，数据采集与标注是人工智能领域不可缺少的一部分。数据采集是获取高质量数据的首要步骤，数据标注是保证数据质量的关键一环。在这一任务中，我们研究如何获取农作物病害叶片数据集，以及如何运用数据标注软件对病害叶片分类标注。这些采集到的数据和标注后的数据，是后续运用YOLOv5目标检测程序训练模型的重要基础。

相关知识点

5.2.1　数据采集

数据采集（data collection）是一个涉及从不同的源头和渠道收集、整理、清洗、分析和挖掘数据的过程。

在计算机视觉中，收集数据集的目的通常是用来训练模型。数据集可以通过以下四种方式获取。

（1）下载公开可用的数据集。

在互联网上有一些公开的可用于计算机视觉领域的图像数据集。

① COCO数据集。

COCO数据集全称是"Common Objects in Context"，它是一个可用于图像检测（image detection）、语义分割（semantic segmentation）和图像标题生成（image captioning）的大规模数据集（https://cocodataset.org/#home）。它有超过33万张图像（其中220 000张是有标注的图像），包含150万个目标、80个目标类别（object categories：行人、汽车、大象等）、91种材料类别（stuff categoris：草、墙、天空等），每张图像包含五句对图像的语句描述，且有250 000个带关键点标注的行人。YOLOv5预定义模型就是基于COCO数据集进行训练得到的，可以识别COCO数据集中的数据。

② ImageNet数据集。

ImageNet是一个计算机视觉系统识别项目，是目前世界上最大的图像识别数据库（http://www.image-net.org/）。ImageNet是美国斯坦福的计算机科学家模拟人类的识别系统建立的，能够从图片识别物体。ImageNet中目前共有 14 197 122幅图像，总共分为21 841个类别。

③ MNIST手写数据集。

MNIST是一个手写体数字的图片数据集（http://yann.lecun.com/exdb/mnist/），总共有70 000张手写数字图像。该数据集是由美国国家标准与技术研究所（National Institute of Standards and Technology，NIST）发起整理，一共统计了来自250个不同的人手写的数字图片，其中50%来自高中生，50%来自人口普查局的工作人员。该数据集的收集目的是希望通过算法，实现对手写数字的识别。

④ PASCAL。

PASCAL的全称是"Pattern Analysis、Statistical Modelling and Computation Learning"，它是一个计算机视觉方向用于模式分析和统计建模的数据集（https://pjreddie.com/projects/pascal-voc-dataset-mirror/）。在对象检测、图像分割、网络对比实验与模型效果评估中被频频使用。VOC2007：包含9 963张标注过的图片，由train、val、test三部分组成，共标注出24 640个物体。VOC2012：VOC2012数据集是VOC2007数据集的升级版，一共有11 530张图片。

PASCAL VOC（The PASCAL Visual Object Classes）是一个世界级的计算机视觉挑战赛。很多优秀的分类、定位、检测、分割、动作识别等计算机视觉模型都是基于PASCAL VOC挑战赛及其数据集推出的。

⑤ PlantVillage。

PlantVillage是一个植物病害图像数据库（https://data.mendeley.com/datasets/tywbtsjrjv/1），常作为基础数据集用于农作物病害及植物病害的相关研究。该数据库的图像都是在实验室中拍摄的，目前数据集中有54 305张植物病害叶片图像，其中包含13种植物的共26类病害叶片。

（2）爬取网络图像。计算机视觉项目图像的收集还可以通过网络上进行图像搜索，由于手动选择图像进行下载效率比较低，可以通过程序爬取网络中相关的图像，但是需要注意，网络上的图像大部分受版权保护，在使用之前需要检查图像的版权。

（3）摄像头采集图像。如果在开源数据集和网络上没有适合的图像，可以通过摄像头采集图像。

（4）数据增强。在计算机视觉项目中，模型训练通常需要大量的数据，当现有数据集规模较小时，会影响训练出来的模型的精度、准确度。在这样的情况下，可以通过数据增强来生成更多的数据。例如，通过几何变换（如翻转、旋转、平移等）等常用的数据增强技术扩展数据集。

5.2.2　数据标注

数据标注是指将原始数据（如图片、文本、语音、自动驾驶等）进行标记、分类、注释等处理，目的是用标注后的数据来训练机器学习算法，以实现自动化的数据处理和分析。数据标注需要人工参与，是一项耗时、耗费人力和资源的工作，通常由专业的数据标注团队完成。常见的数据标注任务包括图像分类、目标检测、语音识别、自然语言处理等。

LabelImg是一个开源的图形图像注释工具，用于创建边界/矩形框（适用于要标注物体的位置和大小）和多边形注释（适用于标注非规则形状的物体）。LabelImg使用Python编写，并使用Qt作为其图形界面。LabelImg能够在Windows、Linux和macOS等多平台上运行，同时支持各种类型的图像文件格式，例如.jpg、.png、.bmp等。在LabelImg中，可以选择PASCAL VOC、YOLO和CreateML三种格式进行类别标注，生成的文件类型分别为.xml文件、.txt文件、.json文件。

任务实施

步骤1：下载数据集。

通过浏览器打开链接：https://data.mendeley.com/datasets/tywbtsjrjv/1，下载Plant-Village数据集。如图5-22所示，将下载的数据集进行解压。解压结果如图5-23所示。可以看到，数据集中包括15种植物共39个类别的样本图像集。

Files

ZIP	Plant_leaf_diseases_dataset_with_augmentation.zip	905 MB
ZIP	Plant_leaf_diseases_dataset_without_augmentation.zip	828 MB

图5-22　下载Plant-Village数据集

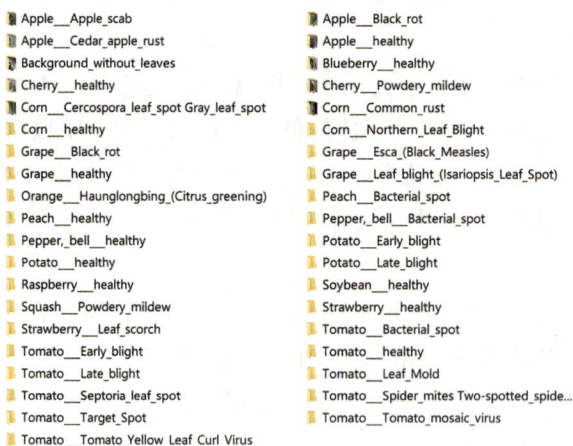

Apple___Apple_scab	Apple___Black_rot
Apple___Cedar_apple_rust	Apple___healthy
Background_without_leaves	Blueberry___healthy
Cherry___healthy	Cherry___Powdery_mildew
Corn___Cercospora_leaf_spot Gray_leaf_spot	Corn___Common_rust
Corn___healthy	Corn___Northern_Leaf_Blight
Grape___Black_rot	Grape___Esca_(Black_Measles)
Grape___healthy	Grape___Leaf_blight_(Isariopsis_Leaf_Spot)
Orange___Haunglongbing_(Citrus_greening)	Peach___Bacterial_spot
Peach___healthy	Pepper,_bell___Bacterial_spot
Pepper,_bell___healthy	Potato___Early_blight
Potato___healthy	Potato___Late_blight
Raspberry___healthy	Soybean___healthy
Squash___Powdery_mildew	Strawberry___healthy
Strawberry___Leaf_scorch	Tomato___Bacterial_spot
Tomato___Early_blight	Tomato___healthy
Tomato___Late_blight	Tomato___Leaf_Mold
Tomato___Septoria_leaf_spot	Tomato___Spider_mites Two-spotted_spide...
Tomato___Target_Spot	Tomato___Tomato_mosaic_virus
Tomato___Tomato_Yellow_Leaf_Curl_Virus	

图5-23　Plant-Village数据集目录

步骤2：下载LabelImg。

打开Anaconda命令行，激活虚拟环境cropDisease，输入以下命令安装LabelImg。

安装过程如图5-24所示。

```
pip install labelimg
```

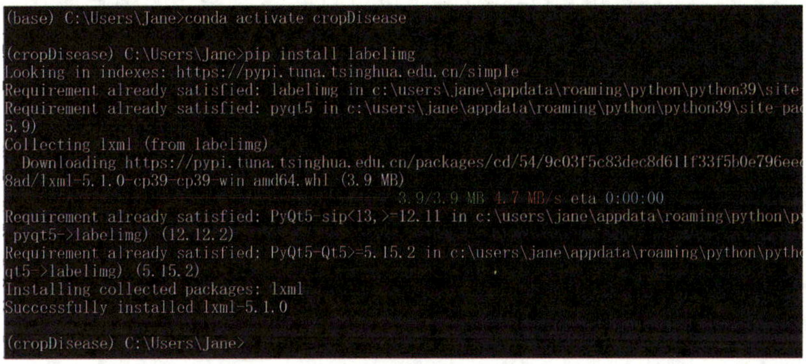

图5-24　虚拟环境中安装labelImg

步骤 3：启动 LabelImg。

打开Anaconda命令行，激活虚拟环境cropDisease后，输入以下命令启动LabelImg，如图5-25所示。启动成功后会打开如图5-26所示的界面。

```
labelimg
```

图5-25　启动LabelImg

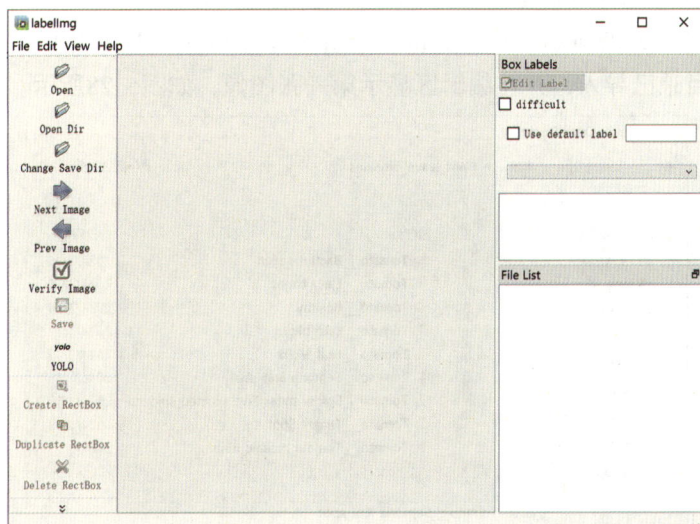

图5-26　LabelImg操作界面

步骤4：图像标注。

在步骤3打开的LabelImg界面中，选择菜单栏Change Save Dir，可以更改默认保存的注释文件夹。选择菜单栏Open Dir，可以打开需要标注的图片所在目录。对于LabelImg的操作，有相关快捷键如表5-2所示，运用快捷键可以极大地提高数据标注的效率。

表5-2　LabelImg常用快捷键

序号	快捷键	功能
1	Ctrl+U	加载目录中的所有图像
2	Ctrl+R	更改默认注释目标目录
3	Ctrl+S	保存
4	Ctrl+D	复制当前标签和矩形框
5	W	创建一个矩形框
6	A	上一张图片
7	D	下一张图片
8	Delete	删除选定的矩形框
9	Ctrl++	放大
10	Ctrl--	缩小
11	↑→↓←	按箭头方向移动选定的矩形框

以番茄叶斑病图像标注为例，在LabelImg中，选择Open Dir，打开在步骤1中解压的数据集，如图5-27所示。找到Tomato_Septoria_leaf_spot目录并打开，可以看到在LabelImg中该目录已导入，并在编辑区显示第一张图像，如图5-28所示。

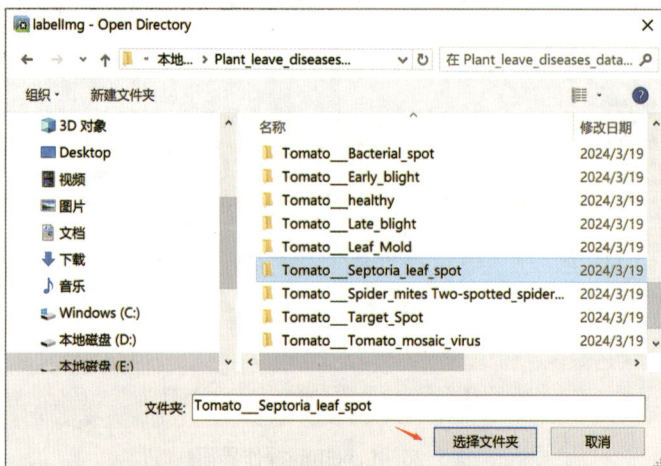

图5-27　打开番茄叶斑病图像标注数据集

图5-28　导入数据并显示

选择Change Save Dir更改默认保存的注释文件夹，例如，这里修改为"E:/labels"。

单击左侧菜单进行标注格式选择，可以在PASCAL VOC、YOLO和CreateML三种格式之间进行切换。由于本项目选择YOLOv5目标检测算法训练模型，因此格式选择YOLO，如图5-29所示。

图5-29　选择标注格式

通过快捷键"w"，在图像中用矩形框选中病叶区域，并填写标签"tomato_septoria_leaf_spot"，如图5-30所示，确认保存后，可以通过快捷键"d"切换下一张图像。打开保存目录，查看在目录下生成的class.txt文件以及图像标注后的.txt文件，文件名和图像名相同，如图5-31所示。

图5-30　病叶标注示例

图5-31　标注结果示例

按照同样的方式，可以标注每个类别的每张图像。以番茄叶斑病（tomato_septoria_leaf_spot）、苹果黑星病（apple_scab）、葡萄黑腐病（grape_black_rot）为例，进行数据标注，并将每类病叶的图片和标注后的文件，按8:2的比例进行划分。具体做法是创建datasets目录，在其中创建images目录和labels目录，在images目录下创建train和val目录，分别保存训练图片和测试图片，在labels目录下创建train和val目录，分别保存训练图片对应的标注文件和测试图片对应的标注文件，如表5-3所示。这样，用于训练模型的数据集就制作完成了。读者也可以根据用于训练模型的设备性能，实现更多类别的数据集的制作。

表5-3　数据集划分

数据集目录	子目录		说明
yolov5-master/datasets	images	train	包含各类病叶中80%的图片用于训练
		val	包含各类病叶中20%的图片用于验证
	labels	train	用于训练的图片所对应的标注文件
		val	用于验证的图片所对应的标注文件

任务测试

一、单选题

1. 数据标注的主要目的是什么？（　　）

　A. 提高数据质量　　　　　　　　B. 增加数据数量

　C. 使机器能够理解和识别数据　　D. 加速数据处理速度

2. 数据标注通常不包括以下哪项工作？（　　）

　A. 图像分类　　　B. 文本翻译　　　C. 语音转写　　　D. 视频内容提取

3. 数据标注中的"清洗"工作主要是指什么？（　　）

　A. 对数据进行加密处理　　　　　B. 去除无效数据和整理格式

　C. 对数据进行备份　　　　　　　D. 增加数据的维度

4. 在图像标注中，以下哪项不是常见的标注类型？（　　）

　A. 图像分类　　　B. 图像框选　　　C. 图像语义分割　　　D. 图像色彩调整

二、填空题

数据标注可以帮助机器学习模型更好地理解和识别数据，从而提高模型的_____和_____。

任务5.3 模型训练与评估

任务描述

在任务5.2中，我们已完成数据集的准备工作，在任务5.3中，我们将基于这些数据利用YOLOv5目标检测算法训练农作物病害目标检测模型，并对训练得到的模型进行评估，评估的结果将成为我们选择最终部署模型的重要依据。

模型训练是机器学习过程中的关键步骤，其主要目标是使用一组已知的数据（训练集）来优化模型的参数，使模型能够对新的、未见过的数据做出准确的预测或决策。在训练过程中，通常会采用一种或多种优化算法，如梯度下降算法、随机梯度下降算法等，来迭代地更新模型的参数，以最小化损失函数，即预测值与真实值之间的差异。同时，为了防止模型出现过拟合（即模型在训练集上表现良好，但在测试集上表现较差）或欠拟合（即模型在训练集和测试集上表现都较差）的问题，需要采用适当的数据集划分策略（如将数据集划分为训练集、验证集和测试集）以及正则化方法。

模型评估是机器学习过程中的另一个重要环节，其目的在于对训练好的模型进行性能评估，以了解模型在未见过的新数据上的表现。常用的评估指标包括准确度、精度、召回率、F1值等，这些指标能够量化模型的预测能力、泛化能力和稳定性。评估过程中，需要使用独立的测试数据集来评估模型的性能，以确保评估结果的客观性和公正性。

综上所述，模型训练和评估是机器学习过程中的两个核心任务，它们共同构成了机器学习工作流的关键部分。通过有效的模型训练和评估，可以构建出性能优良、泛化能力强的机器学习模型，为实际应用提供有力的支持。

相关知识点

5.3.1 准确率

准确率是指在给定的测试集中，模型正确分类的样本数与总样本数之比。例如，一个用于对苹果和梨进行分类的模型1，在某个测试集中，有30个苹果和70个梨，该模型在分类时，得出该数据集有40个苹果（包括正确分类的25个苹果和错误分类的15个梨）和60个梨（包括正确分类的55个梨和错误分类的5个苹果），如表5-4所示，则该模型准确率为：

$$accuracy = \frac{25+55}{25+5+55+15} = 80\%$$

表5-4 模型1的准确率

实际类别	预测类别：苹果	预测类别：梨
苹果	25	5
梨	15	55

但是，准确率指标并不总是能够评估一个模型的好坏，比如对于表5-5的情况，假如有一个数据集，含有98个苹果和2个梨，模型2把数据集的所有样本都划分为苹果，也就是不管输入什么样的样本，该模型都认为该样本是苹果。显然，虽然该模型的准确率有98%，但是并不是一个有意义的模型。所以，单凭准确率评价模型并不可信，还需要引入其他评估指标评价模型的好坏了。

表5-5 模型2的准确率

实际类别	预测类别：苹果	预测类别：梨
苹果	98	0
梨	2	0

5.3.2 精确度

精确度是指对于给定测试集的某一个类别，模型预测正确的比例，或者说，模型预测的正样本中有多少是真正的正样本。其计算公式为：

$$precision = \frac{TruePositive}{TruePositive + FalsePosivive} = \frac{TP}{TP+FP}$$

所以，根据定义，精确率要区分不同的类别，比如上面我们讨论的苹果和梨两个类别，根据上述两个模型，可以分别计算出其精确率，如表5-6所示。

表5-6 模型1和模型2的精确率

预测类别	模型1精确率	模型2精确率
苹果	25/(25+15)=62.5%	98/(98+2)=98%
梨	55/(55+5)=91.7%	0/(0+0)

5.3.3 召回率

召回率指的是对于给定测试集的某一个类别，样本中的正类有多少被模型预测正确，其计算公式为：

$$recall = \frac{TruePositive}{TruePositive + FalseNegative} = \frac{TP}{TP+FN}$$

同样的，召回率也要考虑某一个类别，例如，将苹果作为正类，则模型1的召回率如表5-7所示。

表5-7　模型1的召回率（苹果）

实际类别	预测类别：苹果	预测类别：梨
苹果	TP=25	FN=5
梨	FP=15	TN=55

如果将梨作为正类，则模型1的召回率如表5-8所示。

表5-8　模型1的召回率（梨）

实际类别	预测类别：苹果	预测类别：梨
苹果	TN=25	FP=5
梨	FN=15	TP=55

模型1和模型2召回率如表5-9所示。

表5-9　模型1和模型2的召回率对比

正类类别	模型1的召回率	模型2的召回率
苹果	25/(25+5)=83.3%	98/(98+0)=100%
梨	55/(55+15)=78.6%	0/(0+2)=0%

5.3.4　F1

在理想情况下，模型的精确率越高越好，同时召回率也越高越高，但是，在现实情况下，精确率和召回率像是坐在跷跷板的两端，往往一个值升高，另一个值就会降低，那么，有没有一个指标来综合考虑精确率和召回率呢？这个指标就是F值。F值的计算公式为：

$$F = \frac{(a^2+1) \times P \times R}{a^2 \times (P+R)}$$

其中，P是presision，R是recall，a是权重因子。

当$a=1$时，F值便是F1值，代表精确率和召回率的权重是一样的，是最常用的一种评价指标。F1的计算公式为：

$$F1 = \frac{2 \times P \times R}{P+R}$$

根据前面的计算得到的精确率和召回率，模型1和模型2对应的F1值如表5-10所示。

表5-10　模型1和模型2的F1值对比

正类类别	模型1的F1值	模型2的F1值
苹果	2×62.5%×83.3%/(62.5%+83.3%)=71.4%	99.0%
梨	2×91.7%×78.6%/(91.7%+78.6%)=84.6%	0%

5.3.5　IoU

IoU的全称为"intersection over union"，又称"交并比"，是目标检测中使用的一个概念，IoU计算的是"预测的边框"和"真实的边框"的交叠率，即它们的交集和并集的比值。最理想的情况是完全重叠，即比值为1。

交集与并集的概念如图5-32所示，B1表示真实边框，B2表示预测边框，则

$$IoU = \frac{B1 \cap B2}{B1 \cup B2}。$$

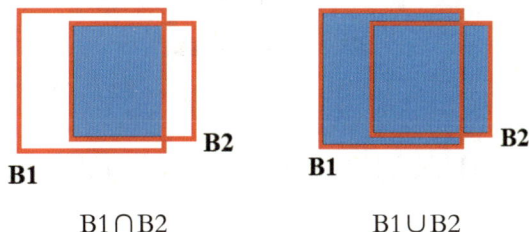

B1∩B2　　　　　B1∪B2

图5-32　真实边框和预测边框的交集和并集

一般约定，在计算机视觉目标检测任务中，如果IoU≥0.5，则认为检测正确，当然也可以将IoU的阈值提高，阈值越高，边界框越精确。

5.3.6　mAP

AP全称为average precision，即平均精度，用于衡量模型对某一个类的检测结果的好坏，AP越大，说明对该类检测的越好。

mAP全称为mean average precision，由多个类的AP值求平均得到，用于衡量模型对多个类的检测结果的好坏。mAP越大，说明模型越好。

mAP@0.5即将IoU设为0.5，计算模型检测每一类的AP，然后对所有类别求平均值。

mAP@.5:.95表示在不同IoU阈值（0.5～0.95，步长0.05），计算模型检测每一类的AP，然后求平均值。

一般来说，目标检测的mAP达到70%以上被认为是较好的性能表现，当然，除了mAP之外，还应考虑其他评估指标来全面评估模型的性能。

任务实施

步骤1：导入数据集。

将任务5.2中制作的数据集datasets拷贝到yolov5-master项目目录下，如图5-33所示。

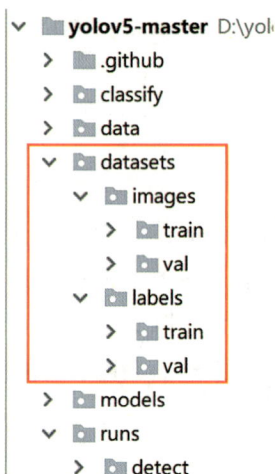

图5-33　导入数据集

步骤2：修改配置文件。

在yolov5-master/models目录下，复制yolov5s.yaml文件，修改名称为cropDisease.yaml，如图5-34所示。

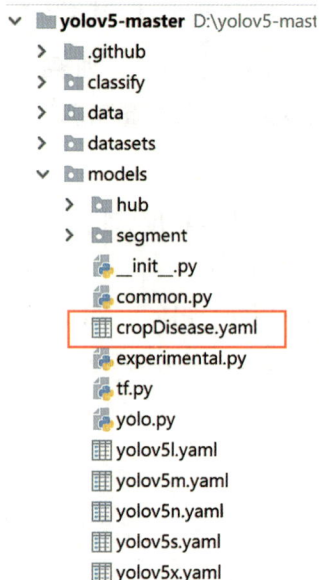

图5-34　修改models目录下的配置文件名称示例

打开cropDisease.yaml文件，修改nc为3，因为数据集中包含三类病叶。如图5-35所示。

图5-35　修改nc值为3示例

在yolov5-master/data目录下，复制coco128.yaml文件，修改名称为cropDisease.yaml，如图5-36所示。

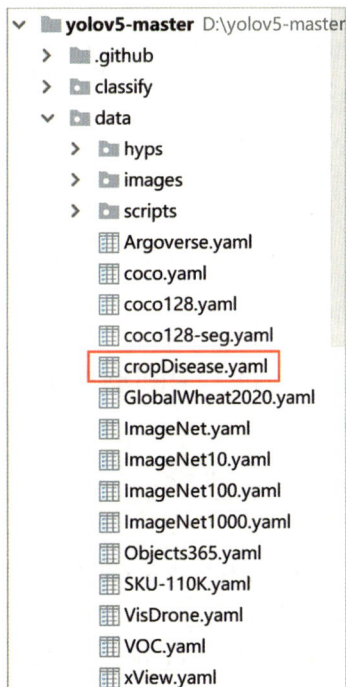

图5-36　修改data目录下的配置文件名称示例

打开cropDisease.yaml文件，修改path为datasets数据集的绝对路径，修改train和val分别对应images下的train和val，修改后如图5-37所示。其中names为三类病叶标注的类别名称，这里名称和顺序必须与标注后生成的class.txt文件中的对应，class.txt如图5-38所示。

```
cropDisease.yaml
#       └── coco128  ← downloads here (7 MB)

# Train/val/test sets as 1) dir: path/to/imgs, 2) file: path/to/imgs.txt,
path: D:\yolov5-master\yolov5-master\datasets # dataset root dir
train: images/train # train images (relative to 'path') 128 images
val: images/val # val images (relative to 'path') 128 images
test: # test images (optional)

# Classes
names:
  0: tomato_septoria_leaf_spot
  1: apple_scab
  2: grape_black_rot

```

图5-37　修改配置文件示例

```
classes.txt
tomato_septoria_leaf_spot
apple_scab
grape_black_rot

```

图5-38　class.txt文件示例

步骤 3：配置训练参数进行模型训练。

找到yolov5-master项目下的train.py文件中的parse_opt函数，配置训练参数。主要训练参数相关说明如表5-11所示。

表5-11　主要训练参数说明

参数名	说明
weights	指定初始加载的权重文件。用预训练权重来初始化模型，可以提高训练的稳定性和收敛速度
cfg	指向YOLOv5架构配置文件的路径，定义了神经网络的结构
data	指向数据集配置文件的路径，用于设置图像路径、类别数量等
epochs	训练总轮次，指的是训练过程中整个数据集将被迭代多少次，如果显卡性能弱，可以调小一点的值

续表

参数名	说明
batch-size	批次大小，指的是一次看完多少张图片才进行权重的更新，如果显卡性能弱，可以调小一点的值
imgsz	输入图片分辨率大小（宽×高），如果显卡性能弱，可以调小一点的值。注意：值必须是32的倍数
resume	恢复之前中断的训练
device	指定训练使用的设备。如“0”代表GPU:0，“cpu”代表CPU。系统会自动判断，选择能用的设备
name	给训练的模型和结果文件夹命名

如图5-39所示，在步骤2中创建的配置文件中，修改cfg和data路径，将imgsz参数修改为320，其他参数用默认值，即训练100轮，每批16张图片，设备用GPU。运行train.py文件开始训练。如图5-40所示，可以看到已经进入到第3轮（2/99）训练过程，整个100轮训练的时间要依据设备的显卡性能决定。

train_cropDisease.py

```
def parse_opt(known=False):
    """Parses command-line arguments for YOLOv5 training, validation, and testing."""
    parser = argparse.ArgumentParser()
    # parser.add_argument("--weights", type=str, default=ROOT / "yolov5s.pt", help="initial weights path")
    parser.add_argument("--weights", type=str, default=ROOT / "runs/train/exp/weights/last.pt", help="initial weights path")
    parser.add_argument("--cfg", type=str, default=ROOT /"models/cropDisease.yaml", help="model.yaml path")
    parser.add_argument("--data", type=str, default=ROOT / "data/cropDisease.yaml", help="dataset.yaml path")
    parser.add_argument("--hyp", type=str, default=ROOT / "data/hyps/hyp.scratch-low.yaml", help="hyperparameters path")
    parser.add_argument("--epochs", type=int, default=100, help="total training epochs")
    parser.add_argument("--batch-size", type=int, default=16, help="total batch size for all GPUs, -1 for autobatch")
    parser.add_argument("--imgsz", "--img", "--img-size", type=int, default=320, help="train, val image size (pixels)")
    parser.add_argument("--rect", action="store_true", help="rectangular training")
    parser.add_argument("--resume", nargs="?", const=True, default=True, help="resume most recent training")
    parser.add_argument("--nosave", action="store_true", help="only save final checkpoint")
    parser.add_argument("--noval", action="store_true", help="only validate final epoch")
    parser.add_argument("--noautoanchor", action="store_true", help="disable AutoAnchor")
    parser.add_argument("--noplots", action="store_true", help="save no plot files")
```

图5-39　修改配置文件

```
    Epoch    GPU_mem   box_loss   obj_loss   cls_loss  Instances       Size
     0/99      1.06G    0.06967    0.02193    0.03516         43        320: 100%|██████████| 179/179 [01:45<00:00,  1.70it/s]
               Class     Images  Instances          P          R      mAP50   mAP50-95: 100%|██████████| 23/23 [00:25<00:00,  1.10s/it]
                 all        717        717      0.568      0.751      0.673      0.413

    Epoch    GPU_mem   box_loss   obj_loss   cls_loss  Instances       Size
     1/99      1.06G    0.04448    0.01736    0.01919         42        320: 100%|██████████| 179/179 [01:53<00:00,  1.58it/s]
               Class     Images  Instances          P          R      mAP50   mAP50-95: 100%|██████████| 23/23 [00:15<00:00,  1.46it/s]
                 all        717        717      0.905      0.947      0.972      0.677

    Epoch    GPU_mem   box_loss   obj_loss   cls_loss  Instances       Size
     2/99      1.06G    0.04184    0.01533    0.01176         41        320:  55%|█████     | 99/179 [00:55<00:45,  1.78it/s]
```

图5-40　模型训练过程示例

步骤 4：模型评估。

训练完成后，将在yolov5-master项目下的runs目录下，生成train/exp目录，该目录下weights中生成的best.pt是训练过程中最好的权重文件，如图5-41所示，last.pt是训练过程最后一轮得到的权重文件。

图5-41　保存的权重文件

其他训练后得到的文件，描述了模型各项性能指标信息。

（1）混淆矩阵（confusion_matrix.png）。混淆矩阵是对分类问题预测结果的总结。如图5-42所示，横轴代表预测类别，纵轴代表真实类别，从图中可以看到，三类病叶被正确分类的概率为100%，但是背景被误分为番茄叶斑病的概率也为100%。

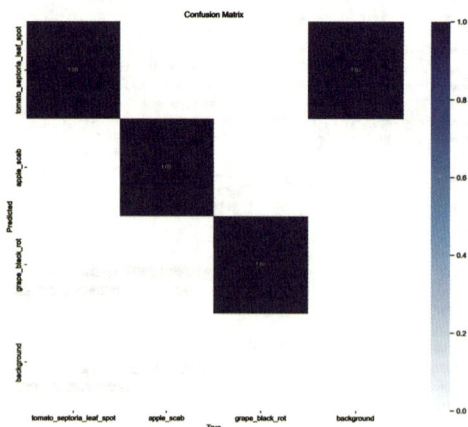

图5-42　混淆矩阵示例

（2）F1曲线（F1_curve.png）。如图5-43所示，F1曲线描述F1分数（纵轴）与置信度阈值（横轴）之间的关系。F1分数是精确率和召回率的调和平均数，在0—1之间，越大越好。置信度阈值的设定影响着检测结果的精度和召回率，如果置信度阈值设定得过高，可能会漏掉一些真实存在的目标，导致召回率较低；而置信度阈值设定得过低，会引入一些误检测，导致精度降低。因此，需要根据具体应用场景和模型的性能来选择合适的置信度阈值。

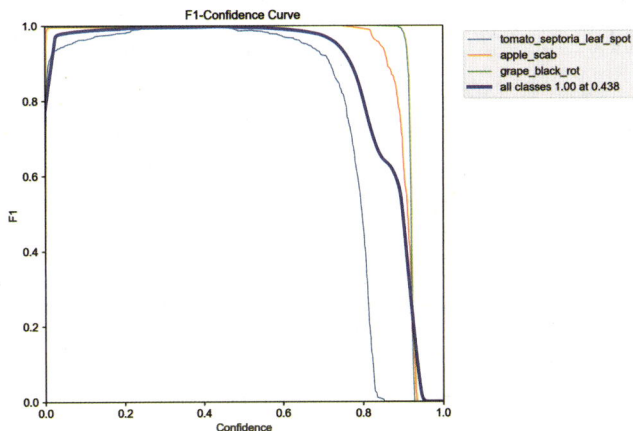

图5-43　F1曲线示例

（3）标签图像（labels.jpg）。标签图像通常是指包含训练数据集中所有类别标签的图像文件。如图5-44所示，第一个图是训练集中每个类别的数据量，第二个图是框的尺寸和数量，第三个图是中心点相对于整幅图的位置，第四个图是目标相对于整幅图的宽高比例。

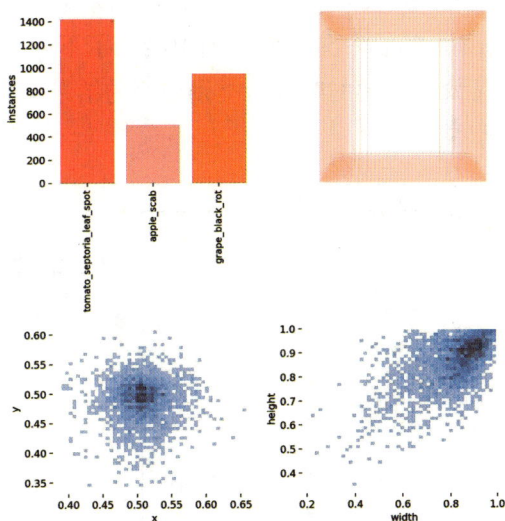

图5-44　标签图像示例

（4）标签之间的相关性预测图像（labels_correlogram.jpg）。该图像是一张颜色矩阵图，展示了目标检测算法在训练过程中预测标签之间的相关性。如图5-45所示，每个图像矩阵的行列代表模型训练时使用的标签，每个单元格中的颜色代表对应标签的预测结果之间的相关性。将图像从上到下，从左到右依次表示为图像（0，0）、图像（1，0）、图像（1，1）、图像（2，0）……图像（3，3），图像（0，0）表明中心点横坐标x的分布情况，可以看到大部分集中在整幅图的中心位置；图像（1，1）表明中心点纵坐标y的分布情况，可以看到大部分集中在整幅图的中心位置；图像（2，2）表明框的宽度的分布情况，可以看到大部分框的宽度是整幅图宽度的3/4；图像（3，3）表明框的高度的分布情况，可以看到大部分框的高度是整幅图高度的3/4。除此之外，矩阵中其他图展示的是每个轴与其他轴之间的关系。

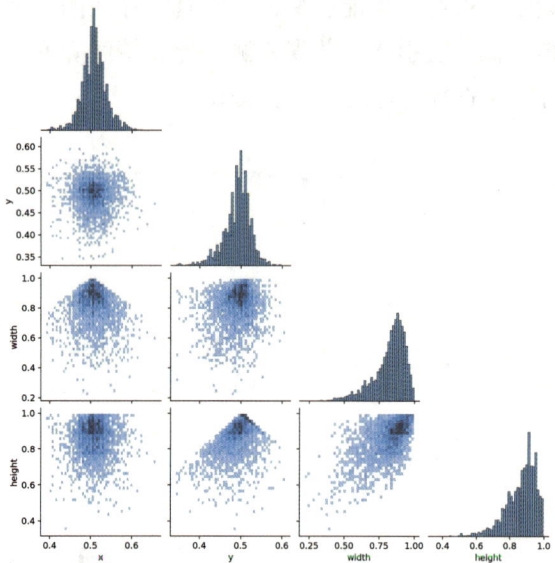

图5-45　相关性图像示例

（5）单一类准确率。P_curve.png展示的是置信度阈值-准确率曲线图。如图5-46所示，横轴为置信度阈值，纵轴为准确率，图中绘制了不同置信度阈值下的精度曲线，可以看到，当置信度阈值越大的时候，类别检测的结果越准确，但这样也容易漏检一些置信度低的真实样本。

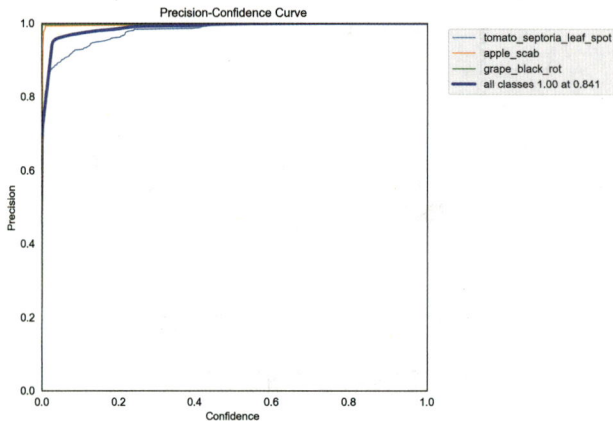

图5-46　置信度阈值-准确率曲线图示例

（6）单一类召回率。R_curve.png展示的是置信度阈值-召回率曲线图。如图5-47所示，横轴为置信度阈值，纵轴为召回率，图中绘制了不同置信度阈值下的召回率曲线，可以看到，当置信度阈值越小的时候，类别检测的结果越全面。

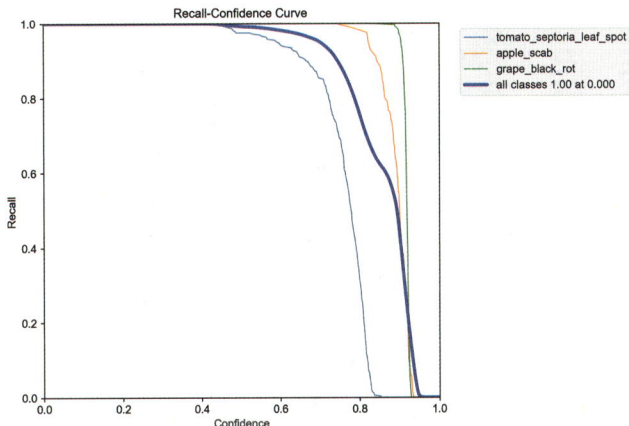

图5-47 置信度阈值-召回率曲线图示例

（7）精确率与召回率的关系。PR_curve.png展示的是在不同置信度阈值下，精确率与召回率的关系。如图5-48所示，当召回率较高时，精确率较低；当精确率较高时，召回率较低。图5-48体现了这种"取舍"关系，当越靠近右上角时，表示模型在预测时能够同时保证高的精确率和高的召回率，即预测结果较为准确。相反，当越靠近左下角时，表示模型在预测时难以同时保证高的精确率和高的召回率，即预测结果较为不准确。其中mAP是Mean Average Precision的缩写，表示均值平均精度，对应图中PR曲线围成的面积。

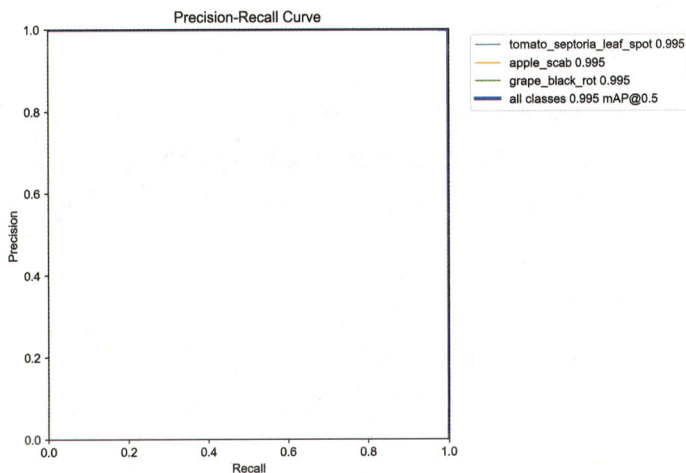

图5-48 精确率-召回率关系图示例

（8）结果。每一轮的训练过程结果都保存在results.csv文件中，如图5-49所示。results.png是将results.csv文件中的数据进行了可视化展示，如图5-50所示。

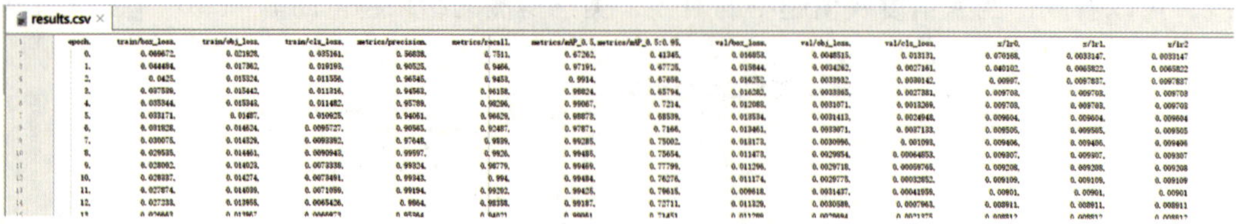

图5-49　训练过程结果示例

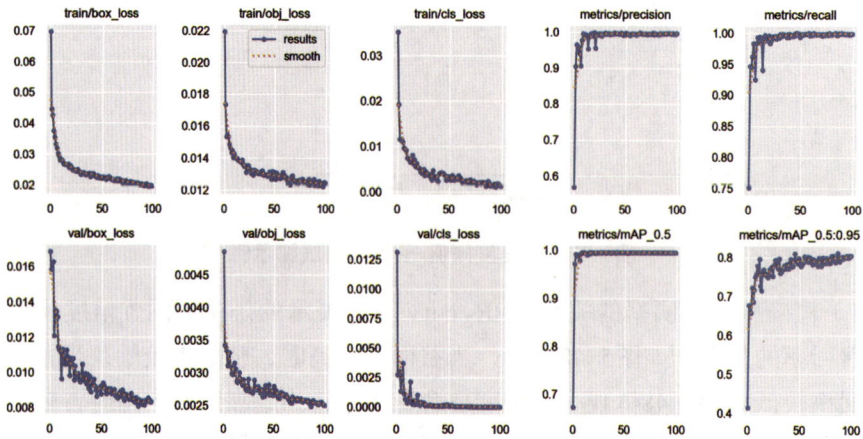

图5-50　训练过程结果示例的可视化展示

上述结果中各项数据的说明如表5-12所示。

表5-12　训练结果解析

名称	说明
epoch	训练轮数
box_loss	定位损失。预测框与标定框之间的误差，越小定位得越准确
obj_loss	置信度损失。计算网络的置信度，越小判定目标越准确
cls_loss	分类损失。计算锚框与对应的标定分类是否准确，越小分类得越准确
metrics/precision	精确度
metrics/recall	召回率
metrics/mAP_0.5	表示IoU阈值大于0.5的mAP
metrics/mAP_0.5:0.95	表示在不同IoU阈值（从0.5到0.95，步长0.05）上的mAP

步骤 5：模型推理测试。

模型训练完成后，将yolov5-master项目中的detect.py文件复制一份，命名为detect_cropDisease.py，在parse_opt()函数中配置参数，参数的说明如表5-13所示。

表5-13　parse_opt()函数参数说明

参数名称	说明
weights	模型权重路径，即指定使用的模型权重文件的路径
source	输入图像或视频的路径，即指定输入文件/目录/URL/屏幕/0（webcam）的路径
data	数据集配置文件的路径，用于指定数据集配置文件的路径
imgsz	推理大小（高度、宽度），即用于推理的输入图像大小
conf_thres	置信度阈值，用于过滤掉小于此值的检测结果
iou_thres	非极大值抑制的 IOU 阈值，用于去除重叠的检测结果
max_det	每张图像的最大检测数，即指定每张图像最多检测多少个目标
device	指定使用的设备类型，如 CPU 或 GPU
view_img	指定是否在推理过程中显示结果
save_txt	指定是否将检测结果保存到 .txt 文件中
save_csv	指定是否将检测结果保存到 .csv 文件中
save_conf	在保存 .txt 文件时保存置信度值
save_crop	指定是否保存检测结果的裁剪图像
nosave	指定是否在推理期间保存图像或视频
classes	指定要保留的类的列表
agnostic_nms	指定是否使用类不可知的非极大值抑制
augment	指定是否在推理期间应用数据扩充
visualize	指定是否在推理过程中可视化特征
update	指定是否在推理期间更新所有模型
project	结果保存的项目路径
name	结果保存的名称
exist_ok	指定是否应将结果保存为现有名称/项目，而不是自动递增
line_thickness	指定绘制边框时使用的线条粗细
hide_labels	指定是否隐藏绘制的标签
hide_conf	指定是否隐藏绘制的置信度值
half	指定是否使用 FP16 半精度推理

参数名称	说明
dnn	指定是否使用 OpenCV DNN 进行 ONNX 推理
vid_stride	视频帧率步长，用于指定在推理视频时跳过的帧数

修改parse_opt()函数中的参数，如图5-51所示，将weights参数修改为best.pt文件路径，将data参数修改为cropDesease.yaml文件路径，将imgsz参数修改为320。

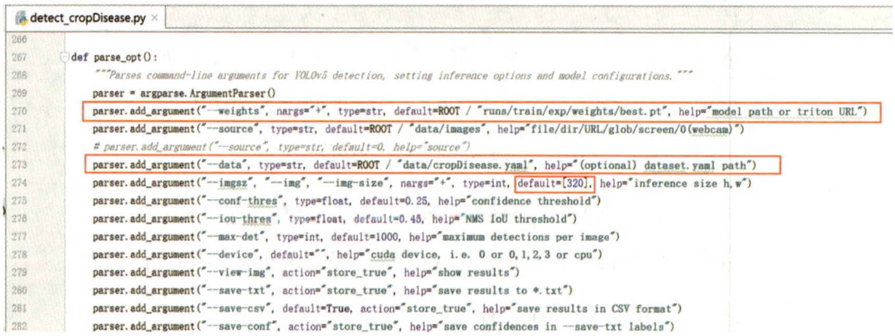

图5-51　修改parse_opt()函数参数示例

将用于检测的农作物病叶图片保存到yolov5-master项目下的data/images目录下。例如，分别选择苹果黑星病（img1.jpg）、葡萄黑腐病（img2.jpg）、番茄叶斑病（img3.jpg）的图片各一张，保存到images目录下，然后运行detect_cropDesease.py文件，可以在运行窗口看到如图5-52所示的结果。结果中显示，img1.jpg图片中检测到一例apple_scap（苹果黑星病），用时0.0 ms；img2.jpg图片中检测到一例grape_black_rot（葡萄黑腐病），用时15.6 ms; img3.jpg图片中检测到一例tomato_septoria_leaf_spot（番茄叶斑病），用时6.5 ms。目标检测结果图片已经保存到yolov5-master项目下的runs/detect/exp中，如图5-53所示是目标检测的结果图片，可以看到，矩形框区域为检测到的病叶，矩形框左上角的文字是检测病叶类别和置信度。通过模型推理结果，可以看出识别的效果较好。

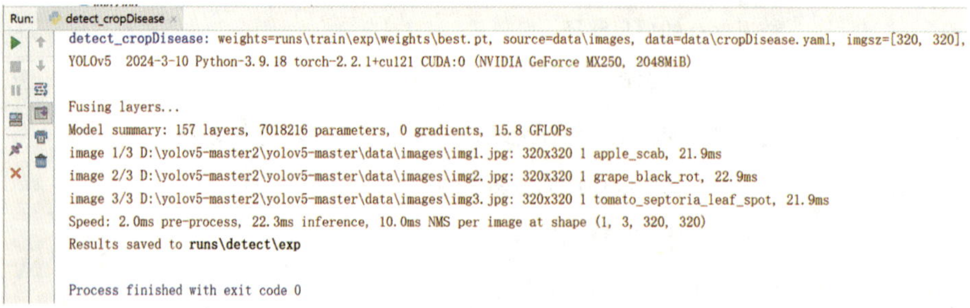

图5-52　运行窗口示例

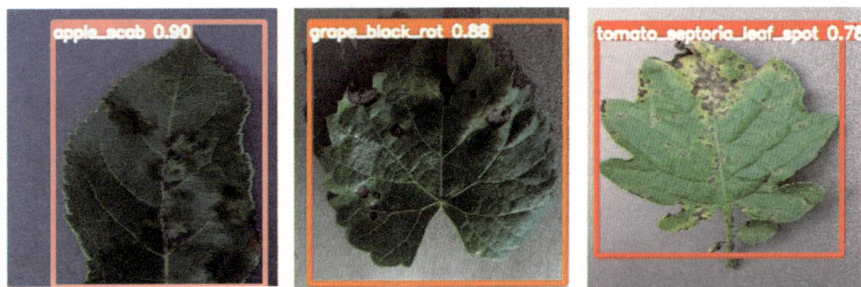

图5-53　目标检测的结果图片

任务测试

一、单选题

1. YOLOv5模型评估中，哪个指标可以衡量模型在不同召回率下的平均精度？（　）

　　A. 精度　　　　　　B. 召回率　　　　　C. F1值　　　　　　D. mAP

2. 在YOLOv5模型评估中，哪个指标反映了模型预测为正样本的实例中真正为正样本的比例？（　）

　　A. 精度（precision）　　　　　　B. 召回率（recall）

　　C. F1值　　　　　　　　　　　　D. 准确率（accuracy）

3. 在评估YOLOV5模型性能时，以下哪个步骤不是必需的？（　）

　　A. 数据集划分　　　　　　　　　B. 加载预训练模型

　　C. 对测试集进行目标检测　　　　D. 计算模型的内存占用

4. 在YOLOv5的评估过程中，如果模型在测试集上的召回率较低，这通常意味着什么？（　）

　　A. 模型预测的目标框过多　　　　B. 模型预测的目标框过少

　　C. 模型预测的目标框位置不准确　D. 模型预测的目标类别错误

5. 在评估YOLOv5模型时，以下哪个指标主要衡量模型对于正样本的预测能力？（　）

　　A. 召回率　　　　B. 精确率　　　　C. F1分数　　　　D. 准确率

二、简答题

1. YOLOv5模型评估时，常用的性能指标有哪些？请列举至少三个。

2. 在评估YOLOv5模型时，为什么通常要同时考虑精确率和召回率这两个指标？

任务5.4　模型部署与应用

任务描述

在任务5.3中，我们训练得到了可以检测三种农作物病叶图片的模型。在本任务中，将部署并应用目标检测模型实现基于图形用户界面的农作物病害识别与诊断系统，农作物种植户可以应用该系统进行高效率的病害识别与诊断，并获得相应的防治措施。

相关知识点

5.4.1　ONNX Runtime

ORT（ONNX Runtime）是一个开源的高性能推理引擎，被广泛应用于各种机器学习应用的生产部署，包括计算机视觉、自然语言处理等。它的设计目标是优化执行使用ONNX（open neural network exchange）格式定义的模型，ONNX是一种用于表示机器学习模型的开放标准。ONNX Runtime提供了以下几个关键功能。

（1）跨平台兼容性。ONNX Runtime旨在与各种硬件和操作系统平台兼容，包括Windows、Linux，可以在不同环境中轻松部署和运行模型。

（2）高性能。ONNX Runtime经过性能优化，能够提供低延迟的模型执行。针对不同的硬件平台进行了优化，确保模型能够高效运行。

（3）多框架支持。ONNX Runtime对于ONNX格式的支持，使得它可以与使用不同的机器学习框架创建的模型一起使用，包括PyTorch、TensorFlow等。

（4）模型转换。ONNX Runtime可以将来自支持的框架的模型转换为ONNX格式，从而更容易在各种部署场景中使用这些模型。

（5）多语言支持。ONNX Runtime可用于多种编程语言，包括C++、C#、Python等，这使其可以广泛地被开发人员所使用。

（6）自定义运算符。ONNX Runtime支持自定义运算符，允许开发人员扩展其功能以支持特定操作或硬件加速。

5.4.2　.pt 模型与 .onnx 模型

.pt模型和.onnx模型是两种不同的模型文件格式，用于表示深度学习模型，他们之间的主要区别如表5-14所示。

表5-14　.pt模型与.onnx模型的区别

区别点	.pt模型	.onnx模型
文件格式	.pt是PyTorch框架的权重文件格式扩展名	.onnx是ONNX格式的模型文件扩展名，ONNX独立于任何特定的深度学习框架，用于跨不同框架之间的模型转换和部署
框架依赖	依赖于PyTorch框架，因此在加载和运行时需要使用PyTorch库	独立于深度学习框架，可以在支持ONNX的不同框架中加载使用，例如ONNX Runtime、TensorFlow、Caff2等
跨平台兼容性	需要在不同平台上进行PyTorch的兼容性配置，因此需要额外的工作和依赖处理	ONNX的独立性使得其更容易在不同平台和硬件上进行部署，无须担心框架依赖性问题

任务实施

步骤1：将.pt模型转换为.onnx模型。

打开yolov5-master项目中的export.py文件，如图5-54所示。配置parse_opt()函数中参数weights，设置default的值为任务5.3中训练得到的best.pt文件的相对路径，并修改imgsz参数值为[320,320]，include参数default值设置为onnx。

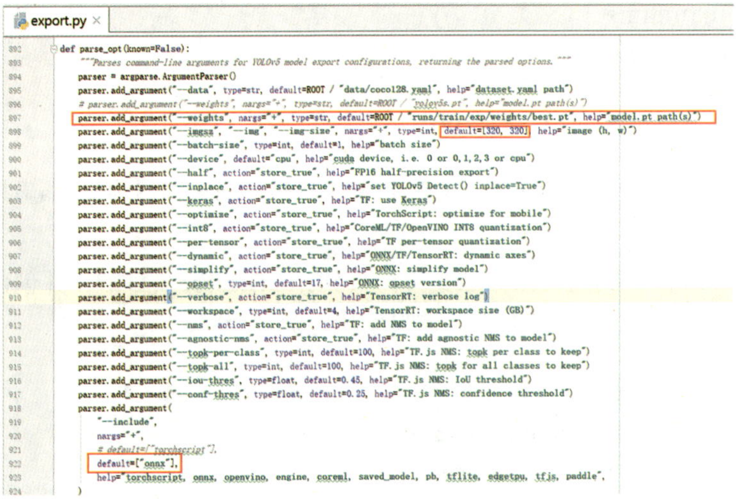

图5-54　配置export.py文件

运行export.py，如图5-55所示，运行成功后，将在best.pt同目录下生成best.onnx文件，如图5-56所示。

```
Export complete (2.0s)
Results saved to D:\yolov5-master\yolov5-master\runs\train\exp\weights
Detect:          python detect.py --weights D:\yolov5-master\yolov5-master\runs\train\exp\weights\best.onnx
Validate:        python val.py --weights D:\yolov5-master\yolov5-master\runs\train\exp\weights\best.onnx
PyTorch Hub:     model = torch.hub.load('ultralytics/yolo5', 'custom', 'D:\yolov5-master\yolov5-master\runs\train\exp\weights\best.onnx')
Visualize:       https://netron.app
```

图5-55　运行export.py

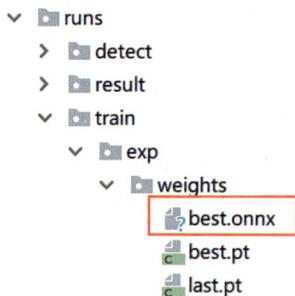

图5-56　运行结果文件

步骤 2：创建农作物病害识别与诊断项目，部署 .onnx 模型。

首先创建conda虚拟环境crop，激活虚拟环境后，安装项目依赖的onnxruntime库、opencv-python库、numpy库、gradio库，具体命令如下：

```
conda create -n crop python=3.9
conda activate crop
pip install onnxruntime
pip install opencv-python
pip install numpy
pip install gradio
```

然后在PyCharm中创建cropDisease项目并配置Python解释器为conda虚拟环境crop中的python.exe。

将步骤1中转换得到的best.onnx文件拷贝到cropDisease项目下，并创建detect.py文件，应用.onnx模型进行推理并测试。项目结构如图5-57所示。

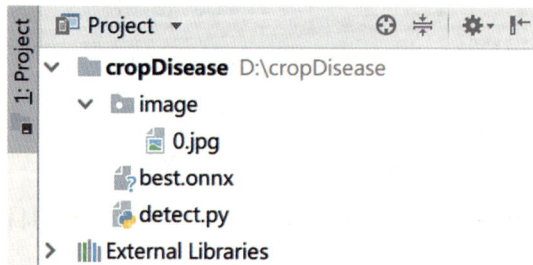

图5-57　crop Disease项目结构

detect.py代码如下：

```python
import cv2
import numpy as np
import onnxruntime

CLASSES = ['tomato_septoria_leaf_spot', 'apple_scab', 'grape_black_rot']

class YOLOV5():
        def __init__(self, onnxpath):
            self.onnx_session = onnxruntime.InferenceSession(onnxpath)
            self.input_name = self.get_input_name()
            self.output_name = self.get_output_name()

        # -------------------------------------------------
        #   获取输入输出的名字
        # -------------------------------------------------
        def get_input_name(self):
            input_name = []
            for node in self.onnx_session.get_inputs():
                input_name.append(node.name)
            return input_name

        def get_output_name(self):
            output_name = []
            for node in self.onnx_session.get_outputs():
                output_name.append(node.name)
            return output_name

        # -------------------------------------------------
        #   输入图像
        # -------------------------------------------------
        def get_input_feed(self, img_tensor):
            input_feed = {}
            for name in self.input_name:
                input_feed[name] = img_tensor
            return input_feed

        # -------------------------------------------------
```

```
# 1.cv2读取图像并设置大小
# 2.图像转BGR2RGB和HWC2CHW
# 3.图像归一化
# 4.图像增加维度
# 5.onnx_session 推理
# ----------------------------------------------------
def inference(self, img_path):
    img = cv2.imread(img_path)
    img = or_img[:, :, ::-1].transpose(2, 0, 1)  # BGR2RGB和HWC2CHW
    img = img.astype(dtype=np.float32)
    img /= 255.0
    img = np.expand_dims(img, axis=0)
    input_feed = self.get_input_feed(img)
    pred = self.onnx_session.run(None, input_feed)[0]
    return pred, or_img
# dets:  array [x,6] 6个值分别为x1、y1、x2、y2、score、class
# thresh: 阈值
    def nms(dets, thresh):
    x1 = dets[:, 0]
    y1 = dets[:, 1]
    x2 = dets[:, 2]
    y2 = dets[:, 3]
    # ----------------------------------------------------
    # 计算框的面积
    #  置信度从大到小排序
    # ----------------------------------------------------
    areas = (y2 - y1 + 1) * (x2 - x1 + 1)
    scores = dets[:, 4]
    keep = []
    index = scores.argsort()[::-1]

    while index.size > 0:
        i = index[0]
        keep.append(i)
        # ----------------------------------------------------
        #  计算相交面积
        # 1.相交
        # 2.不相交
```

```
    # ---------------------------------------------------
    x11 = np.maximum(x1[i], x1[index[1:]])
    y11 = np.maximum(y1[i], y1[index[1:]])
    x22 = np.minimum(x2[i], x2[index[1:]])
    y22 = np.minimum(y2[i], y2[index[1:]])

    w = np.maximum(0, x22 - x11 + 1)
    h = np.maximum(0, y22 - y11 + 1)
    overlaps = w * h
    # ---------------------------------------------------
    #   计算该框与其他框的IoU，去除掉重复的框，即IoU值大的框
    #   IoU小于thresh的框保留下来
    # ---------------------------------------------------
    ious = overlaps / (areas[i] + areas[index[1:]] - overlaps)
    idx = np.where(ious <= thresh)[0]
    index = index[idx + 1]
    return keep


def xywh2xyxy(x):
    # [x, y, w, h] to [x1, y1, x2, y2]
    y = np.copy(x)
    y[:, 0] = x[:, 0] - x[:, 2] / 2
    y[:, 1] = x[:, 1] - x[:, 3] / 2
    y[:, 2] = x[:, 0] + x[:, 2] / 2
    y[:, 3] = x[:, 1] + x[:, 3] / 2
    return y


def filter_box(org_box, conf_thres, iou_thres):  # 过滤掉无用的框
    # ---------------------------------------------------
    #   删除为1的维度
    #   删除置信度小于conf_thres的BOX
    # ---------------------------------------------------
    org_box = np.squeeze(org_box)
    conf = org_box[..., 4] > conf_thres
    box = org_box[conf == True]
    # ---------------------------------------------------
    #   通过argmax获取置信度最大的类别
    # ---------------------------------------------------
```

```
        cls_cinf = box[..., 5:]
        cls = []
        for i in range(len(cls_cinf)):
                cls.append(int(np.argmax(cls_cinf[i])))
        all_cls = list(set(cls))
        # ------------------------------------------------------
        #   分别对每个类别进行过滤
        # 1.将第6列元素替换为类别下标
        # 2.xywh2xyxy 坐标转换
        # 3.经过非极大抑制后输出的BOX下标
        # 4.利用下标取出非极大抑制后的BOX
        # ------------------------------------------------------
        output = []

        for i in range(len(all_cls)):
            curr_cls = all_cls[i]
            curr_cls_box = []
            curr_out_box = []
            for j in range(len(cls)):
            if cls[j] == curr_cls:
                    box[j][5] = curr_cls
                    curr_cls_box.append(box[j][:6])
            curr_cls_box = np.array(curr_cls_box)
            # curr_cls_box_old = np.copy(curr_cls_box)
            curr_cls_box = xywh2xyxy(curr_cls_box)
            curr_out_box = nms(curr_cls_box, iou_thres)
            for k in curr_out_box:
                output.append(curr_cls_box[k])
        output = np.array(output)
        return output


def draw(image, box_data):
    # ------------------------------------------------------
    # 取整，方便画框
    # ------------------------------------------------------
    boxes = box_data[..., :4].astype(np.int32)
    scores = box_data[..., 4]
```

```
        classes = box_data[..., 5].astype(np.int32)


        ###################
        results=[]
        ####################

        for box, score, cl in zip(boxes, scores, classes):
            top, left, right, bottom = box
            results.append({"class":CLASSES[cl],"score":score})
            # print('class: {}, score: {}'.format(CLASSES[cl], score))
            # print('box coordinate left,top,right,down: [{}, {}, {}, {}]'.format(top,
left, right, bottom))

            cv2.rectangle(image, (top, left), (right, bottom), (255, 0, 0), 2)
            cv2.putText(image, '{0} {1:.2f}'.format(CLASSES[cl], score),(top, left),
                cv2.FONT_HERSHEY_SIMPLEX,0.6, (0, 0, 255), 2)
        return results


if __name__ == "__main__":
    onnx_path = 'best.onnx'
    model = YOLOV5(onnx_path)
    output, or_img = model.inference('image/0.jpg')
    outbox = filter_box(output, 0.5, 0.5)
    results=draw(or_img, outbox)
    print(f"class:{results[0]['class']},score:{results[0]['score']}")
    cv2.imwrite('image/res.jpg', or_img)
```

在image目录中存放一张用于测试的图片0.jpg，如图5-58所示。运行detect.py，可以看到在image目录下保存了带目标检测矩形框的结果图片res.jpg，如图5-59所示。运行结果如图5-60所示，输出目标检测类别为苹果黑星病（apple_scab），检测结果置信度为0.9。

图5-58　测试图片0.jpg

图5-59　结果图片res.jpg

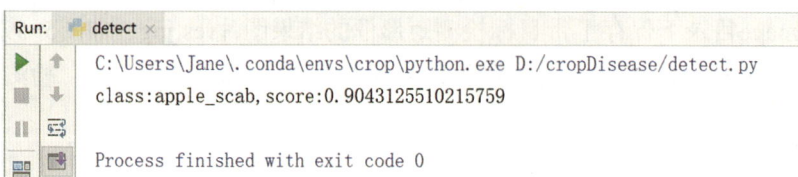

```
C:\Users\Jane\.conda\envs\crop\python.exe D:/cropDisease/detect.py
class:apple_scab,score:0.9043125510215759

Process finished with exit code 0
```

图5-60　运行结果

步骤3：设计并实现图形用户界面。

在cropDisease项目中创建crop_Disease_GUI.py，运用Python的tkinter库设计并实现农作物病叶识别与诊断系统图形用户界面，如图5-61所示。

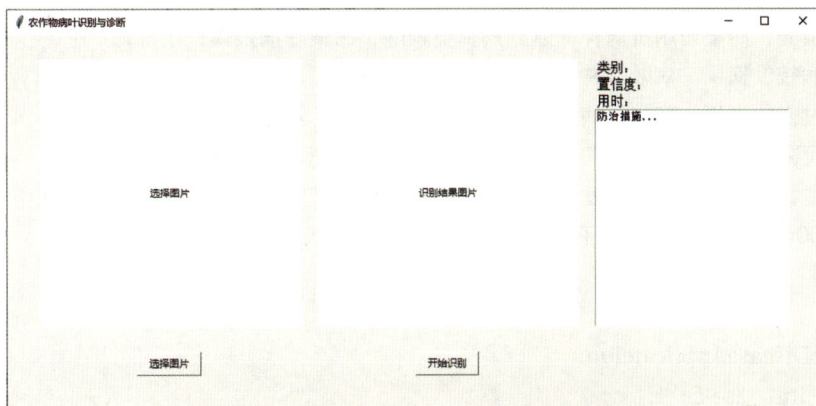

图5-61　农作物病叶识别与诊断系统界面

crop_Disease_GUI.py相关代码如下：

```
import tkinter as tk
from tkinter import filedialog,messagebox
from PIL import Image,ImageTk
from detect import *
import time
CLASS_NAMES={"tomato_septoria_leaf_spot":"番茄叶斑病","apple_scab":"
苹果黑星病","grape_black_rot":"葡萄黑腐病"}
MEASURE={"tomato_septoria_leaf_spot":"番茄叶斑病怎么防治：①选用
抗病品种，如振兴系列、刚石系列品种等。播前用种子量3‰~4‰的50%多
菌灵或50%福美双拌种。选用叶色浓绿、叶片肥厚、节间短的壮苗。②高
畦大厢种植，以1.7~2 m开厢，畦高30 cm以上，每667平方米种植1500~1800
株，保证田间通风透光，降低田间湿度。③施足底肥、增施钾肥，提高植
株对灰叶斑病的抗病性。每667平方米施腐熟有机肥3000~5000 kg、三元
复合肥50~75 kg,过磷酸钙30 kg作底肥。从植株开花后每隔7天叶面喷施1次
0.2%~0.4%磷酸二氢钾液，连喷4~5次后延长至每10~15天喷施1次。在花
穗坐果后加强根部追肥，每667平方米每次施尿素5 kg、磷酸二氢钾10 kg,每
隔15~20天追施1次。④及时整枝抹芽，保证田间通风。对已发病的植株，
可加入0.2%~0.4%磷酸二氢钾液一起喷施，可促进感病植株叶片迅速转绿。
及时病残体，将收获后的残留植株拉出田外集中烧毁。",
    "apple_scab":"苹果黑星病怎么防治：①加强栽培管理。增施有机
肥，低洼积水地注意及时排水，改良土壤，以增强树势。②落叶后及时清
扫果园，收集病叶、病果集中烧毁或深埋。③采取夏季修剪措施，改善果园
通风透光条件，创造有利于树体生长的环境，恶化病菌滋生环境。④早熟品种于5
月中旬开花期开始喷洒1:2～3:160倍式波尔多液，以后隔15天一次，共喷5次。",
    "grape_black_rot":"葡萄黑腐病怎么防治：①严格检测引种。在引种
```

时要注意检测，尽量使用抗病种，遇到病株要剔除。②清除病残体。清除葡萄园内的病枝、病果、病叶，并集中烧毁，减少越冬菌源。③注意果树修剪。去掉过密的副梢、病梢、病果，创造通风透光条件，及时排水，降低园内湿度，可减轻发病程度。④加强肥水管理，增施有机肥，及时铲除杂草，控制结果量，增强树势。⑤在发芽后开花前、开花后和结实后期可喷布1：0.5：200波尔多液。⑥在叶子已经显示出黑腐病的症状或者潮湿季节要经常喷药"}

```python
class CropDiseaseApplicateion:
    def __init__(self):
        self.root = None
        self.photo_label = None
        self.result_label = None
        self.class_label = None
        self.conf_label = None
        self.time_label = None
        self.measure_label = None
        self.button1 = None
        self.button2 = None
self.img = None

    def open_image_dialog(self):
        pass
    def recognize(self):
        pass
    def main(self):
        self.root = tk.Tk()
        self.root.geometry('{}x{}'.format(1000, 450))
        self.root.title("农作物病叶识别与诊断")
        self.photo_label = tk.Label(self.root,text = "选择图片",bg = "white")
        self.photo_label.place(x = 40, y = 30, height = 320, width = 320)


        self.result_label = tk.Label(self.root,text = "识别结果图片",bg="white")
        self.result_label.place(x = 380, y = 30, height = 320, width = 320)


        self.class_label = tk.Label(self.root)
```

```python
        self.class_label.place(x = 720, y = 30, height = 20, width = 240)

        self.conf_label = tk.Label(self.root)
        self.conf_label.place(x=720, y = 50, height = 20, width = 240)

        self.time_label = tk.Label(self.root)
        self.time_label.place(x = 720, y = 70, height = 20, width = 240)

        # self.measure_label = tk.Text(self.root, wrap="word")
        # self.measure_label.place(x=560, y=90, height=210, width=240)

        self.button1 = tk.Button(self.root, text = "选择图片",width = 10,height = 1,
command = self.open_image_dialog, borderwidth=1)
        self.button1.place(x=160,y=380)

        self.button2 = tk.Button(self.root, text = "开始识别", width = 10,height = 1,
command = self.recognize, borderwidth = 1)
        self.button2.place(x = 500, y = 380)

        self.class_label.config(text = f"类别：", font = ("Arial", 12), anchor = "w")
        self.conf_label.config(text = f"置信度：", font = ("Arial", 12),anchor="w")
        self.time_label.config(text = f"用时：", font = ("Arial", 12), anchor = "w")
        self.measure_label = tk.Text(self.root, wrap = "word")
        self.measure_label.place(x = 720, y = 90, height = 260, width = 240)
        self.measure_label.insert('insert', "防治措施...")

        self.root.mainloop()

if __name__ == '__main__':
    CropDiseaseApplicateion().main()
```

步骤 4：实现上传农作物病叶图片功能。

调用步骤2中的"选择图片"按钮点击事件方法open_image_dialog()，实现点击按钮后，打开文件系统，选择图片后将图片显示到按钮上方图片显示区域，如图5-62所示，并将选择的照片保存到项目的image目录下，图片名称为0.jpg。

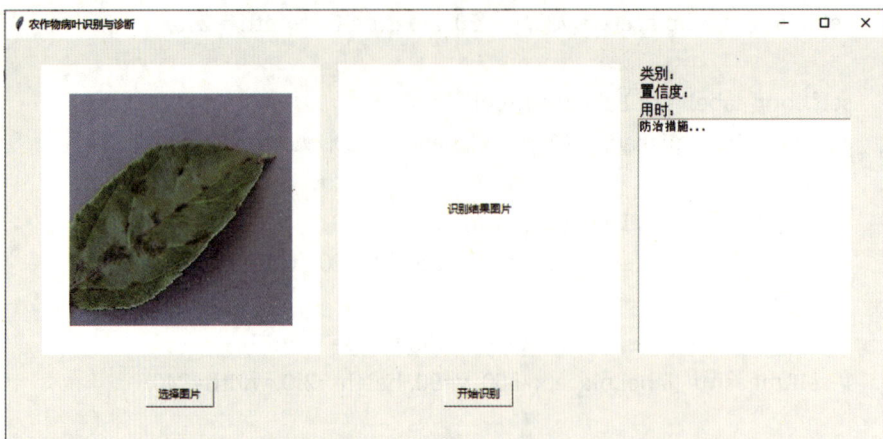

图5-62　上传图片示例

相关代码如下：

```python
def open_image_dialog(self):
    filename = filedialog.askopenfilename()
    print(filename)
    if filename:
        # 清空识别的结果
        self.result_label.config(image = None)
        self.result_label.image = None
        self.class_label.config(text = f"类别：", font = ("Arial", 12), anchor = "w")
        self.conf_label.config(text = f"置信度：", font = ("Arial", 12),
anchor = "w")
        self.time_label.config(text = f"用时：", font = ("Arial", 12), anchor = "w")
        self.measure_label = tk.Text(self.root, wrap = "word")
        self.measure_label.place(x = 720, y = 90, height = 260, width = 240)
        self.measure_label.insert('insert', "防治措施...")

        image = Image.open(filename)
        image.save("./image/0.jpg")
        self.img = image

        photo = ImageTk.PhotoImage(image)
        self.photo_label.config(image = photo)
        self.photo_label.image = photo
```

步骤 5：农作物病害识别与诊断功能的实现。

调用步骤1中"开始识别"按钮点击事件方法recognize()，实现点击按钮后，将病叶目标检测结果图片显示到"开始识别"按钮上方的识别结果图片区域，并读取项目中image目录下的0.jpg文件，将识别后带目标检测矩形框的结果图像保存到项目中image目录下的res.jpg，并将识别后的病叶类别、识别的置信度、识别所耗费的时间、病害防治措施等信息显示到界面右侧区域，如图5-63所示。

图5-63 苹果黑星病诊断示例

相关代码如下：

```
def recognize(self):
    if self.img == None:
        messagebox.showinfo("提示","请选择图片后进行识别！")
    else:
        onnx_path = 'best.onnx'
        model = YOLOV5(onnx_path)
        startTime = time.time()  # 记录识别开始时间戳
        output, or_img = model.inference('./image/0.jpg')
        outbox = filter_box(output, 0.5, 0.5)
        results = draw(or_img, outbox)
        endTime = time.time()  # 记录识别结束时间戳
        cv2.imwrite('./image/res.jpg', or_img)
        useTime=endTime-startTime  # 计算目标检测用时
        # 将目标检测结果图片显示到界面上
        image=Image.open("./image/res.jpg")
        photo=ImageTk.PhotoImage(image)
```

```
        self.result_label.config(image=photo)
        self.result_label.image=photo
        if results:
            diseaseName = results[0]['class']
            conf = results[0]['score']
            self.class_label.config(text=f"类别：{CLASS_NAMES[diseaseName
]}",font=("Arial", 12),anchor="w")
            self.conf_label.config(text=f"置信度：{conf:.2f}",font=("Arial", 12),
anchor="w")
            self.time_label.config(text=f"用时：{useTime:.2f}ms",font=("Arial", 12),
anchor="w")
            self.measure_label = tk.Text(self.root, wrap="word")
            self.measure_label.place(x=720, y=90, height=260, width=240)
            self.measure_label.insert('insert',f"{MEASURE[diseaseName]}")
```

任务测试

一、单选题

1. 在YOLOv5中，用于将.pt模型转换为.onnx模型的脚本文件是？（　　）

    A. convert.py   B. export.py   C. model.py   D. detect.py

2. YOLOv5的.pt模型转换为.onnx模型后，可以使用哪种工具进行推理加速？（　　）

    A. PyTorch   B. TensorFlow   C. ONNX Runtime   D. TensorRT

二、判断题

1. YOLOv5的.pt模型转换为.onnx模型后，模型的结构和权重都会保持不变。（　　）

2. ONNX模型是平台无关的，因此可以在任何深度学习框架上进行推理。（　　）

三、简答题

请简述YOLOv5的.pt模型转换为.onnx模型的主要优势。

▶ 项目总结

通过本项目，我们实现了一个农作物病叶识别与诊断系统，在项目实现过程中，明确了conda创建虚拟环境的必要性，完成了OpenCV的Python API：opencv-contrib-python库的安装。

在项目实践过程中，学习了YOLOv5开源目标检测算法的下载与环境的搭建，完成PyTorch GPU版本的下载与安装。

根据农作物病害识别与诊断系统的需求，完成了开源数据集PlantVillage的下载，应用LabelImg工具完成了数据的标注，并将数据集按照8∶2的比例划分为训练集和测试集。还学习应用YOLOv5算法，导入农作物病害数据集，完成模型的训练、评估与推理测试。

为了使训练得到的模型能够在不同的深度学习框架及硬件上运行，将.pt模型转换为.onnx模型，并部署应用到农作物病害识别与诊断系统中。

▶ 项目评价

项目自我评价表

（在□中打√，A 通过，B 基本通过，C 未通过）

任务能力指标	评价标准	自测结果		
环境搭建	（1）完成YOLOv5的下载	□ A	□ B	□ C
	（2）完成YOLOv5环境依赖的下载与安装	□ A	□ B	□ C
	（3）完成PyTorch GPU版本安装	□ A	□ B	□ C
数据采集与标注	（1）掌握数据采集的方法	□ A	□ B	□ C
	（2）了解常用的开源数据集	□ A	□ B	□ C
	（3）能够熟练下载、安装、使用LabelImg工具	□ A	□ B	□ C
模型训练与评估	（1）能在YOLOv5中导入数据集并修改配置文件	□ A	□ B	□ C
	（2）能够完成YOLOv5训练参数的配置并训练模型	□ A	□ B	□ C
	（3）能够理解各类模型评估指标，并对训练的模型进行评估	□ A	□ B	□ C
	（4）能够应用训练得到的模型进行推理测试	□ A	□ B	□ C
模型部署与应用	（1）理解.pt模型与.onnx模型的区别	□ A	□ B	□ C
	（2）能够将.pt模型转换为.onnx模型	□ A	□ B	□ C
	（3）能够完成.onnx模型的部署与应用	□ A	□ B	□ C
	（4）了解计算机视觉项目的开发流程	□ A	□ B	□ C
学生签字：	教师签字：	年	月	日

通过手势控制视频播放

随着 AI 技术的发展、AI 应用的普及，人机交互技术也得到了迅猛发展。跨越人机障碍，将人机交互变得如同人与人交互一样自然，给我们生活带来更多的便捷。手势识别作为人机交互最简单、最直接的方式，将促进人机交互技术在现实生活中普及、发展。日常生活中，手势识别应用场景广泛，涉及智能家居、家庭娱乐、医疗康复、智能车载等多个应用场景。例如，智能家电控制：通过手势控制智能灯光、空调等家电的开关和调节；虚拟现实游戏：在游戏中通过手势与虚拟世界互动，提供更加真实的体验；远程操控：在工业环境中通过手势远程操控机械臂或设备，提高工作效率和安全性等。

在这一项目中，我们探索如何实现手势识别，并通过手势识别，控制视频播放，具体手势及对应功能如图 6-1 所示。

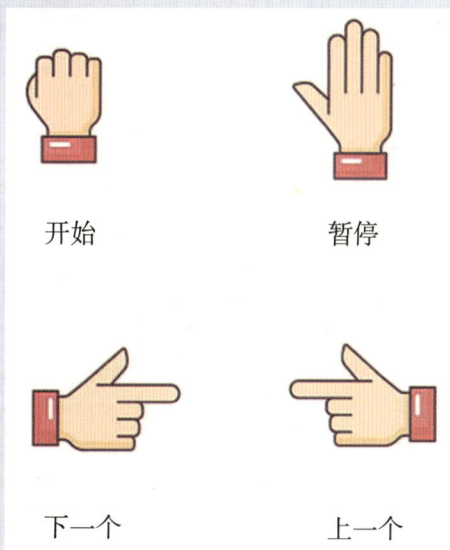

开始

暂停

下一个

上一个

图6-1　项目效果图

学习目标

【知识目标】

◆ 掌握PaddlePaddle深度学习框架的安装及使用。

◆ 理解卷积神经网络相关概念。

◆ 掌握运用PaddlePaddle搭建卷积神经网络的方法。

◆ 掌握PySide6库的安装及使用。

【能力目标】

◆ 能快速搭建计算机视觉开发环境。

◆ 能熟练运用PaddlePaddle完成深度学习模型搭建、训练、测试。

◆ 能熟练运用PySide6完成视频播放及操作。

【素质目标】

◆ 培养协同合作的团队精神。

◆ 培养自主学习、自主探索精神。

学习导图

项目6 通过手势控制视频播放

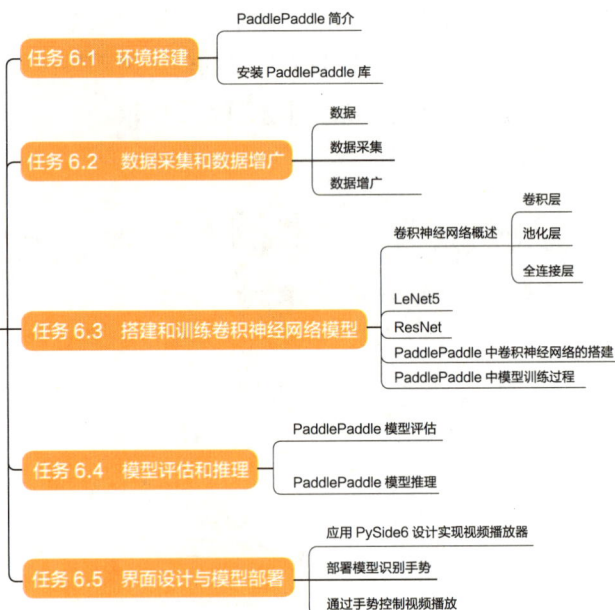

- 任务6.1 环境搭建
  - PaddlePaddle 简介
  - 安装 PaddlePaddle 库
- 任务6.2 数据采集和数据增广
  - 数据
  - 数据采集
  - 数据增广
- 任务6.3 搭建和训练卷积神经网络模型
  - 卷积神经网络概述
    - 卷积层
    - 池化层
    - 全连接层
  - LeNet5
  - ResNet
  - PaddlePaddle 中卷积神经网络的搭建
  - PaddlePaddle 中模型训练过程
- 任务6.4 模型评估和推理
  - PaddlePaddle 模型评估
  - PaddlePaddle 模型推理
- 任务6.5 界面设计与模型部署
  - 应用 PySide6 设计实现视频播放器
  - 部署模型识别手势
  - 通过手势控制视频播放

任务6.1　环境搭建

任务描述

人工智能技术的发展，离不开底层人工智能框架的支持，人工智能框架提供了开发和部署人工智能模型的基础结构。这些框架通常包括一系列的库、工具和接口，使开发者能够更轻松地构建、训练和部署各种人工智能模型。

本次任务以Windows10操作系统为例，实现PaddlePaddle人工智能框架的下载与安装。

相关知识点

PaddlePaddle（百度AI飞桨）是由百度公司推出的开源深度学习平台，旨在为研究人员和开发者提供高效、灵活和易于使用的工具来进行深度学习模型的研究和开发。该平台源于产业实践，并在十几种任务中表现出优异的性能。PaddlePaddle具有以下功能特点。

（1）灵活性。PaddlePaddle支持静态图和动态图两种编程范式，用户可以根据需求选择合适的方式进行模型开发和调试。

（2）高效性。平台使用高效的计算引擎，支持多卡并行训练和分布式训练，能够充分利用硬件资源加速训练过程。

（3）丰富的模型库。PaddlePaddle提供了丰富的预训练模型和模型库，包括图像分类、目标检测、文本分类、语义分割等常用任务的模型，用户可以直接使用这些模型进行快速开发。

（4）模型优化工具。平台提供了模型压缩、量化、剪枝等模型优化工具，可以帮助用户优化模型大小、加速推理速度。

（5）模型部署。PaddlePaddle支持模型导出为静态图或ONNX格式，方便用户在不同平台上部署模型。

PaddlePaddle提供了详细的官方文档和教程，帮助用户快速上手并深入了解平台的使用方法和技巧，可以在PaddlePaddle官方网站获取。

任务实施

步骤 1：激活 conda 虚拟环境。

Win+R打开"运行"窗口，输入cmd，在终端输入命令conda activate opencv_project，激活虚拟环境，如图6-2所示。

```
C:\Users\Love_Gu>conda activate opencv_project

(opencv_project) C:\Users\Love_Gu>
```

图6-2　激活虚拟环境命令

步骤 2：通过 pip 安装 PaddlePaddle。

通过如下命令完成PaddlePaddle CPU版本的安装，安装过程如图6-3所示。

```
pip install paddlepaddle
```

```
(opencv_project) C:\Users\Love_Gu>pip install paddlepaddle
Looking in indexes: https://pypi.tuna.tsinghua.edu.cn/simple
Collecting paddlepaddle
  Downloading https://pypi.tuna.tsinghua.edu.cn/packages/39/5b/7aa9df3ad815dd594791f6daf3af2e19294da2628a0d91f80f22f4e8dd3d/paddlepaddle-2.6.1-cp39-cp39-win_amd64.whl (81.0 MB)
     ━━━━━━━━━━━━━━━━━━━━━━━━━━━━━━━━━━━━━━━━ 81.0/81.0 MB 2.4 MB/s eta 0:00:00
Collecting httpx (from paddlepaddle)
  Using cached https://pypi.tuna.tsinghua.edu.cn/packages/41/7b/ddacf6dcebb42466abd03f368782142baa82e08fc0c1f8eaa05b4bae87d5/httpx-0.27.0-py3-none-any.whl (75 kB)
Collecting numpy>=1.13 (from paddlepaddle)
  Downloading https://pypi.tuna.tsinghua.edu.cn/packages/b5/42/054082bd8220bbf6f297f982f0a8f5479fcbc55c8b511d928df07b965869/numpy-1.26.4-cp39-cp39-win_amd64.whl (15.8 MB)
     ━━━━━━━━━━━━━━━━━━━━━━━━━━━━━━━━━━━━━━━━ 15.8/15.8 MB 2.6 MB/s eta 0:00:00
Collecting Pillow (from paddlepaddle)
  Downloading https://pypi.tuna.tsinghua.edu.cn/packages/0b/d7/3a9cfa80a3ff59fddfe3b5bd1cf5728e7ed6608678ce9f23e79f35e87805/pillow-10.3.0-cp39-cp39-win_amd64.whl (2.5 MB)
     ━━━━━━━━━━━━━━━━━━━━━━━━━━━━━━━━━━━━━━━━ 2.5/2.5 MB 4.2 MB/s eta 0:00:00
Collecting decorator (from paddlepaddle)
  Using cached https://pypi.tuna.tsinghua.edu.cn/packages/d5/50/83c593b07763e1161326b3b8c6686f0f4b0f24d5526546bee538c89837d6/decorator-5.1.1-py3-none-any.whl (9.1 kB)
Collecting astor (from paddlepaddle)
  Downloading https://pypi.tuna.tsinghua.edu.cn/packages/c3/88/97eef84f48fa04fbd6750e62dcceafba6c63c81b7ac1420856c8dcc0a3f9/astor-0.8.1-py2.py3-none-any.whl (27 kB)
Collecting opt-einsum==3.3.0 (from paddlepaddle)
  Downloading https://pypi.tuna.tsinghua.edu.cn/packages/bc/19/404708a7e54ad2798807210462fd950e3442ea51aee8790f3da48d2bee8b/opt_einsum-3.3.0-py3-none-any.whl (65 kB)
     ━━━━━━━━━━━━━━━━━━━━━━━━━━━━━━━━━━━━━━━━ 65.5/65.5 kB 3.5 MB/s eta 0:00:00
Collecting protobuf<=3.20.2,>=3.1.0 (from paddlepaddle)
  Downloading https://pypi.tuna.tsinghua.edu.cn/packages/95/ec/410f21dd62810df692ced49ce7c7777c8d2ad239fdd26fcd72d5c5f42b7e/protobuf-3.20.2-cp39-cp39-win_amd64.whl (904 kB)
     ━━━━━━━━━━━━━━━━━━━━━━━━━━━━━━━━━━━━━━━━ 904.2/904.2 kB 3.0 MB/s eta 0:00:00
Collecting anyio (from httpx->paddlepaddle)
  Using cached https://pypi.tuna.tsinghua.edu.cn/packages/14/fd/2f20c40b45e4fb4324834aea24bd4afdf1143390242c0b33774da0e2e34f/anyio-4.3.0-py3-none-any.whl (85 kB)
Collecting certifi (from httpx->paddlepaddle)
  Using cached https://pypi.tuna.tsinghua.edu.cn/packages/ba/06/a07f096c664aeb9f01624f858c3add0a4e913d6c96257acb4fce61e7de14/certifi-2024.2.2-py3-none-any.whl (163 kB)
Collecting httpcore==1.* (from httpx->paddlepaddle)
  Downloading https://pypi.tuna.tsinghua.edu.cn/packages/78/d4/e5d7e4f2174f8a4d63c8897d79eb8fe2503f7ecc03282fee1fa2719c2704/httpcore-1.0.5-py3-none-any.whl (77 kB)
     ━━━━━━━━━━━━━━━━━━━━━━━━━━━━━━━━━━━━━━━━ 77.9/77.9 kB 2.1 MB/s eta 0:00:00
Collecting idna (from httpx->paddlepaddle)
  Using cached https://pypi.tuna.tsinghua.edu.cn/packages/c2/e7/a82b05cf63a603df6e68d59ae6a68bf5064484a0718ea5033660af4b54a9/idna-3.6-py3-none-any.whl (61 kB)
Collecting sniffio (from httpx->paddlepaddle)
  Using cached https://pypi.tuna.tsinghua.edu.cn/packages/e9/44/75a9c9421471a6c4805dbf2356f7c181a29c1879239abab1ea2cc8f38b40/sniffio-1.3.1-py3-none-any.whl (10 kB)
Collecting h11<0.15,>=0.13 (from httpcore==1.*->httpx->paddlepaddle)
  Using cached https://pypi.tuna.tsinghua.edu.cn/packages/95/04/ff642e65ad6b90db43e668d70ffb6736436c7ce41fcc549f4e9472234127/h11-0.14.0-py3-none-any.whl (58 kB)
Collecting exceptiongroup>=1.0.2 (from anyio->httpx->paddlepaddle)
  Using cached https://pypi.tuna.tsinghua.edu.cn/packages/b8/9a/5028fd52db10e600f1c4674441b968cf2ea4959085bfb5b99fb1250e5f68/exceptiongroup-1.2.0-py3-none-any.whl (16 kB)
Collecting typing-extensions>=4.1 (from anyio->httpx->paddlepaddle)
  Downloading https://pypi.tuna.tsinghua.edu.cn/packages/01/f3/936e209267d6ef7510322191003885de524fc48d1b43269810cd589ceaf5/typing_extensions-4.11.0-py3-none-any.whl (34 kB)
Installing collected packages: typing-extensions, sniffio, protobuf, Pillow, numpy, idna, h11, exceptiongroup, decorator, certifi, astor, opt-einsum, httpcore, anyio, httpx, paddl
epaddle
```

图6-3　安装PaddlePaddle CPU版

如果有GPU，可以通过如下命令完成PaddlePaddle GPU版本的安装，安装过程如图6-4所示。

```
pip install paddlepaddle-gpu
```

```
(opencv_project) C:\Users\Love_Gu>pip install paddlepaddle-gpu
Looking in indexes: https://pypi.tuna.tsinghua.edu.cn/simple
Collecting paddlepaddle-gpu
  Downloading https://pypi.tuna.tsinghua.edu.cn/packages/45/3a/427446e2fa921b3c29dcfb3ce4d8d5a108f5dc3bc86874c01c232c60cd33/paddlepaddle_gpu-2.6.1-cp39-cp39-win_amd64.whl (477.3 M
B)
     ━━━━━━━━━━━━━━━━━━━━━━━━━━━━━━━━━━━━━━━━ 477.3/477.3 MB 2.9 MB/s eta 0:00:00
Requirement already satisfied: httpx in d:\install\anaconda\envs\opencv_project\lib\site-packages (from paddlepaddle-gpu) (0.27.0)
Requirement already satisfied: numpy>=1.13 in d:\install\anaconda\envs\opencv_project\lib\site-packages (from paddlepaddle-gpu) (1.26.4)
Requirement already satisfied: Pillow in d:\install\anaconda\envs\opencv_project\lib\site-packages (from paddlepaddle-gpu) (10.3.0)
Requirement already satisfied: decorator in d:\install\anaconda\envs\opencv_project\lib\site-packages (from paddlepaddle-gpu) (5.1.1)
Requirement already satisfied: astor in d:\install\anaconda\envs\opencv_project\lib\site-packages (from paddlepaddle-gpu) (0.8.1)
Requirement already satisfied: opt-einsum==3.3.0 in d:\install\anaconda\envs\opencv_project\lib\site-packages (from paddlepaddle-gpu) (3.3.0)
Requirement already satisfied: protobuf<=3.20.2,>=3.1.0 in d:\install\anaconda\envs\opencv_project\lib\site-packages (from paddlepaddle-gpu) (3.20.2)
Requirement already satisfied: anyio in d:\install\anaconda\envs\opencv_project\lib\site-packages (from httpx->paddlepaddle-gpu) (4.3.0)
Requirement already satisfied: certifi in d:\install\anaconda\envs\opencv_project\lib\site-packages (from httpx->paddlepaddle-gpu) (2024.2.2)
Requirement already satisfied: httpcore==1.* in d:\install\anaconda\envs\opencv_project\lib\site-packages (from httpx->paddlepaddle-gpu) (1.0.5)
Requirement already satisfied: idna in d:\install\anaconda\envs\opencv_project\lib\site-packages (from httpx->paddlepaddle-gpu) (3.6)
Requirement already satisfied: sniffio in d:\install\anaconda\envs\opencv_project\lib\site-packages (from httpx->paddlepaddle-gpu) (1.3.1)
Requirement already satisfied: h11<0.15,>=0.13 in d:\install\anaconda\envs\opencv_project\lib\site-packages (from httpcore==1.*->httpx->paddlepaddle-gpu) (0.14.0)
Requirement already satisfied: exceptiongroup>=1.0.2 in d:\install\anaconda\envs\opencv_project\lib\site-packages (from anyio->httpx->paddlepaddle-gpu) (1.2.0)
Requirement already satisfied: typing-extensions>=4.1 in d:\install\anaconda\envs\opencv_project\lib\site-packages (from anyio->httpx->paddlepaddle-gpu) (4.11.0)
Installing collected packages: paddlepaddle-gpu
Successfully installed paddlepaddle-gpu-2.6.1
```

图6-4　安装PaddlePaddle GPU版

安装完成后，通过pip list命令查看当前虚拟环境下安装的包，如图6-5所示。

```
(opencv_project) C:\Users\Love_Gu>pip install pyside6
Looking in indexes: https://pypi.tuna.tsinghua.edu.cn/simple
Collecting pyside6
  Downloading https://pypi.tuna.tsinghua.edu.cn/packages/af/90/3164ace42cb80ed55642e965934133d0c49bfa3ea79e43631dd331cdc866/PySide6-6.6.3.1-cp38-abi3-win_amd64.whl (520 kB)
     ━━━━━━━━━━━━━━━━━━━━━━━━━━━━━━━━━━━━━━━━ 520.6/520.6 kB 1.1 MB/s eta 0:00:00
Collecting shiboken6==6.6.3.1 (from pyside6)
  Downloading https://pypi.tuna.tsinghua.edu.cn/packages/b8/f3/b4153287806a63ee064570ed527f16f9eacedab4f4ea99cb84b55e624e21/shiboken6-6.6.3.1-cp38-abi3-win_amd64.whl (1.1 MB)
     ━━━━━━━━━━━━━━━━━━━━━━━━━━━━━━━━━━━━━━━━ 1.1/1.1 MB 2.0 MB/s eta 0:00:00
Collecting PySide6-Essentials==6.6.3.1 (from pyside6)
  Downloading https://pypi.tuna.tsinghua.edu.cn/packages/03/c2/d4e78dd7661889b97e52fbfed908ce65abf1422dc03cc7e90752b52ff1f5/PySide6_Essentials-6.6.3.1-cp38-abi3-win_amd64.whl (77.
3 MB)
     ━━━━━━━━━━━━━━━━━━━━━━━━━━━━━━━━━━━━━━━━ 77.3/77.3 MB 3.3 MB/s eta 0:00:00
Collecting PySide6-Addons==6.6.3.1 (from pyside6)
  Downloading https://pypi.tuna.tsinghua.edu.cn/packages/f3/c6/fc354ab30ca87b34fa62794e75a65a6b8bc7f4e858c5fd217b8706a143bb/PySide6_Addons-6.6.3.1-cp38-abi3-win_amd64.whl (111.7 M
B)
     ━━━━━━━━━━━━━━━━━━━━━━━━━━━━━━━━━━━━━━━━ 111.7/111.7 MB 5.0 MB/s eta 0:00:00
Installing collected packages: shiboken6, PySide6-Essentials, PySide6-Addons, pyside6
Successfully installed PySide6-Addons-6.6.3.1 PySide6-Essentials-6.6.3.1 pyside6-6.6.3.1 shiboken6-6.6.3.1
```

图6-5　查看安装的库

为了测试paddlepaddle库是否安装成功，在虚拟环境中输入Python进入Python脚本编辑模式，输入import paddle，能够通过print(paddle.__version__)打印出版本号2.6.1，表示paddle库安装成功，测试过程如图6-6所示。

```
(opencv_project) C:\Users\Love_Gu>pip list
Package                   Version
------------------- ---------
anyio                     4.3.0
astor                     0.8.1
certifi                   2024.2.2
decorator                 5.1.1
exceptiongroup            1.2.0
h11                       0.14.0
httpcore                  1.0.5
httpx                     0.27.0
idna                      3.6
numpy                     1.26.4
opt-einsum                3.3.0
paddlepaddle              2.6.1
paddlepaddle-gpu          2.6.1
pillow                    10.3.0
pip                       23.3.1
protobuf                  3.20.2
PySide6                   6.6.3.1
PySide6_Addons            6.6.3.1
PySide6_Essentials        6.6.3.1
setuptools                68.2.2
shiboken6                 6.6.3.1
sniffio                   1.3.1
typing_extensions         4.11.0
wheel                     0.41.2
```

图6-6　paddlepaddle安装测试

任务测试

一、单选题

1. 在终端窗口输入命令（　　），可以激活虚拟环境opencv_project。

 A.conda activate opencv_project 　　　　B.conda deactivate opencv_project

 C.conda env list 　　　　　　　　D.conda list

2. 在终端窗口输入命令（　　），可以查看当前所有的虚拟环境。

 A.conda activate 　　B.conda env lis 　　C.conda info 　　D.conda list

3. 在虚拟环境中输入命令（　　），可以进入Python脚本编辑模式。

 A.conda 　　　　　　B.python 　　　　C.paddle 　　　　D.PySide6

二、多选题

1. 在conda环境中，输入命令（　　），可以安装paddlepaddle库。

 A.conda install paddlepaddle 　　　　B.pip install paddlepaddle

 C.conda uninstall paddlepaddle 　　　　D.pip uninstall paddlepaddle

2. 在conda环境中安装PaddlePaddle时，需要注意哪些事项？（　　）

 A.确保Anaconda软件环境已经激活

 B.使用国内镜像源进行安装，以提高安装速度和稳定性

 C.安装GPU版本的PaddlePaddle，需要注意选择合适的CUDA版本

 D.安装完成后，通过pip list命令查看是否安装成功

三、判断题

在conda环境中安装paddlepaddle-gpu，必须先安装英伟达并行计算平台和编程模型CUDA以及相应的cuDNN等依赖项。（　　）

任务6.2 数据采集和数据增广

任务描述

人工智能算法模型训练过程中，数据起着至关重要的作用。数据是训练模型的基础，它决定了模型能够学习到什么样的知识，以及模型在真实任务中的表现如何。

本任务中，我们使用OpenCV库，调取摄像头，收集不同手势的图片数据，并对收集到的数据进行增广处理，为后续人工智能模型的训练提供用于训练和测试的数据集。

相关知识点

6.2.1 数据

在人工智能领域，数据根据其形式和处理需求，可以按以下几种主要类型划分。

（1）图像数据：以图像形式存在的数据，包括照片、扫描文档、医学影像、卫星图像等。这类数据在人脸识别、图像分类、物体识别、场景理解、图像生成和语义分割等任务中至关重要。图像数据通常需要通过计算机视觉技术进行处理和分析。

（2）语音数据：以音频形式存在的数据，涉及人类语言、环境声音、音乐等。在语音识别、语音合成、语音情感分析、关键词识别等应用场景中，语音数据是基础。处理语音数据通常涉及信号处理技术和语音识别算法。

（3）文本数据：包含任何形式的文字信息，如电子邮件、社交媒体帖子、新闻文章、电子书籍等。文本数据常用于自然语言处理任务，如情感分析、机器翻译、文本分类、问答系统和对话系统。

（4）视频数据：是图像数据的动态序列，除了图像内容外，还包含时间维度的信息。在行为识别、视频摘要、目标跟踪等应用中，视频数据扮演关键角色。

（5）三维数据：包括点云、网格模型等，常用于三维重建、虚拟现实、增强现实以及机器人导航等任务中。

6.2.2 数据采集

数据采集常用的方式包括以下几种。

（1）现场采集：使用各种技术和设备，直接从生产环境、实验现场、自然环境或用户交互的第一线收集数据。

（2）网络爬虫：网络爬虫是一种自动化程序，用于从互联网搜集数据。它可以访问网页，提取文本、图像、链接等数据。对于需要大量文本或图像数据的AI项目，网络爬虫是一个非常有用的工具。

（3）从数据公司购买：现在有许多数据公司，这些公司会通过各种渠道收集数据，开发者可以直接从这些公司购买需要的数据，省去很多精力，但这些数据有时价格不菲。

（4）由任务发起者提供：对于某些工程项目，因为涉及公司机密等，任务发起者不允许开发者进行现场采集，而是直接提供数据集。

6.2.3　数据增广

数据增广（data augmentation）是一种在已有数据基础上生成新数据的方法，用于增加训练数据的多样性，提高机器学习模型的泛化能力。

什么情况下会用到数据增广呢？

在许多情况下，获取大量标注数据是非常昂贵的。通过数据增广，可以从有限的标注数据中生成更多的训练样本，从而充分利用这些宝贵的数据资源。

此外，通过数据增广生成的模拟数据，也可以帮助模型更好地适应真实世界的复杂性。

数据增广的应用对于防止模型过拟合、提高模型鲁棒性，以及处理数据不平衡等问题非常有效。以下是几种常见的图像数据增广方法。

（1）翻转：水平或垂直翻转图像。

（2）旋转：对图像进行一定角度的旋转。

（3）缩放：放大或缩小图像。

（4）裁剪：随机裁剪图像的一部分。

（5）平移：在水平或垂直方向上移动图像。

（6）添加噪声：向图像添加噪声，如高斯噪声、椒盐噪声等。

（7）亮度、对比度、饱和度调整：改变图像的颜色属性。

（8）模糊：对图像进行模糊处理，如高斯模糊。

任务实施

步骤 1：数据采集。

按照需求，我们通过摄像头设备实时读取视频流，采集四类手势图像，并将采集到的图像分别保存在datasets目录下的start、pause、left、right四个子目录中，分别对应存储四类手势图像。

例如，下面代码实现采集用于控制视频暂停的图像数据，并将结果保存到pause子目录中。

```
import cv2
cap=cv2.VideoCapture(0)
```

```
if cap.isOpened():
    num=0
    while True:
        ret,image=cap.read()
        if not ret:
            break
        cv2.imshow('image',image)
        key=cv2.waitKey(10)
        if key==ord('p'):
            name = r"datasets/pause/" + str(num).zfill(4) + '.png'
            num += 1
            cv2.imwrite(name, image)
        if key==27:  # 'Esc'
            break
cap.release()
cv2.destroyAllWindows()
```

运行结果如图6-7所示，按下任意按键，窗口关闭。

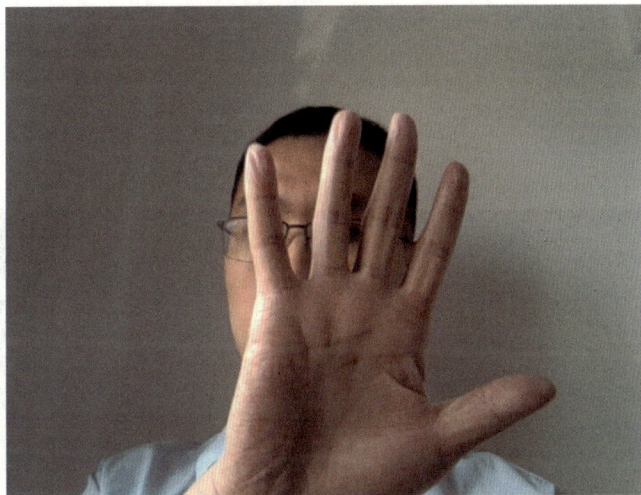

图6-7　数据收集

其他三类图像的采集可以参考上述过程实现。

步骤2：数据增广。

（1）读取预处理完成的图片，利用仿射变换，完成图像旋转。

例如，将存放在datasets/pause目录下的图像，通过图像旋转处理后，保存在datasets/pause目录中，图像名称为在原图像名称前面加rotation。代码如下：

```
import cv2
import os
import random
data_folder='datasets/pause/'
def getfiles(directory):
    image_files=[]
    for root,dirs,files in os.walk(directory):
        for filename in files:
            image_files.append(filename)
    return image_files
image_files=getfiles(data_folder)

for name in image_files:
    print(name)
    img=cv2.imread(os.path.join(data_folder,name))
    h,w,c=img.shape
    M=cv2.getRotationMatrix2D(center=(w//2,h//2),angle=random.randint(0, 360),scale=1)
    dst=cv2.warpAffine(img,M,(640,480))
    new_name=data_folder+'rotation'+name
    cv2.imwrite(new_name,dst)
```

运行后，到"datasets/pause/"目录下可以查看随机旋转处理后的图片，如图6-8所示。

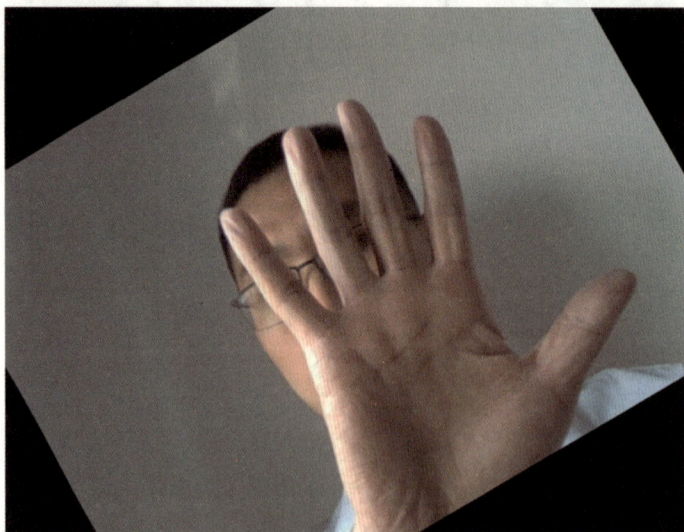

图6-8　图像旋转

（2）读取图片，完成图像翻转。

例如，将存放在datasets/pause目录中的图像，旋转后保存在datasets/pause目录中，图像名称在原图像前面加flip。代码如下：

```
import cv2
import os
import random
data_folder='datasets/pause/'
def getfiles(directory):
    image_files=[]
    for root,dirs,files in os.walk(directory):
        for filename in files:
            image_files.append(filename)
    return image_files
image_files=getfiles(data_folder)

for name in image_files:
        img=cv2.imread(os.path.join(data_folder,name))
        dst=cv2.flip(img,random.choice([-1,0,1]))
        new_name=data_folder+'flip'+name
        cv2.imwrite(new_name,dst)
```

运行后，到"datasets/pause/"目录下可以查看翻转处理后的图片，如图6-9所示。

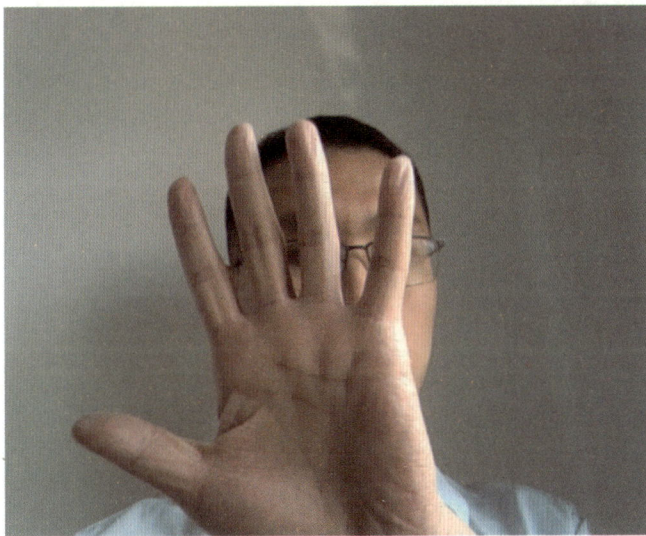

图6-9　图像翻转

其他三类图像的数据增广可以参考上述过程实现。

步骤 3：数据集划分。

对于上一步骤中数据增广后的图像数据集，每个类别都按照8:2的比例划分，得到训练集和测试集。控制视频暂停的手势数据集的划分代码如下：

```python
import cv2
import os
import random
import shutil

data_folder=r'datasets/pause/'
train_folder=r'datasets/train/pause/'
test_folder=r'datasets/test/pause/'

def getfiles(directory):
    image_files=[]
    for root,dirs,files in os.walk(directory):
        for filename in files:
            image_files.append(filename)
    return image_files

image_files=getfiles(data_folder)
selected_images=random.sample(image_files,int(len(image_files)*0.2))
if not os.path.exists(test_folder):
    os.makedirs(test_folder)

for image in selected_images:
    source_path=os.path.join(data_folder,image)
    target_path=os.path.join(test_folder,image)
    shutil.move(source_path,target_path)

if not os.path.exists(train_folder):
    os.makedirs(train_folder)

image_files=getfiles(data_folder)
for image in image_files:
    source_path=os.path.join(data_folder,image)
    target_path=os.path.join(train_folder,image)
    shutil.move(source_path,target_path)
```

其他三类图像的数据集划分可以参考上述过程实现。

任务测试

一、单选题

1. 从摄像头中读取每帧图像的函数是（　　）。

　　A.cv2.VideoCapture.capture　　　　B.cv2.VideoCapture.read

　　C.cv2.VideoCapture.release　　　　D.cv2.VideoCapture.write

2. 图像仿射变换中，获取仿射变换矩阵的函数是（　　）。

　　A.cv2.getRotationMatrix2D　　　　B.cv2.getStructuringElement

　　C.getPerspectiveTransform　　　　D.cv2.getRotationMatrix2D

二、多选题

1. 图像数据增广方法包括（　　）。

　　A.翻转　　　　　　B.旋转　　　　　　C.缩放　　　　　　D.平移

2. 图像翻转函数cv2.flip()中，参数flipCode的值可以是（　　）。

　　A.0　　　　　　　B.1　　　　　　　C.-1　　　　　　　D.空值

三、判断题

1. 数据增广只适用于计算机视觉任务，对于自然语言处理任务没有作用。（　　）

2. 在数据收集过程中，不仅需要收集到大量样本以确保数据的质量和代表性，还需要关注数据的多样性以及数据的均衡性等因素。（　　）

任务6.3　搭建和训练卷积神经网络模型

任务描述

手势识别作为图像分类任务，可以使用卷积神经网络来实现。

本任务中，我们使用PaddlePaddle框架搭建卷积神经网络模型，利用收集的数据完成手势识别模型的训练。

相关知识点

6.3.1　卷积神经网络概述

卷积神经网络（convolutional neural networks，CNN）是包含卷积计算且具有深度结构的神经网络，是深度学习代表算法之一。

卷积神经网络的输入是一张图片，经过卷积层、池化层、全连接层，最后输出该图片属于各个类别的概率，如图6-10所示。

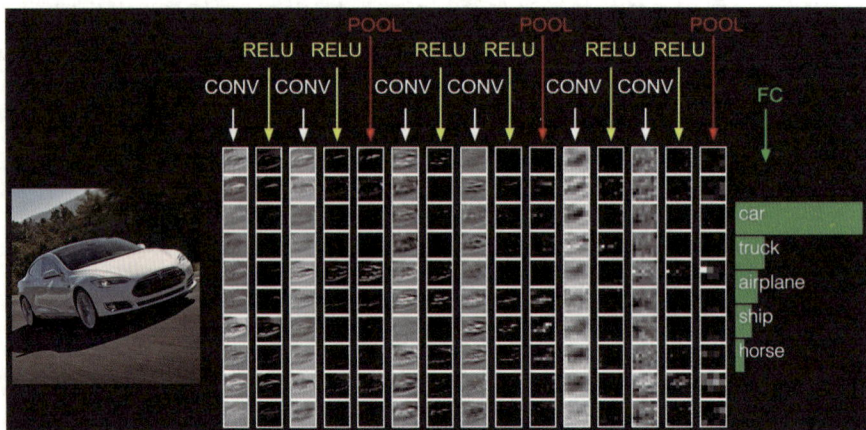

图6-10　认识卷积神经网络

卷积神经网络的基本结构包括卷积层、池化层、全连接层。

（1）卷积层。卷积层用于对输入的图像数据与卷积核做卷积运算，提取图像的高阶特征。如图6-11所示，对于同一幅图像，使用不同的卷积核，将会提取到不同的特征。

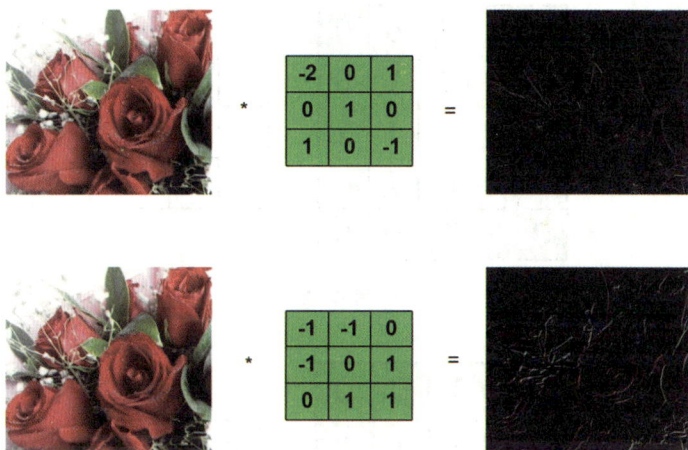

图6-11　认识卷积

① 图像卷积运算。图像卷积运算就是卷积核在输入图像上，从左到右、从上往下滑动，对应位置相乘求和，得到特征图上对应位置的值。

如图6-12所示，卷积核为3×3或其他形状的矩阵，特征图为输入图像与卷积核卷积之后的结果，是输入图像的高阶特征。具体的卷积计算过程，如图6-13～图6-15所示。

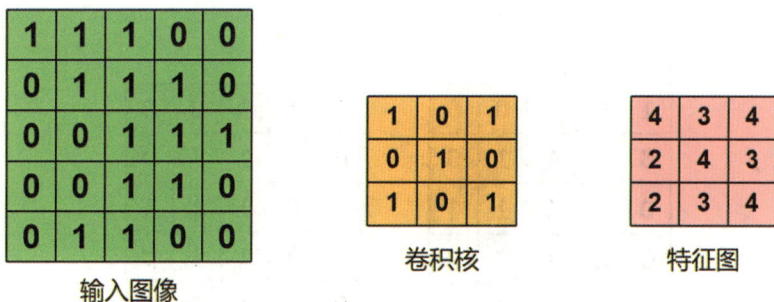

图6-12　卷积运算

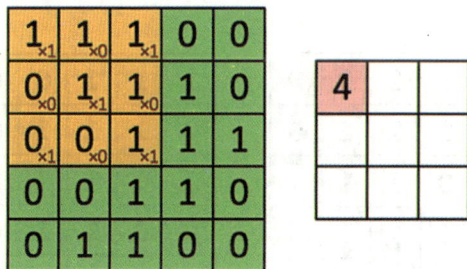

图6-13　卷积运算（1）

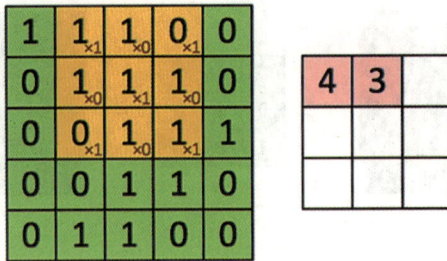

图6-14　卷积运算（2）

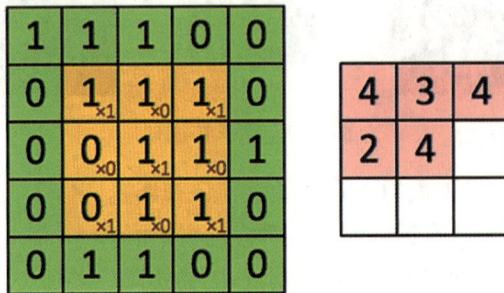

图6-15　卷积运算（3）

② 步长。步长指在卷积操作过程中，卷积核在输入图像上移动的像素距离。如图6-16、图6-17所示，步长分别为1和2的滑动过程。

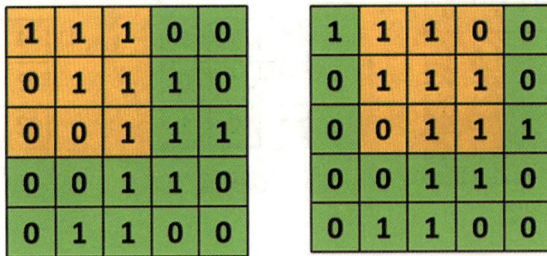

图6-16　步长值为1

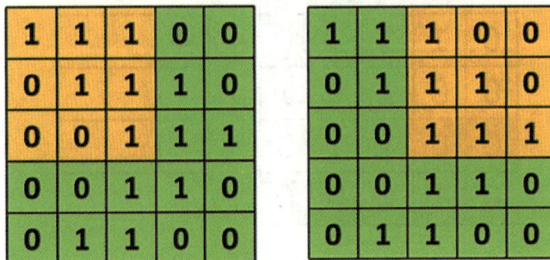

图6-17　步长值为2

③ 填充。填充（padding）可以在输入图像的周围增加额外的边界，使得卷积操作后图像的分辨率保持不变。例如，通过在输入图像的四周各填充一个像素（即padding=1），可以确保卷积后的输出图像与原始图像具有相同的宽度和高度。通常填充的是0值，如图6-18所示。

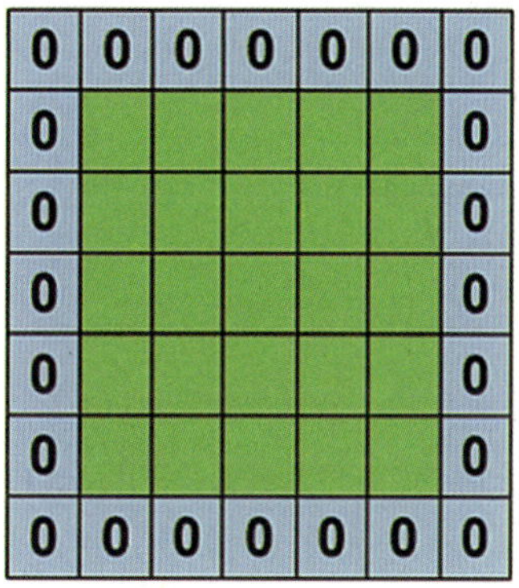

图6-18　padding=1

填充的类型包括以下几种。

◆ Valid Padding：这种Padding类型不进行任何填充，即padding=0。它常用于降维操作，如步幅大于1的卷积操作。在这种模式下，输出特征图会比输入特征图小。

◆ Same Padding：这种Padding类型会在输入特征图周围填充适当数量的0值元素，使得输出特征图的大小与输入特征图相同。

填充的作用如下。

◆ 控制输出尺寸：Padding能够控制卷积后的输出尺寸。例如，对于一个尺寸为$a \times a$的输入图像，经过卷积核大小为$c \times c$的卷积层，步幅为s，填充为d时，输出特征图的尺寸为$(a+2d-c)/s+1$。

◆ 增强边缘信息处理：通过Padding，可以确保图像边缘的信息在卷积操作中被多次利用，从而提升特征提取的效率和准确性。

（2）池化层。池化层也称为下采样层（subsampling），通过池化层可以对输入的特征图进行压缩。池化层一方面可以使特征图变小，简化网络计算复杂度，有效控制过拟合；另一方面可以进行特征压缩，提取主要特征。

池化操作一般有2种，规模一般为 2×2。

① 最大池化（max pooling）：取4个点的最大值。这是最常用的池化方法，如图6-19所示。

② 均值池化（mean pooling）：取4个点的均值。

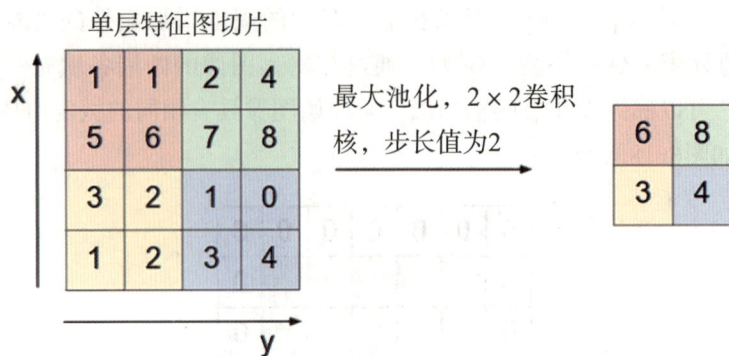

图6-19　最大池化

（3）全连接层。全连接层（fully connected layer）也称为密集层（dense layer）或内积层（inner product layer），是神经网络结构中的一个重要部分。全连接层的主要作用是将前面层的所有神经元与当前层的所有神经元进行连接，从而整合前面层提取到的局部特征信息，进而提取全局特征。图6-20所示是一个全连接层的逻辑图。

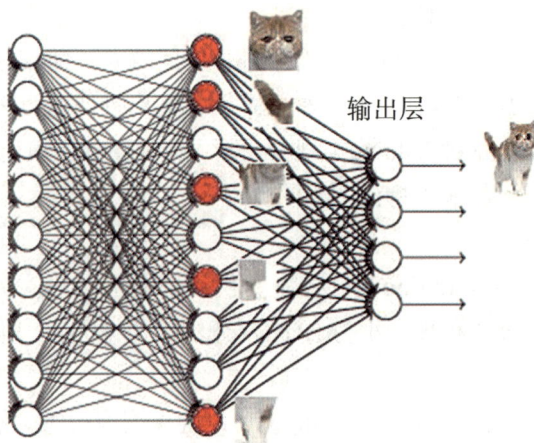

图6-20　全连接层逻辑图

6.3.2　卷积神经网络 LeNet5

LeNet5模型是最早发布的卷积神经网络之一，它是由AT&T贝尔实验室的研究员Yann LeCun在1989年提出的，目的是识别图像中的手写数字，LeNet5模型的网络结构如图6-21所示，输入32×32的图像，经过6个大小为5×5，步长值为1的卷积核，得到6张28×28的特征图，再使用2×2的池化，得到6张14×14的特征图；继续使用16个大小为5×5，步长值为1的卷积核，得到16张10×10的特征图，再使用2×2的池化，得到16张5×5的特征图；继续使用120个大小为5×5，步长值为1的卷积核，得到120张1×1的特征图，展平成1维，最后经过2层全连接层，得到10分类各个类别的概率。

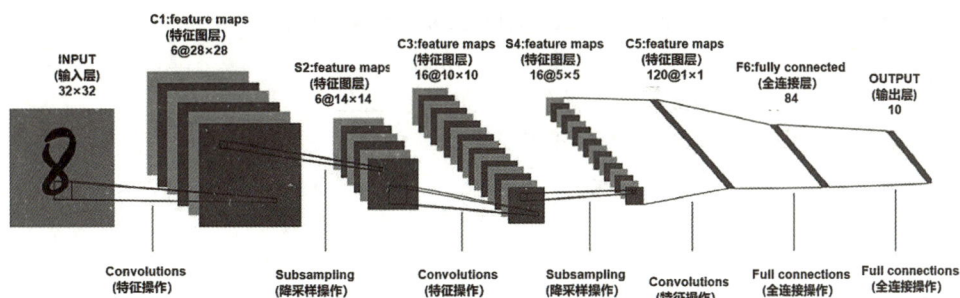

图6-21　LeNet-5网络结构

【实例 6.1】使用 PaddlePaddle 搭建 LeNet5 卷积神经网络。

示例代码如下：

```python
import paddle
# 定义LeNet-5模型
class LeNet5(paddle.nn.Layer):
    def __init__(self, num_classes = 10):
        super(LeNet5, self).__init__()
        # 卷积层1
        self.conv1 = paddle.nn.Conv2D(in_channels = 1, out_channels = 6,
kernel_size = 5, stride = 1)
        # 池化层1
        self.pool1 = paddle.nn.MaxPool2D(kernel_size = 2, stride = 2)
        # 卷积层2
        self.conv2 = paddle.nn.Conv2D(in_channels = 6, out_channels = 16,
kernel_size = 5, stride = 1)
        # 池化层2
        self.pool2 = paddle.nn.MaxPool2D(kernel_size = 2, stride = 2)
        # 卷积层3
        self.conv3 = paddle.nn.Conv2D(in_channels=16, out_channels = 120,
kernel_size = 5, stride = 1)
        # 全连接层1
        self.fc1 = paddle.nn.Linear(in_features = 120, out_features = 84)
        # 全连接层2（输出层）
        self.fc2 = paddle.nn.Linear(in_features = 84, out_features = num_
classes)

    def forward(self, x):
        x = self.pool1(paddle.nn.functional.relu(self.conv1(x)))
```

```
x = self.pool2(paddle.nn.functional.relu(self.conv2(x)))
x = paddle.nn.functional.relu(self.conv3(x))
x = paddle.flatten(x, 1)  # 展平
x = paddle.nn.functional.relu(self.fc1(x))
x = self.fc2(x)
return x


# 初始化模型
num_classes = 10  # MNIST数据集，共10个类别
model = LeNet5(num_classes=10)
print(model) #打印模型结构
params_LeNet5=sum([param.numel() for param in model.parameters()])
#计算模型参数个数
print(params_LeNet5) # 打印模型参数个数
```

6.3.3　卷积神经网络 ResNet

ResNet（残差网络）是在2015年由微软实验室中的何凯明等人提出，斩获当年ImageNet竞赛中分类任务第一名和目标检测任务第一名，获得COCO数据集中目标检测任务第一名和图像分割任务第一名。

ResNet的核心思想是通过引入残差块（residual block）来解决深度神经网络训练过程中的退化问题，即随着网络层数的增加，模型的性能会达到一个饱和点，之后进一步增加层数反而会导致性能下降。ResNet提出了两种残差块类型：一种是使用两个3×3卷积层的"基础残差块"，另一种是使用一个1×1卷积、一个3×3卷积和一个1×1卷积的"瓶颈残差块"，用于更深的网络，如图6-22所示。

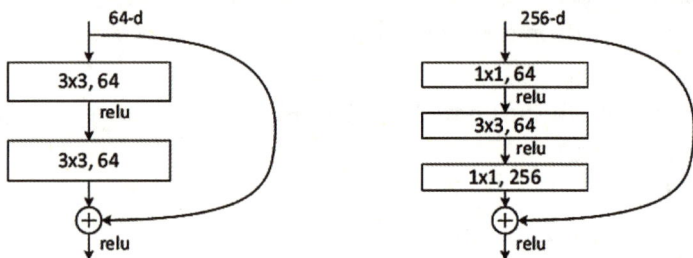

图6-22　ResNet 残差结构

ResNet（残差网络）有不同深度，图6-23展示了ResNet18和ResNet50的网络结构。

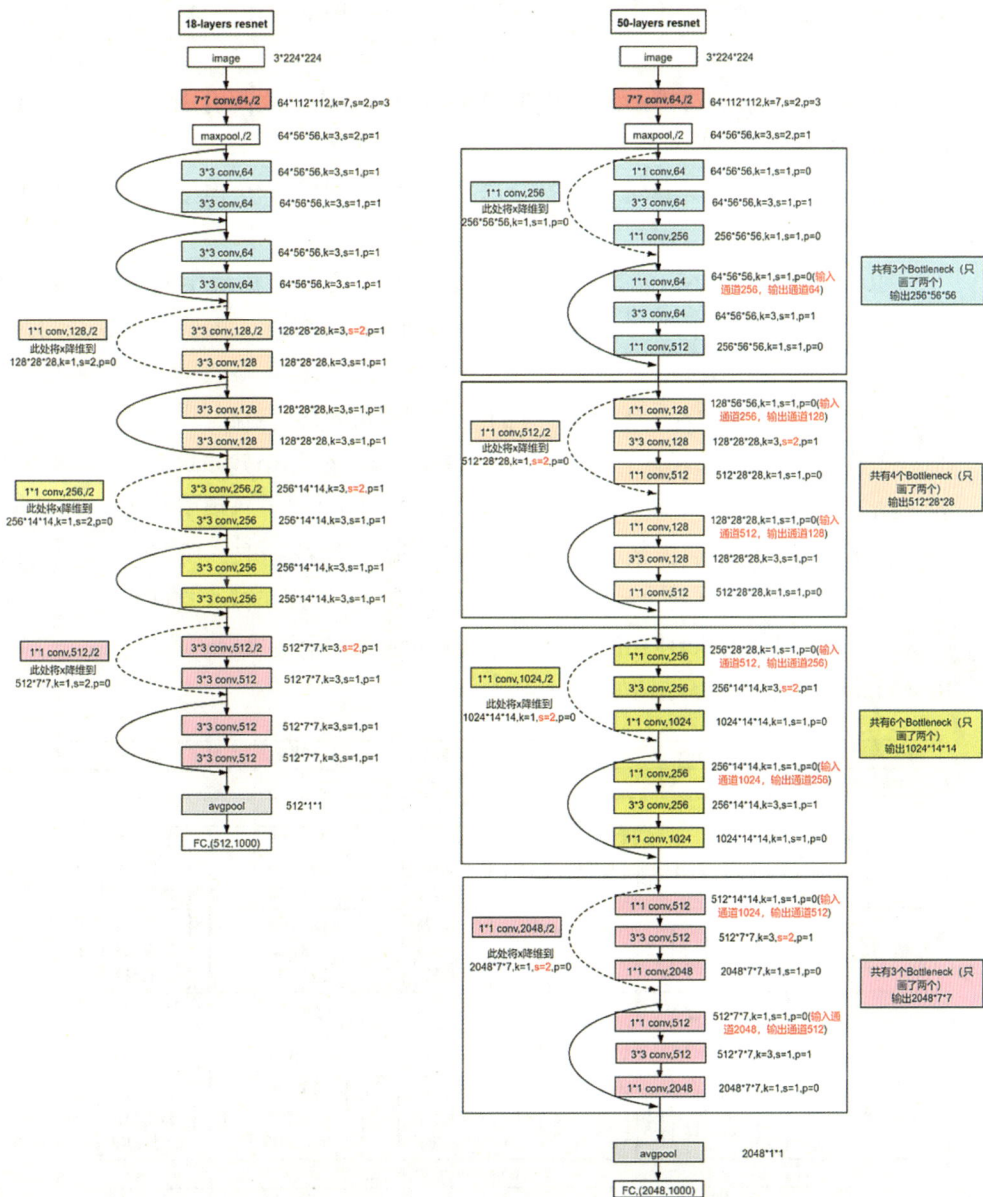

图6-23　ResNet18和ResNet50网络结构

（1）ResNet18。ResNet18是一个较为浅层的网络，其主要结构包含4个残差模块（block），每个模块由多个残差单元组成，且每个模块结束时通常会进行下采样（stride=2的卷积或池化操作），以减小特征图的空间尺寸，增加感受野。具体结构大致如下。

① 第一层：通常是一个7×7的卷积，步长为2，后面跟着Batch Normalization（BN）和ReLU激活函数，以及一个最大池化层。

② 残差模块：每个模块包含若干个基本残差单元，ResNet18的每个模块有2个残差单元。

③ 残差单元：每个基本单元由两个3×3的卷积层组成，之间有BN和ReLU，残差连接直接跨越这两个卷积层。

④ 最后一层：网络的末端通常包括全局平均池化层和一个全连接层，用于输出分类概率。

（2）ResNet50。ResNet50是一个更深的网络，它在每个模块中使用了更复杂的"瓶颈"（bottleneck）结构来减少计算量，同时保持网络深度。ResNet50的结构特点如下。

① 第一层：与ResNet18类似，但后续的网络深度和复杂度更高。

② 残差模块：包含4个模块，每个模块分别有3、4、6、3个残差单元。

③ 残差单元：每个"瓶颈"单元由1×1、3×3、1×1三个卷积层组成，第一个和最后一个卷积层用于调整通道数，中间的3×3卷积负责特征提取，所有卷积层后都有BN和ReLU。下采样同样在每个模块开始时或内部进行，以逐步减少空间尺寸。

④ 最后一层：与ResNet18相同，包括全局平均池化和全连接层。

ResNet其他深度的网络结构如图6-24所示。

layer name	output size	18-layer	34-layer	50-layer	101-layer	152-layer
conv1	112×112	7×7, 64, stride 2				
conv2_x	56×56	3×3 max pool, stride 2				
conv2_x	56×56	$\begin{bmatrix} 3\times3, 64 \\ 3\times3, 64 \end{bmatrix}\times2$	$\begin{bmatrix} 3\times3, 64 \\ 3\times3, 64 \end{bmatrix}\times3$	$\begin{bmatrix} 1\times1, 64 \\ 3\times3, 64 \\ 1\times1, 256 \end{bmatrix}\times3$	$\begin{bmatrix} 1\times1, 64 \\ 3\times3, 64 \\ 1\times1, 256 \end{bmatrix}\times3$	$\begin{bmatrix} 1\times1, 64 \\ 3\times3, 64 \\ 1\times1, 256 \end{bmatrix}\times3$
conv3_x	28×28	$\begin{bmatrix} 3\times3, 128 \\ 3\times3, 128 \end{bmatrix}\times2$	$\begin{bmatrix} 3\times3, 128 \\ 3\times3, 128 \end{bmatrix}\times4$	$\begin{bmatrix} 1\times1, 128 \\ 3\times3, 128 \\ 1\times1, 512 \end{bmatrix}\times4$	$\begin{bmatrix} 1\times1, 128 \\ 3\times3, 128 \\ 1\times1, 512 \end{bmatrix}\times4$	$\begin{bmatrix} 1\times1, 128 \\ 3\times3, 128 \\ 1\times1, 512 \end{bmatrix}\times8$
conv4_x	14×14	$\begin{bmatrix} 3\times3, 256 \\ 3\times3, 256 \end{bmatrix}\times2$	$\begin{bmatrix} 3\times3, 256 \\ 3\times3, 256 \end{bmatrix}\times6$	$\begin{bmatrix} 1\times1, 256 \\ 3\times3, 256 \\ 1\times1, 1024 \end{bmatrix}\times6$	$\begin{bmatrix} 1\times1, 256 \\ 3\times3, 256 \\ 1\times1, 1024 \end{bmatrix}\times23$	$\begin{bmatrix} 1\times1, 256 \\ 3\times3, 256 \\ 1\times1, 1024 \end{bmatrix}\times36$
conv5_x	7×7	$\begin{bmatrix} 3\times3, 512 \\ 3\times3, 512 \end{bmatrix}\times2$	$\begin{bmatrix} 3\times3, 512 \\ 3\times3, 512 \end{bmatrix}\times3$	$\begin{bmatrix} 1\times1, 512 \\ 3\times3, 512 \\ 1\times1, 2048 \end{bmatrix}\times3$	$\begin{bmatrix} 1\times1, 512 \\ 3\times3, 512 \\ 1\times1, 2048 \end{bmatrix}\times3$	$\begin{bmatrix} 1\times1, 512 \\ 3\times3, 512 \\ 1\times1, 2048 \end{bmatrix}\times3$
	1×1	average pool, 1000-d fc, softmax				
FLOPs		1.8×10^9	3.6×10^9	3.8×10^9	7.6×10^9	11.3×10^9

图6-24　ResNet其他深度的网络结构

6.3.4　PaddlePaddle 中卷积神经网络的搭建

（1）PaddlePaddle提供paddle.nn.Conv2D类，可以通过构造方法Conv2D()完成卷积层的搭建。语法格式如下：

```
conv = paddle.nn.Conv2D(in_channels, out_channels, kernel_size,
stride = 1, padding = 0, dilation = 1, groups = 1, padding_mode = 'zeros',
```

weight_attr = None, bias_attr = None, data_format = 'NCHW')

参数说明：

◆ in_channels (int)——输入图像的通道数。

◆ out_channels (int) ——由卷积操作产生的输出的通道数。

◆ kernel_size (int|list|tuple)——卷积核大小。可以为单个整数或包含两个整数的元组或列表，分别表示卷积核的高和宽。如果为单个整数，表示卷积核的高和宽都等于该整数。

◆ stride (int|list|tuple) ——步长大小。可选参数。可以为单个整数或包含两个整数的元组或列表，分别表示卷积沿着高和宽的步长。如果为单个整数，表示沿着高和宽的步长都等于该整数。默认值为1。

◆ padding (int|list|tuple|str) ——填充大小。可选参数。如果它是一个字符串，可以是"VALID"或者"SAME"，表示填充算法，计算细节可参考上述padding = "SAME"或padding ="VALID"时的计算公式。

◆ dilation (int|list|tuple) ——空洞大小。可选参数。可以为单个整数或包含两个整数的元组或列表，分别表示卷积核中的元素沿着高和宽的空洞。如果为单个整数，表示高和宽的空洞都等于该整数。默认值为1。

◆ groups (int) ——二维卷积层的组数。可选参数。当 group=n时，输入和卷积核分别根据通道数量平均分为 n 组，第一组卷积核和第一组输入进行卷积计算，第二组卷积核和第二组输入进行卷积计算，……，第 n 组卷积核和第 n 组输入进行卷积计算。默认值为1。

◆ padding_mode (str) ——填充模式。可选参数。包括"zeros""reflect""replicate"或者"circular"。默认值为"zeros"。

◆ weight_attr (ParamAttr) ——指定权重参数属性的对象。可选参数。默认值为None，表示使用默认的权重参数属性。

◆ bias_attr (ParamAttr|bool) ——指定偏置参数属性的对象。可选参数。若 bias_attr 为 bool 类型，只支持为 False，表示没有偏置参数。默认值为 None，表示使用默认的偏置参数属性。

◆ data_format (str) ——可选参数，指定输入的数据格式，输出的数据格式将与输入保持一致，可以是"NCHW"和"NHWC"。N表示批尺寸，C表示通道数，H表示特征高度，W表示特征宽度。默认值为"NCHW"。

（2）PaddlePaddle提供paddle.nn.AvgPool2D类，可以通过构造方法AvgPool2D()完成均值池化层的搭建，也可以通过构造方法MaxPool2D()完成最大值池化层的搭建。语法格式如下：

```
# 均值池化
avg_pool = paddle.nn.AvgPool2D(kernel_size, stride = None, padding = 0, ceil_mode =
False, exclusive = True, divisor_override = None, data_
format = 'NCHW', name = None)
# 最大值池化
Max_pool = paddle.nn.MaxPool2D(kernel_size, stride = None, padding = 0, ceil_
mode = False, return_mask = False, data_format = 'NCHW', name = None)
```

参数说明：

◆ kernel_size (int|list|tuple)——池化核大小。如果它是一个元组或列表，它必须包含两个整数值，形如(pool_size_Height, pool_size_Width)。若为一个整数，则它的平方值将作为池化核大小，比如若 pool_size=2，则池化核大小为 2×2。

◆ stride (int|list|tuple)——池化层的步长。可选参数。如果它是一个元组或列表，它将包含两个整数，形如(pool_stride_Height, pool_stride_Width)。若为一个整数，则表示 H 和 W 维度上 stride 均为该值。默认值为 None，这时会使用 kernel_size 作为步长。

◆ padding (str|int|list|tuple)——池化填充。可选参数。如果它是一个字符串，可以是"VALID"或者"SAME"，表示填充算法，计算细节可参考上述 pool_padding = "SAME"或 pool_padding ="VALID"时的计算公式。

◆ ceil_mode (bool)——可选参数。是否用 ceil()函数计算输出高度和宽度。如果是 True，则使用 ceil()计算输出形状的大小。默认为 False。

◆ exclusive (bool)——可选参数。是否在平均池化模式忽略填充值，默认是 True。

◆ divisor_override (int|float)——可选参数。如果指定，它将用作除数，否则根据"kernel_size"计算除数。默认"None"。

◆ data_format (str)——可选参数。输入和输出的数据格式，可以是"NCHW"和"NHWC"。N表示批尺寸，C表示通道数，H表示特征高度，W表示特征宽度。默认值为"NCHW"。

◆ name (str)——可选参数。具体用法请参见Name，一般无须设置，默认值为None。

（3）PaddlePaddle提供paddle.nn.Linear类，可以通过构造方法Linear()完成全连接层的搭建。语法格式如下：

```
liner = paddle.nn.Linear(in_features, out_features, weight_attr = None,
bias_attr = None, name = None)
```

参数说明：

◆ in_features (int)——线性变换层输入单元的数目。

◆ out_features (int) ——线性变换层输出单元的数目。

◆ weight_attr (ParamAttr) ——指定权重参数的属性。可选参数。默认值为 None，表示使用默认的权重参数属性。如果 ParamAttr的初始值未设置，则使用 Xavier初始化参数。

◆ bias_attr (ParamAttr|bool) ——指定偏置参数的属性。可选参数。bias_attr为 bool 类型且设置为 False 时，表示不会为该层添加偏置。bias_attr 如果设置为 True 或者 None，则表示使用默认的偏置参数属性，将偏置参数初始化为 0。默认值为 None。

◆ name (str) ——可选参数。具体用法请参见 Name，一般无须设置，默认值为 None。

6.3.5　PaddlePaddle 中模型训练过程

1. 加载数据集

PaddlePaddle提供paddle.vision.DatasetFolder类，可以通过构造函数DatasetFolder()完成数据集加载。语法格式如下：

```
dataset = paddle.vision.DatasetFolder(root: str,loader: Any =
None,extensions: Any = None,transform: Any = None,is_valid_file: Any = None)
```

参数说明：

◆ root (str) ——数据集根目录路径。

◆ loader (Callable) ——加载数据集中图片的方式。可选参数。默认值为 None，即PIL.Image.open，为PIL方式加载图片；可以使用 cv2.imread，指定OpenCV方式加载图片。

◆ extensions (list[str]|tuple[str]) ——允许的数据后缀列表。可选参数。默认值为 None，即 ('.jpg', '.jpeg', '.png', '.ppm', '.bmp', '.pgm', '.tif', '.tiff', '.webp')。

◆ transform (Callable) ——图片数据的预处理。可选参数。默认值为 None，为不做预处理。

◆ is_valid_file (Callable) ——根据每条数据的路径来判断其是否合法。可选参数。extensions 和 is_valid_file 不可以同时设置。默认值为 None，即不判断。

2. 数据预处理

PaddlePaddle提供paddle.vision.transforms接口，完成数据预处理，包括Resize（调整大小）、Transpose（更改格式）、Normalize（归一化）等。其中paddle.vision.transforms.Compose 以列表的方式将数据预处理进行组合。语法格式如下：

```
paddle.vision.transforms.Compose(transforms)
```

参数说明：

◆ transforms(list|tuple) —— 用于组合的数据预处理接口实例列表。

3. 加载模型

PaddlePaddle提供paddle.Model类，可以通过构造函数Model()完成模型加载。语法格式如下：

```
model = paddle.Model(network: Layer,inputs: Any = None, labels: Any = None)
```

参数说明：

◆ network(Layer) ——搭建好的网络模型。

◆ inputs ——网络模型的输入。可选参数。默认值为None。

◆ labels ——网络模型的输出。可选参数。默认值为None。

4. 指定训练设备

PaddlePaddle提供paddle.device.set_device()函数指定训练设备。

语法格式如下：

```
paddle.device.set_device(device)
```

参数说明：

◆ device(str) ——指定模型运行设备，可以是cpu、gpu、xpu、mlu、npu、gpu:x、xpu：×、mlu：×或者是npu：×。其中，×表示编号。

5. 配置模型训练、测试所需优化器、损失函数等

PaddlePaddle为模型对象提供prepare()函数，配置模型所需的部件，比如优化器、损失函数和评价指标。语法格式如下：

```
model.prepare(optimizer = None, loss=None, metrics = None, amp_
configs = None)
```

参数说明：

◆ optimizer (Optimizer)——优化器，当训练模型的，该参数必须被设定。当评估或测试的时候，该参数可以不设定。默认值：None。

◆ loss (Loss) ——损失函数，当训练模型的，该参数必须被设定。默认值：None。

◆ metrics (Metric|list[Metric])——损失函数，当该参数被设定时，所有给定的评估方法会在训练和测试时被运行，并返回对应的指标。默认值为None。

◆ amp_configs (str|dict|None) ——混合精度训练的配置，通常是个dict，也可以是str。当使用自动混合精度训练或者纯float16训练时，amp_configs 的key level 需要被设置为O1或者O2，float32训练时则默认为O0。

6. 模型训练

PaddlePaddle提供fit函数，进行模型训练。语法格式如下：

```
model.fit(train_data = None, eval_data = None, batch_size = 1, epochs = 1,
eval_freq = 1, log_freq = 10, save_dir = None, save_freq = 1, verbose = 2,
drop_last = False, shuffle = True, num_workers = 0, callbacks = None)
```

参数说明：

◆ train_data (Dataset|DataLoader) ——一个可迭代的数据源，推荐给定一个 paddle paddle.io.Dataset 或 paddle.io.Dataloader 的实例。默认值为None。

◆ eval_data (Dataset|DataLoader) —— 一个可迭代的数据源，推荐给定一个 paddle paddle.io.Dataset 或 paddle.io.Dataloader 的实例。当给定时，会在每个 epoch 后都会进行评估。默认值为None。

◆ batch_size (int) ——训练数据或评估数据的批大小，当 train_data 或 eval_data 为 DataLoader 的实例时，该参数会被忽略。默认值为1。

◆ epochs (int) ——训练的轮数。默认值为1。

◆ eval_freq (int) —— 评估的频率，即多少个 epoch 评估一次。默认值为1。

◆ log_freq (int) ——日志打印的频率，即多少个 step 打印一次日志。默认值为1。

◆ save_dir (str|None) ——保存模型的文件夹，如果不设定，将不保存模型。默认值为None。

◆ save_freq (int) —— 保存模型的频率，即多少个 epoch 保存一次模型。默认值为1。

◆ verbose (int) ——可视化的模型，必须为0、1、2。当设定为0时，不打印日志，设定为1时，使用进度条的方式打印日志，设定为2时，一行一行地打印日志。默认值为2。

◆ drop_last (bool) ——是否丢弃训练数据中最后几个不足设定的批次大小的数据。默认值为False。

◆ shuffle (bool) ——是否对训练数据进行洗牌。当 train_data 为 DataLoader 的实例时，该参数会被忽略。默认值为True。

◆ num_workers (int) ——启动子进程用于读取数据的数量。当 train_data 和 eval_data 都为 DataLoader 的实例时，该参数会被忽略。默认值为0。

◆ callbacks (Callback|list[Callback]|None) ——Callback 的一个实例或实例列表。该参数不给定时，默认会插入 ProgBarLogger 和 ModelCheckpoint 这两个实例。默认值为None。

7. 模型保存

PaddlePaddle为模型对象提供save()函数，进行模型保存。语法格式如下：

```
paddle.Model.save(obj, path)
```

参数说明：

◆ obj (Object)——要保存的对象实例。

◆ path (str|BytesIO) ——保存对象实例的路径/内存对象。

任务实施

步骤 1：为四分类手势识别搭建 ResNet50 卷积神经网络，模型保存在 net_model.py 文件中。

示例代码如下：

```python
import paddle
import paddle.nn as nn
# 定义残差块
class BottleneckBlock(nn.Layer):
    expansion = 4  # Bottleneck Block的扩展因子

    def __init__(self, in_channels, out_channels, stride = 1,downsample = None):
        super(BottleneckBlock, self).__init__()
        self.conv1 = nn.Conv2D(in_channels, out_channels, kernel_size = 1,
stride = 1, padding = 0, bias_attr = False)
        self.bn1 = nn.BatchNorm2D(out_channels)
        self.conv2 = nn.Conv2D(out_channels, out_channels, kernel_size = 3,
stride = stride, padding = 1, bias_attr = False)
        self.bn2 = nn.BatchNorm2D(out_channels)
        self.conv3 = nn.Conv2D(out_channels, out_channels * self.
expansion, kernel_size = 1, stride = 1, padding = 0, bias_attr = False)
        self.bn3 = nn.BatchNorm2D(out_channels * self.expansion)
        self.relu = nn.ReLU()
        self.downsample = downsample
        self.stride = stride

    def forward(self, x):
        identity = x
        out = self.conv1(x)
        out = self.bn1(out)
```

```
        out = self.relu(out)

        out = self.conv2(out)
        out = self.bn2(out)
        out = self.relu(out)

        out = self.conv3(out)
        out = self.bn3(out)

        if self.downsample is not None:
            identity = self.downsample(x)

        out + = identity
        out = self.relu(out)

        return out

# 定义通用ResNet
class ResNet(nn.Layer):
    def __init__(self, block, layers, num_classes = 1000):
        super(ResNet, self).__init__()
        self.inplanes = 64
        self.conv1 = nn.Conv2D(3, 64, kernel_size = 7, stride = 2, padding = 3,
bias_attr = False)
        self.bn1 = nn.BatchNorm2D(64)
        self.relu = nn.ReLU()
        self.maxpool = nn.MaxPool2D(kernel_size = 3, stride = 2, padding = 1)
        self.layer1 = self._make_layer(block, 64, layers[0])
        self.layer2 = self._make_layer(block, 128, layers[1], stride = 2)
        self.layer3 = self._make_layer(block, 256, layers[2], stride = 2)
        self.layer4 = self._make_layer(block, 512, layers[3], stride = 2)
        self.avgpool = nn.AdaptiveAvgPool2D((1, 1))
        self.fc = nn.Linear(512 * block.expansion, num_classes)

    def _make_layer(self, block, planes, blocks, stride = 1):
        downsample = None
        if stride != 1 or self.inplanes != planes * block.expansion:
            downsample = nn.Sequential(nn.Conv2D(self.inplanes, planes * block.
```

```
expansion, kernel_size = 1, stride = stride, bias_attr = False),nn.BatchNorm2D(planes *
block.expansion),)

        layers = []
        layers.append(block(self.inplanes, planes, stride, downsample))
        self.inplanes = planes * block.expansion
        for _ in range(1, blocks):
            layers.append(block(self.inplanes, planes))

        return nn.Sequential(*layers)

    def forward(self, x):
        x = self.conv1(x)
        x = self.bn1(x)
        x = self.relu(x)
        x = self.maxpool(x)

        x = self.layer1(x)
        x = self.layer2(x)
        x = self.layer3(x)
        x = self.layer4(x)

        x = self.avgpool(x)
        x = paddle.flatten(x, 1)
        x = self.fc(x)

        return x
# ResNet50配置
def resnet50(num_classes = 1000):
    return ResNet(BottleneckBlock, [3, 4, 6, 3], num_classes = num_classes)
# ResNet101配置
def resnet101(num_classes = 1000):
    return ResNet(BottleneckBlock, [3, 4, 23, 3], num_classes = num_classes)

if __name__ == '__main__':
    # 初始化模型
    num_classes = 4 # 设置手势识别数据集分类类别个数为4
    model = resnet50(num_classes = num_classes)
```

```
print(model)  # 打印模型结构
params_resnet50 = sum([param.numel() for param in model.parameters()])  #
计算模型参数个数
print(params_resnet50)
```

步骤 2：加载训练数据集、模型，完成模型训练、保存。

其中，训练数据集存放在../data/dataset/train文件夹中，使用paddle.vision. DatasetFolder()加载训练数据集，其中transform参数是对图像进行处理，它的值为使用 paddle.vision.transforms.Compose() 对加载的数据集图像进行处理的结果。

模型通过导入net_model.py文件进行加载，再通过paddle.Model()创建模型实例，从 而将网络结构、损失函数、优化器等关键组件组织在一起，方便模型训练、测试、评 估、保存。

训练完成，将模型保存在model文件夹中，会得到inference_model.pdparams和 inference_model.pdopt两个文件。inference_model.pdparams包含了模型的所有参数，是 模型训练完成后所学到的知识的具体体现，inference_model.pdopt通常保存了优化器的 状态信息，包括但不限于动量（momentum）、学习率（learning rate）等参数的当前状 态。这些信息在模型训练过程中是非常重要的，它们帮助优化器决定如何更新模型参 数以最小化损失函数。

示例代码如下：

```
import cv2
import paddle
import net_model
#数据处理
transform=paddle.vision.transforms.Compose([
    paddle.vision.transforms.Transpose(),
    #将图像数据从[H, W, C]格式转换为[C, H, W]格式
    paddle.vision.transforms.Normalize(0,255.0),
    #标准化，将图像像素值从[0, 255]范围缩放到[-1, 1]范围])
train_dataset = paddle.vision.DatasetFolder('../data/dataset/train',loader
= cv2.imread,transform = transform)#加载数据


model = paddle.Model(net_model.resnet50(num_classes = 4))#加载模型


paddle.device.set_device('gpu' if paddle.is_compiled_with_cuda() else 'cpu')
#指定训练设备
#配置模型训练优化函数、损失函数、模型评估指标
```

```
model.prepare(optimizer = paddle.optimizer.Adam(learning_rate = 0.001,
parameters = model.parameters()),
            loss = paddle.nn.CrossEntropyLoss(),
            metrics = paddle.metric.Accuracy())
#模型训练
model.fit(train_dataset,
    epochs = 100,
    batch_size = 4,
    verbose = 1,save_freq = 1)
#模型保存
paddle.Model.save(model,path = 'model/inference_model')
```

任务测试

一、单选题

1. paddle.nn.MaxPool2D()可以实现（　　）。

　　A.最大池化　　　　B.平均池化　　　　C.卷积　　　　　　D.全连接

2. 在卷积神经网络中，（　　）将网络学到的特征进行综合分析，并据此做出最终分类决策，是连接特征学习与实际任务输出的桥梁。

　　A.卷积层　　　　　B.池化层　　　　　C.全连接层　　　D.激活层

二、多选题

1. model.prepare配置训练准备参数包括（　　）。

　　A.优化器（optimizer）　　　　　　　B.损失函数（loss）

　　C.评价指标（metrics）　　　　　　　D.训练轮次（epoch）

2. 经典的卷积神经网络包括（　　）。

　　A.ResNet　　　　　B.VGGNet　　　　　C.GoogleNet　　　　D.DenseNet

三、判断题

1. 在卷积神经网络中，激活函数只能使用Relu，不能使用Sigmoid。（　　）

2. GPU（图形处理器）相较于CPU（中央处理器）在执行浮点运算方面具有更高的吞吐量，尤其是在大规模的矩阵运算上，GPU的计算速度可以达到CPU的数十倍乃至更高，所以深度学习模型训练推荐使用GPU。（　　）

任务6.4　模型评估和推理

任务描述

训练好的模型效果如何呢？我们可以在测试集上进行评估。

本任务中，我们使用测试集完成模型的评估，并加载实际场景中的图片，完成模型的推理、应用。

相关知识点

6.4.1　PaddlePaddle 模型评估

模型评估是指在模型训练完成后，使用未参与训练的数据来评估模型的泛化能力，即模型在未知数据上的表现如何。这一过程对于理解模型的性能、调整模型结构或参数、避免过拟合等至关重要。

PaddlePaddle提供evaluate()函数完成模型评估。语法格式如下：

```
evaluate(eval_data, batch_size = 1, log_freq = 10, verbose = 2, num_
workers = 0, callbacks = None, num_iters = None)
```

参数说明：

◆ eval_data (Dataset|DataLoader)——一个可迭代的数据源，推荐给定一个 paddle.io.Dataset 或 paddle.io.Dataloader 的实例。默认值为None。

◆ batch_size (int)——可选参数。训练数据或评估数据的批大小，当 eval_data 为 DataLoader 的实例时，该参数会被忽略。默认值为1。

◆ log_freq (int)——可选参数。日志打印的频率，即多少个 step 打印一次日志。默认值为10。

◆ verbose (int)——可选参数。可视化的模型，必须为 0、1、2。当设定为 0 时，不打印日志；设定为 1 时，使用进度条的方式打印日志；设定为 2 时，一行一行地打印日志。默认值为2。

◆ num_workers (int)——可选参数。启动子进程用于读取数据的数量。当 eval_data 为 DataLoader 的实例时，该参数会被忽略。默认值为True。

◆ callbacks (Callback|list[Callback]|None)——可选参数。Callback 的一个实例或实例列表。该参数不给定时，默认会插入 ProgBarLogger 和 ModelCheckpoint 这两个实例。默认值为None。

◆ num_iters (int)——训练模型过程中的迭代次数。可选参数。如果设置为 None，则根据参数 epochs 来训练模型，否则训练模型 num_iters 次。默认值为None。

返回值说明：

◆ 返回一个字典，字典的key 是 prepare 时 Metric 的名称，字典的value 是该 Metric 的值。

6.4.2　PaddlePaddle 模型推理

模型推理是指利用训练好的模型对新的、未见过的数据进行预测或分类的过程，观察并验证推理结果（标签）是否符合预期。

PaddlePaddle提供predict()函数完成模型推理。语法格式如下：

```
predict(test_data, batch_size = 1, num_workers = 0, stack_outputs = False,
verbose = 1, callbacks = None)
```

参数说明：

◆ test_data (Dataset|DataLoader)——一个可迭代的数据源，推荐给定一个 paddle. io.Dataset 或 paddle.io.Dataloader 的实例。默认值为None。

◆ batch_size (int)——训练数据或评估数据的批大小，可选参数。当 test_data 为 DataLoader 的实例时，该参数会被忽略。默认值为1。

◆ num_workers (int)——启动子进程用于读取数据的数量。可选参数。当 test_data 为 DataLoader 的实例时，该参数会被忽略。默认值为True。

◆ stack_outputs (bool)——是否将输出进行堆叠。可选参数。默认值为False。

◆ verbose (int)——可选参数。可视化的模型，必须为 0、1、2。当设定为 0 时，不打印日志，设定为 1 时，使用进度条的方式打印日志，设定为 2 时，一行一行地打印日志。默认值为1。

◆ callbacks (Callback|list[Callback]|None)——可选参数。Callback 的一个实例或实例列表。默认值为None

任务实施

步骤 1：模型评估，其中，测试数据集存放在 ../data/dataset/test 文件。

示例代码如下：

```
import paddle
import cv2
from paddle.vision.models import resnet50
from paddle.metric import Accuracy,Recall,Precision


# 数据预处理
```

```
transform = paddle.vision.transforms.Compose([
    paddle.vision.transforms.Transpose(),
    paddle.vision.transforms.Normalize(0, 255.0),
])


# 加载测试集
test_dataset = paddle.vision.datasets.DatasetFolder('../data/dataset/test',
loader = cv2.imread, transform = transform)

# 初始化模型结构
num_classes = 4
model = paddle.Model(resnet50(num_classes=num_classes)) #加载模型
paddle.Model.load(model,path='./model/inference_model')
 #加载训练好的模型参数

model.prepare(metrics=Accuracy()) #评估指标
eval_result = model.evaluate(test_dataset, batch_size=4)
 #使用evaluate()函数完成模型评估
print(eval_result)
```

步骤 2：模型推理。

示例代码如下：

```
import cv2
import numpy as np
import paddle
import net_model
#标签名称
names_list = ['left','pause','right','start']
#加载模型结构及训练好的模型权重
model = paddle.Model(net_model.resnet50(num_classes = 4))
paddle.Model.load(model,path = './model/inference_model')
#加载图片
img = cv2.imread('../data/001.png')
img = cv2.resize(img,(640,480))  #h,w,c
img = img.transpose(2,0,1) #c,h,w
img = img/255.0
c,h,w = img.shape
img = img.reshape(-1,3,480,640)
```

```
img = np.float32(img)

model.prepare(metrics = paddle.metric.Accuracy())
#模型预测
result = model.predict([img])  #使用predict()函数进行模型推理
result = paddle.nn.functional.softmax(paddle.to_tensor(result[0][0]),
axis = 1)
confidence =paddle.max(result,axis = -1)[0].numpy()
index = paddle.argmax(result,axis = -1)[0]
#获取对应的标签
print('模型预测的结果为：',names_list[index])
print('置信度为：',confidence)
```

任务测试

一、单选题

1. PaddlePaddle中，可以实现模型评估的函数是（　　）。

    A.train   B.evaluate   C.predict   D.argmax

2. 在PaddlePaddle中进行模型推理时，以下哪个步骤是不必要的（　　）

    A. 加载训练好的模型参数   B. 将输入数据转换为适当的格式

    C. 使用GPU进行模型推理以加速   D. 定义模型的损失函数

二、多选题

1. 在PaddlePaddle中，可以使用哪些方法来度量分类任务的性能？（　　）

    A. paddle.metric.Accuracy   B. paddle.metric.Precision

    C. paddle.metric.Recall   D. paddle.optimizer.Adam

2. 关于PaddlePaddle中的模型推理，以下哪些描述是正确的？（　　）

    A. 模型推理通常在训练完成后进行

    B. 推理过程中不涉及梯度计算

    C. 推理包括前向传播和反向传播

    D. 推理结果可以用于模型的进一步优化

三、判断题

1. 在PaddlePaddle中，使用paddle.Model的predict方法进行推理时，需要显式地指定批次大小。（　　）

2. 在PaddlePaddle中，模型推理时需要加载模型的网络结构和训练好的模型参数。（　　）

任务6.5　界面设计与模型部署

任务描述

完成人工智能模型训练、测试后，可以进行模型部署。

模型部署是将训练好的深度学习模型从开发环境迁移到生产环境，使其能够在实际应用中实时或批量处理数据，提供预测服务的全过程。

本任务中，我们使用PySide6完成视频播放器设计，实现视频播放、自动切换下一个视频，并将手势识别模型部署到视频播放器中，通过识别本地摄像头的手势，完成播放控制，包括开始、暂停、下一个、上一个。

相关知识点

PySide6是Qt for Python的最新版本，它是Qt应用程序框架的Python绑定版，允许开发者使用Python语言创建跨平台的软件应用和用户界面。Qt是一个功能强大的跨平台应用程序开发框架，广泛用于开发具有图形用户界面（GUI，graphical user interface）的桌面应用和移动应用，以及可以运行在各种软硬件平台上的非GUI应用。PySide6基于Qt 6，提供了与Qt 6相同的功能和性能。

PySide6中的QMediaPlayer类，用于处理多媒体内容播放的核心组件，它支持音频和视频的播放。这个类是Qt多媒体框架的一部分，允许开发者在PySide6应用程序中轻松实现多媒体播放功能，而不必深入了解多媒体编解码技术的细节。以下是QMediaPlayer类的一些主要特性和使用方法概述。

（1）媒体播放：能够播放各种格式的音频和视频文件，包括本地文件、网络流媒体等。

（2）播放控制：提供播放、暂停、停止、快进、快退、跳转到指定位置等控制功能。

（3）状态监测：通过信号和槽机制，可以监测播放状态变化，如播放结束、缓冲状态变化等。

（4）音频输出：支持配置音频输出设备，并可以调整音量。

（5）视频输出：虽然QMediaPlayer本身不直接提供视频显示界面，但它可以通过设置QVideoSink（或以前的QVideoWidget）来展示视频内容。

（6）媒体资源：使用QMediaContent来指定要播放的媒体资源，可以是文件URL、网络URL等形式。

（7）播放列表：可以通过与QMediaPlaylist集成来管理多个媒体资源的播放顺序。

在Windows操作系统中，可以通过pip install pyside6命令，完成PySide6的安装。

任务实施

步骤1：应用 PySide6 完成视频播放器设计，其中视频文件存放于 ../data/video 文件。
示例代码如下：

```python
import os
import sys
from PySide6.QtCore import QUrl, QTimer
from PySide6.QtWidgets import QApplication, QMainWindow
from PySide6.QtMultimedia import QAudioOutput, QMediaPlayer
from PySide6.QtMultimediaWidgets import QVideoWidget

class MainWindow(QMainWindow):
    def __init__(self):
        super().__init__()
        self.setMinimumSize(640, 480)  # 设置窗口最小尺寸
        self.player = QMediaPlayer()
        self.audioOutput = QAudioOutput()
        self.player.setAudioOutput(self.audioOutput)
        self.video_widget = QVideoWidget()
        self.video_widget.setGeometry(0, 0, 640, 480)
        # 设置视频播放区域大小为640×480
        self.setCentralWidget(self.video_widget)
        self.player.setVideoOutput(self.video_widget)
        # 自动获取../data/video目录下的视频文件列表
        video_folder = '../data/video'
        self.video_list = [os.path.join(video_folder, f) for f in os.listdir(video_folder)
 if f.endswith('.mp4')]
        self.current_video_index = 0
        # 初始化播放器设置
        self.setup_player()
        # 连接媒体状态改变的信号到槽函数
        self.player.mediaStatusChanged.connect(self.handle_media_status_changed)
    def setup_player(self):
        video_path = self.video_list[self.current_video_index % len(self.video_list)]
# 确保循环
        self.player.setSource(QUrl.fromLocalFile(video_path))
        self.player.play()
    def handle_media_status_changed(self, status):
```

```
            if status == QMediaPlayer.MediaStatus.EndOfMedia:
                # 当前视频播放结束，延迟切换到下一个视频以减轻UI卡顿
                QTimer.singleShot(500, self.next_video)
        def next_video(self):
            self.current_video_index += 1
            self.setup_player()


if __name__ == '__main__':
    app = QApplication(sys.argv)
    main_win = MainWindow()
    main_win.setWindowTitle('视频播放器')
    main_win.show()
    sys.exit(app.exec())
```

步骤 2：调取摄像头数据，识别手势。

示例代码如下：

```
import cv2
import numpy as np
import paddle
import net_model
#标签名称
names_list=['left','pause','right','start']
#加载模型结构及训练好的模型权重
model=paddle.Model(net_model.resnet50(num_classes=4))
paddle.Model.load(model,path='./model/inference_model')
model.prepare(metrics=paddle.metric.Accuracy())
#加载图片
cap = cv2.VideoCapture(0)  # 使用电脑自带摄像头
while True:
    ret, frame = cap.read()
    if not ret:
        break
    # 预处理图像
    img = cv2.resize(frame, (640, 480))
    img = img.transpose(2, 0, 1)
    img = img / 255.
    c, h, w = img.shape
    img = img.reshape(-1, 3, h, w)
```

```
img = np.float32(img)
# 模型预测
result = model.predict([img])
result = paddle.nn.functional.softmax(paddle.to_tensor(result[0][0]), axis = 1)
index = paddle.argmax(result, axis = -1)[0]
gesture = names_list[index]

confidence = paddle.max(result, axis = -1).numpy()[0]
string = gesture + '_' + str(confidence)
# 显示预测结果（可选）
cv2.putText(frame, string, (50, 50), cv2.FONT_HERSHEY_SIMPLEX, 1, (0, 255, 0), 2,
cv2.LINE_AA)
cv2.imshow('Gesture Recognition', frame)
# 按下"q"键退出q
if cv2.waitKey(1) & 0xFF == ord('q'):
    break
cap.release()
cv2.destroyAllWindows()
```

步骤 3：通过识别到的手势，控制视频播放。

示例代码如下：

```
import threading
import cv2
import numpy as np
import paddle
import net_model
from PySide6.QtCore import QUrl, QTimer
from PySide6.QtWidgets import QApplication, QMainWindow
from PySide6.QtMultimedia import QMediaPlayer, QAudioOutput
from PySide6.QtMultimediaWidgets import QVideoWidget
import sys
import os
import time

# 手势识别的标签名称
names_list = ['left', 'pause', 'right', 'start']

# 加载手势识别模型
```

```python
model = paddle.Model(net_model.resnet50(num_classes = 4))
paddle.Model.load(model, path = './model/inference_model')
model.prepare(metrics = paddle.metric.Accuracy())


class GestureRecognitionThread(threading.Thread):
    def __init__(self, video_player):
        threading.Thread.__init__(self)
        self.video_player = video_player
        self.last_gesture = None

    # 存储上一次的手势,如果连续给一样的手势，不进行操作
    def run(self):
        cap = cv2.VideoCapture(0)  # 使用电脑自带摄像头
        while True:
        ret, frame = cap.read()
        if not ret:
            break

        # 预处理图像
        img = cv2.resize(frame, (640, 480))
        img = img.transpose(2, 0, 1)
        img = img / 255.0
        c, h, w = img.shape
        img = img.reshape(-1, 3, h, w)
        img = np.float32(img)
        # 模型预测
        result = model.predict([img])
        result = paddle.nn.functional.softmax(paddle.to_tensor(result[0][0]), axis = 1)
        index = paddle.argmax(result, axis = -1)[0]
        gesture = names_list[index]

        # 如果当前手势与上一帧的手势相同，则不进行视频切换
        if self.last_gesture == gesture:
            cv2.putText(frame, gesture, (50, 50), cv2.FONT_HERSHEY_SIMPLEX, 1, (0, 255,
0), 2, cv2.LINE_AA)
            cv2.imshow('Gesture Recognition', frame)
            continue
```

```
        if gesture == 'left' and self.last_gesture != 'left':
            self.video_player.previous_video()
            self.last_gesture = 'left'
        elif gesture == 'pause' and self.last_gesture != 'pause':
            self.video_player.player.pause()
            self.last_gesture = 'pause'
        elif gesture == 'right' and self.last_gesture != 'right':
            self.video_player.next_video()
            self.last_gesture = 'right'
        elif gesture == 'start' and self.last_gesture != 'start':
            self.video_player.player.play()
            self.last_gesture = 'start'

        # 更新上一帧手势
        self.last_gesture = gesture

        # 显示预测结果
        cv2.putText(frame, gesture, (50, 50), cv2.FONT_HERSHEY_SIMPLEX, 1, (0, 255,
0), 2, cv2.LINE_AA)
        cv2.imshow('Gesture Recognition', frame)

        # 按下"Q"键退出
        if cv2.waitKey(1) & 0xFF == ord('q'):
            break

    cap.release()
    cv2.destroyAllWindows()

class MainWindow(QMainWindow):
    def __init__(self):
        super().__init__()
        self.setMinimumSize(640, 480)
        self.player = QMediaPlayer()
        self.audioOutput = QAudioOutput()
        self.player.setAudioOutput(self.audioOutput)
        self.video_widget = QVideoWidget()
        self.video_widget.setGeometry(0, 0, 640, 480)
        self.setCentralWidget(self.video_widget)
```

```python
        self.player.setVideoOutput(self.video_widget)
        self.lock = threading.Lock()
        # 在 MainWindow 类中添加一个锁
        self.video_switch_lock = threading.Lock()
        self.last_switch_time = 0
        # 记录上一次切换视频的时间
        # 如果切换频繁，视频会卡住，最少间隔10s才可以切换

        # 自动获取视频文件列表
        video_folder = '../data/video'
        self.video_list = [os.path.join(video_folder, f) for f in os.listdir(video_folder) if
f.endswith('.mp4')]
        self.current_video_index = 0
        # 初始化播放器设置
        self.setup_player()
        # 连接媒体状态改变的信号到槽函数
        self.player.mediaStatusChanged.connect(self.handle_media_status_changed)
        # 启动手势识别线程
        self.gesture_thread = GestureRecognitionThread(self)
        self.gesture_thread.start()

    def setup_player(self):
        # 移除对self.is_playing的检查，直接尝试切换视频
        video_path = self.video_list[self.current_video_index]
        self.player.setSource(QUrl.fromLocalFile(video_path))
        self.player.play()

    def next_video(self):
        current_time = time.time()
        if current_time - self.last_switch_time < 10:
            return  # 如果距离上次切换不足10秒，不执行切换
        self.current_video_index = (self.current_video_index + 1) % len(self.video_list)
        self.last_switch_time = current_time  # 更新切换时间记录
        self.setup_player()

    def previous_video(self):
        current_time = time.time()
        if current_time - self.last_switch_time < 10:
```

```
            return  # 如果距离上次切换不足10秒，不执行切换
        self.current_video_index = (self.current_video_index - 1 + len(self.video_list))
% len(self.video_list)
        self.last_switch_time = current_time  # 更新切换时间记录
        self.setup_player()


    def handle_media_status_changed(self, status):
        if status == QMediaPlayer.EndOfMedia:
            QTimer.singleShot(500, self.next_video)  # 延迟切换视频


if __name__ == '__main__':
    app = QApplication(sys.argv)
    main_win = MainWindow()
    main_win.setWindowTitle('手势控制视频播放器')
    main_win.show()
    sys.exit(app.exec())
```

任务测试

一、单选题

1. PySide6中，可以创建多媒体对象的类是（　　）。

    A.QAudioOutput　　　　　　　　B.QMediaPlayer

    C.QVideoWidget　　　　　　　　D.QApplication

2. 在PySide6中，哪个函数通常用于控制媒体播放的开始？（　　）

    A. media.play()　　　　　　　　B. media.pause()

    C. media.stop()　　　　　　　　D. media.setVolume()

二、多选题

1. 在PySide6中，QMediaPlayer类提供了哪些信号来响应播放过程中的事件？（　　）

    A. positionChanged()　　　　　　B. durationChanged()

    C. stateChanged()　　　　　　　D. volumeChanged()

2. 使用PySide6进行视频播放时，以下哪些选项是必要的步骤？（　　）

    A. 创建一个QMediaPlayer对象　　　B. 设置视频输出的widget

    C. 加载视频文件　　　　　　　　D. 销毁QApplication对象

三、判断题

1. QVideoWidget是一个独立的窗口，用于显示QMediaPlayer的视频输出。（　　）

2. 在PySide6中，使用QMediaPlayer播放本地视频文件时，需要先将文件路径转换为QUrl对象。（　　）

项目总结

通过项目6，我们完成了PaddlePaddle深度学习框架、PySide6库的安装，利用OpenCV库实现了图像数据的收集、处理，通过PaddlePaddle搭建、训练卷积神经网络模型，实现手势识别；使用PySide6完成视频播放器设计，最后部署模型，完成手势控制视频播放功能。

通过学习数据采集，更深入地理解了OpenCV库在计算机视觉中的作用。

通过学习PaddlePaddle深度学习框架搭建、训练、测试、部署卷积神经网络模型，理解了深度学习的完整过程。

通过完成手势控制视频播放项目，对人工智能的应用有了更深刻的理解。

项目评价

项目自我评价表

（在□中打√，A 通过，B 基本通过，C 未通过）

任务能力指标	评价标准	自测结果		
搭建开发环境	（1）完成PaddlePaddle库的安装	□ A	□ B	□ C
	（2）完成PySide6库的安装	□ A	□ B	□ C
数据采集	（1）能够读取摄像头数据并将数据保存到磁盘中	□ A	□ B	□ C
	（2）能够完成数据增广处理	□ A	□ B	□ C
配置和训练网络模型	（1）理解卷积神经网络	□ A	□ B	□ C
	（2）能够完成卷积神经网络的搭建	□ A	□ B	□ C
	（3）能够完成模型的训练保存	□ A	□ B	□ C
模型评估和推理	（1）能够完成模型的评估	□ A	□ B	□ C
	（2）能够完成模型的推理	□ A	□ B	□ C
界面设计与模型部署	（1）能够完成PySide6视频播放器	□ A	□ B	□ C
	（2）能够完成手势控制播放器	□ A	□ B	□ C
学生签字： 教师签字：		年	月	日